普通高等教育一流本科专业建设成果教材

高等院校智能制造应用型人才培养系列教材

智能制造技术

周庆辉　邢 艳　李云革　编著

郑清春　主审

U0300648

Technology of
Intelligent Manufacturing

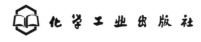
化学工业出版社

·北京·

内 容 简 介

本书主要介绍了智能制造的概念和发展现状，智能制造模式、技术体系与技术特征，智能设计技术，智能制造工艺，智能制造信息技术，智能监测、诊断与控制，智能制造系统，智能制造装备，智能工厂等相关知识。本书各章章首以思维导图的方式给出了知识框架，便于读者直观地了解各章内容体系；配套了课件、习题答案等电子资源，读者可扫描封底和每章末的二维码查看。本书旨在帮助读者了解智能制造的相关概念和原理，进一步掌握智能制造内涵和发展，助力智能制造应用型人才的培养。

本书可作为高等院校智能制造及相关专业的教材，也可供智能制造相关领域的技术人员参考。

图书在版编目（CIP）数据

智能制造技术/周庆辉，邢艳，李云革编著. 一北京：化学工业出版社，2023.9
高等院校智能制造应用型人才培养系列教材
ISBN 978-7-122-43640-5

Ⅰ.①智… Ⅱ.①周… ②邢… ③李… Ⅲ.①智能制造系统-高等学校-教材 Ⅳ.①TH166

中国国家版本馆 CIP 数据核字（2023）第 104746 号

责任编辑：张海丽 　　　　　　　　　装帧设计：韩　飞
责任校对：李雨函

出版发行：化学工业出版社（北京市东城区青年湖南街 13 号　邮政编码 100011）
印　　装：三河市双峰印刷装订有限公司
787mm×1092mm　1/16　印张 14¾　字数 348 千字　　2024 年 1 月北京第 1 版第 1 次印刷

购书咨询：010-64518888　　　　　　　　售后服务：010-64518899
网　　址：http://www.cip.com.cn

凡购买本书，如有缺损质量问题，本社销售中心负责调换。

定　　价：59.00 元 　　　　　　　　　　　　版权所有　违者必究

高等院校智能制造应用型人才培养系列教材
建设委员会

主任委员：

罗学科　　郑清春　　李康举　　郎红旗

委员（按姓氏笔画排序）：

门玉琢　　王进峰　　王志军　　王丽君　　田　禾

朱加雷　　刘　东　　刘峰斌　　杜艳平　　杨建伟

张　毅　　张东升　　张烈平　　张峻霞　　陈继文

罗文翠　　郑　刚　　赵　元　　赵　亮　　赵卫兵

胡光忠　　袁夫彩　　黄　民　　曹建树　　戚厚军

韩伟娜

教材建设单位（按笔画排序）：

上海应用技术大学机械工程学院	北京信息科技大学机电工程学院
山东交通学院工程机械学院	四川轻化工大学机械工程学院
山东建筑大学机电工程学院	兰州工业学院机电工程学院
天津科技大学机械工程学院	辽宁科技学院机械工程学院
天津理工大学机械工程学院	西京学院机械工程学院
天津职业技术师范大学机械工程学院	华北水利水电大学机械学院
长春工程学院汽车工程学院	华北电力大学（保定）机械系
北方工业大学机械与材料工程学院	华北理工大学机械工程学院
北华航天工业学院机电工程学院	安阳工学院机械工程学院
北京石油化工学院工程师学院	沈阳工学院机械工程与自动化学院
北京石油化工学院机械工程学院	沈阳建筑大学机械工程学院
北京印刷学院机电工程学院	河南工业大学机电工程学院
北京建筑大学机电与车辆工程学院	桂林理工大学机械与控制工程学院

序

  党的二十大报告指出，要建设现代化产业体系，坚持把发展经济的着力点放在实体经济上，推进新型工业化，加快建设制造强国、质量强国、航天强国、交通强国、网络强国、数字中国。实施产业基础再造工程和重大技术装备攻关工程，支持专精特新企业发展，推动制造业高端化、智能化、绿色化发展。推动战略性新兴产业融合集群发展，构建新一代信息技术、人工智能、生物技术、新能源、新材料、高端装备、绿色环保等一批新的增长引擎。其中，制造强国、高端装备等重点工作都与智能制造相关，可以说，智能制造是我国从制造大国转向制造强国、构建中国制造业全球优势的主要路径。

  制造业是一个国家的立国之本、强国之基，历来是世界各主要工业国高度重视和发展的重要领域。改革开放以来，我国综合国力得到稳步提升，到 2011 年中国工业总产值全球第一，分别是美国、德国、日本的 120%、346% 和 235%。党的十八大以来，我国进入了新时代，发展的格局更为宏大，"一带一路"倡议和制造强国战略使我国工业正在实现从大到强的转变。我国不但建立了全球最为齐全的工业体系，而且在许多重大装备领域取得突破，特别是在三代核电、特高压输电、特大型水电站、大型炼化工、油气长输管线、大型矿山采掘与炼矿综采重点工程建设项目、重大成套装备、高端装备、航空航天等领域取得了丰硕成果，补齐了短板，打破了国外垄断，解决了许多"卡脖子"难题，为推动重大技术装备高质量发展，实现我国高水平科技自立自强奠定了坚实基础。进入新时代的十年，制造业增加值从 2012 年的 16.98 万亿元增加到 2021 年的 31.4 万亿元，占全球比重从 20% 左右提高到近 30%；500 种主要工业产品中，我国有四成以上产量位居世界第一；建成全球规模最大、技术领先的网络基础设施……一个个亮眼的数据，一项项提气的成就，勾勒出十年间大国制造的非凡足迹，标志着我国迎来从"制造大国""网络大国"向"制造强国""网络强国"的历史性跨越。

  最早提出智能制造概念的是美国人 P.K.Wright，他在其 1988 年出版的专著 *Manufacturing Intelligence*（《制造智能》）中，把智能制造定义为"通过集成知识工程、制造软件系统、机器人视觉和机器人控制来对制造技工们的技能与专家知识进行建模，以使智能机器能够在没有人工干预的情况下进行小批量生产"。当然，因为智能制造仍处在发展阶段，各种定义层出不穷，国内外有不同专家给出了不同的定义，但智能机器、智能传感、智能算法、智能设计、解决制造过程中不确定问题的智能方法、智能维护是智能制造的核心关键词。

从人才培养的角度而言，实现智能制造还任重道远，人才紧缺的局面很难在短时间内扭转，相关高校师资力量也不足。据不完全统计，近五年来，全国有300多所高校开办了智能制造专业，其中既有双一流高校，也有许多地方院校和民办高校，人才培养定位、课程体系、教材建设、实践环节都面临一系列问题，严重制约着我国智能制造业未来的长远发展。在此情况下，如何培养出适应不同行业、不同岗位要求的智能制造专业人才，是许多开设该专业的高校面临的首要任务。

智能制造的特点决定了其人才培养模式区别于其他传统工科：首先，智能制造是跨专业的，其所涉及的知识几乎与所有工科门类有关；其次，智能制造是跨行业的，其核心技术不仅覆盖所有制造行业，也适用于某些非制造行业。因此，智能制造人才培养既要考虑本校专业特色，又不能脱离社会对智能制造人才的需求，既要遵循教育的基本规律，又要创新教育体系和教学方法。在课程设置中要充分考虑以下因素：

- 考虑不同类型学校的定位和特色；
- 考虑学生已有知识基础和结构；
- 考虑适应某些行业需求，如流程制造，离散制造，混合制造等；
- 考虑适应不同生产模式，如多品种、小批量生产、大批量生产等；
- 考虑让学生了解智能制造相关前沿技术；
- 考虑兼顾应用型、技能型、研究型岗位需求等。

改革开放40多年来，我国的高等教育突飞猛进，高等教育的毛入学率从1978年的1.55%提高到2021年的57.8%，进入了普及化教育阶段，这就意味着高等教育担负的历史使命、受教育的对象都发生了深刻的变化。面对地方应用型高校生源差异化大，因材施教，做好智能制造应用型人才培养，解决高校智能制造应用型人才培养的教材需求就是本系列教材的使命和定位。

要解决好这个问题，首先要有一个好的定位，有一个明确的认识，这套教材定位于智能制造应用人才培养需求，就是要解决应用型人才培养的知识体系如何构造，智能制造应用型人才的课程内容如何搭建。我们知道，应用型高校学生培养的主要目的是为应用型学科专业的学生打牢一定的理论功底，为培养德才兼备、五育并举的应用型人才服务，因此在课程体系、基础课程、专业教育、实践能力培养上与传统综合性大学和"双一流"学校比较应有不同的侧重，应更着眼于学生的实用性需求，应培养满足社会对应用技术人才的需求，满足社会实际生产和社会实际发展的需求，更要考虑这些学校学生的实际，也就是要面向社会发展需求，为社会各行各业培养"适销对路"的专业人才。因此，在人才培养的过程中，对实践环节的要求更高，要非常注重理论和实践相结合。据此，在应用型人才培养模式的构建上，从培养方案、课程体系、教学内容、教学方式、教材建设上都应注重应用型人才培养的规律，这正是我们编写这套应用型高校智能制造相关专业教材的目的。

这套教材的突出特色有以下几点：

① 定位于应用型。这套教材不仅有适应智能制造应用型人才培养的专业主干课程和选修课程教

材，还有基于机械类专业向智能制造转型的专业基础课教材，专业基础课教材的编写中以应用为导向，突出理论的应用价值。在编写中引入现代教学方法和手段，结合教学软件和工业仿真软件，使理论教学更为生动化、具象化，努力实现理论课程通向专业教学的桥梁作用。例如，在制图课程中较多地使用工业界成熟设计软件，使学生掌握比较扎实的软件设计能力；在工程力学教学中引入有限元软件，实现设计计算的有限元化；在机械设计中引入模块化设计的概念；在控制工程中引入 MATLAB 仿真和计算机编程内容，实现基础教学内容的更新和对专业教育的支撑，凸显应用型人才培养模式的特点。

② 专业教材突出实用性、模块化、柔性化。智能制造技术是利用先进的制造技术，以及数字化、网络化、智能化等知识和控制理论来解决制造过程中不确定和非固定模式的问题，使得制造过程具有智能的技术，它的特点是综合性和知识内涵的丰富性以及知识本身的创新性。因此，在教材建设上与以前传统的知识技术技能模式应有大的区别，更应注重对学生理念、意识、认知、思维方式和系统解决问题能力的培养。同时考虑到各行业、各地和各校发展阶段和实际办学水平的不同，希望这套教材尽可能为各校合理选择教学内容提供一个模块化、积木式结构，并在实际编写中尽量提供项目化案例，以便学校根据具体情况做柔性化选择。

③ 本系列教材注重数字资源建设，更多地采用多媒体的互动方式，如配套课件、教学视频、测试题等，使教材呈现形式多样化，数字内容更为丰富。

由于编写时间紧张，智能制造技术日新月异，编写人员专业水平有限，书中难免有不当之处，敬请读者及时批评指正。

高等院校智能制造应用型人才培养系列教材建设委员会

前　言

随着工业 4.0 浪潮的涌来，我国于 2015 年 5 月发布了《中国制造 2025》，提出了以创新驱动为动力和引领、以工业强基和质量提升为基础、以智能制造为主攻方向、以绿色制造和服务型制造为侧翼的战略方针。力图在降低资源消耗、提高劳动生产率、减少对环境的影响、增强技术创新能力、优化产业结构、改善生产组织、加快信息化融合、扩大国际合作等方面，促进中国制造业转型升级、提升产业竞争力，从而迈入世界制造强国行列。

为适应我国对高等学校智能制造应用型人才培养的需要，配合新形态教材的改革要求，编写了本教材，将纸质版教材和多媒体资源进行一体化打造。本教材适用于机械类及相近专业的本科生，同时也面向研究生。书中明确学生学习目标和学习程度，让学生可以从理论学习走向实际应用；通过扫描课本中的二维码，获取数字端电子资源，帮助学生理解重难点、拓展相关知识阅读；对重要概念、公式、原理等进行梳理，加深学生对知识的理解与掌握，也方便学生在期末复习。

智能制造技术作为一种新型的先进生产手段，在制造业中得到了广泛的应用。本书分析了我国智能制造发展现状，介绍了世界主要国家智能制造的发展战略，针对智能制造的发展趋势和目前存在的问题提出了相应的对策和建议。

全书共 8 章，各章节内容如下：

第 1 章　智能制造概述，主要介绍智能制造的概念和发展现状，智能制造模式、技术体系与技术特征；

第 2 章　智能设计技术，主要介绍数字化设计的概念和作用，智能 CAD 系统及设计方法，基于数字孪生技术的产品设计与虚拟样机；

第 3 章　智能制造工艺，主要针对数控加工工艺和智能加工工艺的概念和原理、关键技术和应用，制造加工过程的智能预测系统的概念和原理，智能制造数据库及其建模进行阐述；

第 4 章　智能制造信息技术，主要分析智能制造信息技术的内容和组成，功能和作用，包括云计算、工业物联网、信息物理系统、虚拟现实与人工智能、信息安全等；

第 5 章　智能监测、诊断与控制，主要介绍智能监测的概念和作用，智能诊断系统的组成及其功能，智能控制的原理和方法；

第 6 章　智能制造系统，主要阐述智能制造系统的背景、定义、特征、支撑技术和研究热点，智能制造系统的组成、功能、架构以及关键技术；

第 7 章　智能制造装备，主要介绍智能数控机床、工业机器人、3D 打印装备、智能生产线等智能制造装备的概念、原理、分类、作用以及关键技术；

第 8 章　智能工厂，主要介绍制造执行系统、制造运营管理系统的特点、功能和应用，以及智能工厂的基础知识和案例等。

本书以教学大纲为基础，按照教学大纲中设定的内容和体系组织教材内容。纸质版教材是承载知识系统的核心载体，按照学生学习过程的不同环节设计教材内容及配套资源。

本书由北京建筑大学周庆辉、沈阳工学院邢艳、沈阳工学院李云革编写。其中，第 1 章、第 4 章、第 5 章由周庆辉编写，第 2 章、第 3 章由李云革编写，第 6 章~第 8 章由邢艳编写。

感谢郑清春教授对本书内容提出的宝贵建议。本书难免有疏漏和不当之处，欢迎使用本教材的老师、同学和研究学者批评指正。

编著者

扫描下载本书电子资源

目 录

第1章 智能制造概述

第 4 章　智能制造信息技术　　　84

第5章 智能监测、诊断与控制 106

第 8 章　智能工厂

参考文献　218

第1章

智能制造概述

本章思维导图

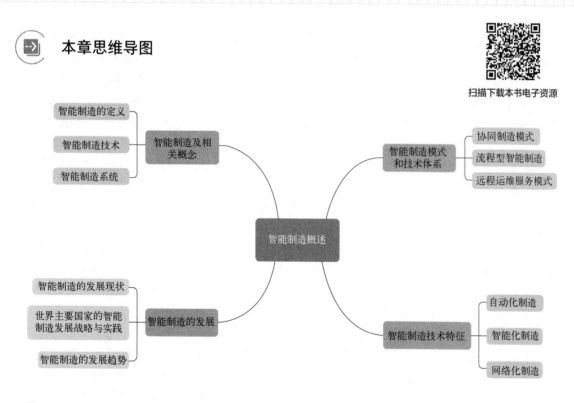

扫描下载本书电子资源

本章学习目标

（1）了解智能制造技术的发展和意义。

（2）掌握智能制造技术的内涵、特征、目标及发展趋势。

（3）掌握智能制造技术体系。

当谈及"中国制造"这样的字眼，你脑海中会浮现怎样的情景呢？相比20世纪80年代的工厂，今天的工厂发生了怎样的变化？在以"工业4.0"为主导的科技风潮席卷全球之际，"中国制造2025"也已上升为国家战略，这意味着智能制造的春天来了吗？

　　制造业可能是人类有史以来最古老的产业之一。制造业的发展同工具的使用和发展密切相关，以工具的发明和使用为里程碑，人类经历了石器时代、青铜器时代、铁器时代、蒸汽机时代、电气时代，以及目前以计算机为工具的信息时代。由于生产工具的不断改进，人类从其所从事的生产环境中不断得到解放，如机器人、无人驾驶汽车的发明，大大提高了劳动效率，使人们有更多的时间从事设计和管理方面的工作。随着全球化的发展，市场竞争日益激烈，资源和生产要素跨国优化配置促进生产成本降低，用户个性需求快速变化，在互联网、移动互联网、云计算、人工智能和大数据等先进技术发展和先进制造理念的推动下，全球制造业正在发生根本性的转变。2009年，美国制定重振制造业的"再工业化"战略，以高新技术为依托，发展高附加值的制造业，并于2011年正式启动包括发展机器人在内的先进制造伙伴计划；2013年，作为欧洲工业模式代表的德国提出"工业4.0"概念，旨在提升制造业的智能化水平，将物联网和智能服务引入制造业，推进第四次工业革命。欧盟在欧洲"2020智慧可持续包容增长"战略中提出重点发展以智能为核心的先进制造。

　　中国已发展成为制造大国，有世界工厂之称。但制造业大而不强，许多环节处于产业链低端，距离制造强国仍有较大距离。打造中国制造新优势，实现由制造大国向制造强国的转变，对我国新时期的经济发展至关重要。2015年5月，国务院印发《中国制造2025》，部署全面推进实施制造强国战略的第一个十年行动纲领，将智能制造作为主攻方向，加速培育我国新的经济增长动力，抢占新一轮产业竞争制高点，以应对制造业转型升级与快速发展所带来的机遇以及发达国家制造业回归本国所带来的挑战。

　　当前，世界范围内先进制造技术正向信息化、自动化、智能化的方向发展，智能制造日益成为未来制造业发展的核心内容。《智能制造发展规划（2016—2020年）》（工信部联规〔2016〕349号）指出，智能制造是基于新一代信息通信技术与先进制造技术深度融合，贯穿于设计、生产、管理、服务等制造活动的各个环节，具有自感知、自学习、自决策、自执行、自适应等功能的新型生产方式。它以取代人的部分智能性脑力劳动为目标，以实现制造过程的自组织能力和制造环境的全面智能化为其最终目标。因此，将数字技术、智能技术、泛在网络技术以及其他新兴信息技术的集成应用到制造业生产中是智能制造需要重点考虑的问题。

　　科技是第一生产力，科技创新是推动经济社会发展的根本动力。第一次工业革命和第二次工业革命分别以蒸汽机和电力的发明和应用为根本动力，极大地提高了生产力，人类社会进入现代工业社会。第三次工业革命的标志是计算、通信和控制等信息技术的不断创新和运用，不断把工业发展提高到一个崭新的水平。

进入21世纪后，数字化和网络化使得信息的获取、使用、控制以及共享变得极其快速和普及，随后新一代人工智能的突破与运用又进一步提高了制造业的数字化、网络化、智能化程度，其最本质的特征是具备认知和学习的能力，具备生成知识和更好地运用知识的能力，从而在根本上提高了工业知识生成与应用的效率，在很大程度上解放了人类的体力与脑力，使得创新速度得到很大提升，应用范围也变得越来越泛，促使制造业进入一个全新的发展阶段，这就是数字化、网络化、智能化制造，也是新一代智能制造。

当前，世界范围内先进制造技术正向信息化、自动化、智能化的方向发展。随着各项技术不断更新迭代，制造系统将具备越来越强大的智能，特别是越来越强大的认知和学习能力，使制造业的知识型工作向自主智能化的方向发生转变，进而突破当今制造业发展所面临的瓶颈和困难。新一代智能制造将给人类社会带来革命性变化。人与机器的分工将产生革命性变化，智能机器将替代人类大量体力劳动和相当部分的脑力劳动，人类可更多地从事创造性工作。同时，新一代智能制造将有效减少资源与能源的消耗和浪费，持续引领制造业绿色发展、和谐发展。

1.1　智能制造及相关概念

1.1.1　智能制造的定义

智能制造（Intelligent Manufacturing，IM），源于人工智能的研究，一般认为智能是知识和智力的总和，前者是智能的基础，后者是指获取和运用知识求解的能力。日本工业界在1989年提出智能制造系统时，首次提出了"智能制造"的概念；美国在1992年实施旨在促进传统工业升级和培育新兴产业的新技术政策，其中涉及信息技术和新制造工艺、智能制造技术等。综合已有文献看，美日是智能制造的先行者。

2013年，德国在汉诺威工业博览会上正式推出旨在提高德国工业竞争力的"工业4.0"，智能制造作为国家战略已经开始受到全球各国的关注。从德国工业4.0的相关文献看，其战略的核心是智能制造技术和智能生产模式，旨在通过"物联网"和"务（服务）联网"两类网络，把产品、机器、资源、人有机联系在一起，构建信息物理系统（Cyber Physical System，CPS），实现产品全生命周期和全制造流程的数字化以及基于信息通信技术的端对端集成，从而形成一个高度灵活（柔性、可重构）、个性化、数字化、网络化的产品与服务的生产模式。

我国对智能制造的定义是："智能制造是基于新一代信息通信技术与先进制造技术深度融合，贯穿于设计、生产、管理、服务等制造活动的各个环节，具有自感知、自学习、自决策、自执行、自适应等功能的新型生产方式。"从定义可以看出，智能制造是工业4.0的核心。

1.1.2　智能制造技术

如图1-1所示，智能制造技术是用计算机模拟、分析，对制造业智能信息收集、存储、完善、共享、继承、发展而诞生的先进制造技术。它是利用计算机模拟制造业领域专家的分析、判断、推理、构思和决策等智能活动，并将这些智能活动和智能机器融合起来，贯穿应用于整个制造企业的子系统，以实现整个制造企业经营运作的高度柔性化和高度集成化，从而取代或延伸制造环境领域专家的部分脑力劳动，并对制造业领域专家的智能信息进行收集、存储、完善、共享、继承和发展，是一种极大提高生产效率的先进制造技术。

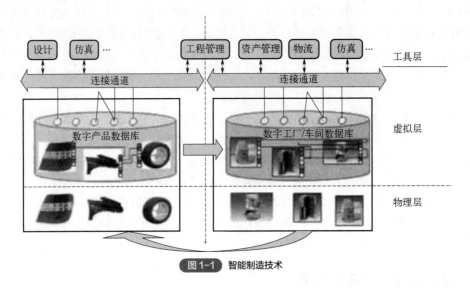

图1-1　智能制造技术

1.1.3　智能制造系统

智能制造系统是一种由部分或全部具有一定自主性和合作性的智能制造单元组成的、在制造活动全过程中表现出相当智能行为的制造系统。其最主要的特征在于工作过程中对知识的获取、表达与使用。根据其知识来源，智能制造系统可分为两类：

① 以专家系统为代表的非自主式制造系统。该类系统的知识是由人类的制造知识总结归纳而来。

② 建立在系统自学习、自进化与自组织基础上的自主型制造系统。该类系统可以在工作过程中不断自主学习、完善与进化自有的知识，因而具有强大的适应性以及高度开放的创新能力。

随着以神经网络、遗传算法与遗传编程为代表的计算机智能技术的发展，智能制造系统正逐步从非自主式向具有自学习、自进化与自组织的持续发展能力的自主式智能制造系统过渡发展。

1.2　智能制造的发展

1.2.1　智能制造的发展现状

世界各国对智能制造技术的研究和开发都十分重视。

（1）美国

美国是智能制造思想的发源地之一，美国政府高度重视智能制造，将其视为21世纪占领世界制造技术领先地位的基石。美国建立了许多重要试验基地，美国国家标准和技术研究所的自动化制造与试验基地（AMRF）就把"为下一代以知识库为基础的自动化制造系统提供研究与实验设施"作为其中的目的之一。卡内基梅隆大学的制造系统构造实验室一直从事制造智能化的研究，包括制造组织描述语言、制造知识表示、制造通信协议、谈判策略和分布式知识库，先后开发了车间调度系统（ISIS）、项目管理系统（CALLISTO）等项目。在美国空军科学制造计划的支持下，1989 年由 D. A. Bourne 组织完成了首台智能加工工作站（IMW）的样机。该样机能直接根据零件的定义数据完成零件的全自动加工，具有产品三维实体建模、创成式工艺规划设计、NC 程序自动生成、加工过程智能监控等一系列智能功能，它的完成被认为是智能制造机器发展史上的一个重要里程碑。1991—1992 年度和 1992—1993 年度，美国国家科学基金着重资助了有关智能制造的诸项研究，这些项目覆盖了智能制造领域的绝大部分。与此同时，美国工业界也以极高的热情投入智能制造的研究开发，1993 年 4 月，在美国底特律由美国工程师协会召开的 IPC'93（22 届可编程控制国际会议），有 200 多家厂商参展，以极大的篇幅介绍了智能制造，提出了"智能制造，新技术、新市场、新动力"的口号，展出了大量先进的、具有一定智能的硬件设备。这次大会讨论的议题有开放式 PLC 体系及标准、模糊逻辑、人工神经网络、自动化加工的用户接口、通往智能制造之路、精良生产等。2011 年，由美国政府、产业界和学术界共同组建的美国智能制造领导联盟发布了《实施二十一世纪智能制造》，该报告明确了智能制造发展的目标和路径，为制造业智能化建设提供了可参考的标准。

（2）日本

日本由于其制造业面临劳动力资源短缺、制造产业向海外转移的空洞化，制造技术高度的内部化导致标准规范不统一等问题，迫切感到发展智能制造的重要性。日本东京大学 Furkawa 教授等人提出智能制造系统（Intelligent Manufacturing System，IMS）国际合作计划，并于 1990 年被日本通产省确定为国际共同研究开发项目。欧洲共同体委员会、日本通产省、美国商务部于 1990 年 5 月经协商成立 IMS 国际委员会，以 10 年为期限，投资 1500 亿日元，实验研究智能制造系统。日本提出的智能制造系统国际合作计划以高新计算机为后盾，其特点是：

① 由政府出面支持，投资巨大，民间企业热情高，有 50 多家民间企业参加。
② 强调部分代替人的智能活动，实现部分人的技能。
③ 使用先进的智能计算机技术，实现设计、制造一体化，以虚拟现实技术实现虚拟制造。
④ 强调全球性网络制造的生产制造。
⑤ 强调智能化、自律化智能加工系统和智能化数控机床、智能机器人的研究。
⑥ 重视分布式人工智能技术的应用，强调自律协作代替集中递阶控制。

2015 年 1 月，日本政府发布了《机器人新战略》，拟通过实施"五年行动计划"实现三大核心目标，即"世界机器人创新基地""世界第一的机器人应用国家""迈向世界领先的机器人新时代"，使日本完成机器人革命，以应对日益突出的社会问题，提升日本制造业的国际竞争力。

2015 年，三菱电机等约 30 家日本企业组建联盟——"产业价值链主导权"（Industrial Value Chain Initiative，IVI），共同探讨工厂互联的技术标准化。2017 年 3 月，日本人工智能技术战略委员会发布《人工智能技术战略》报告，阐述了日本政府为人工智能产业化发展所制定的路线图和规划。

（3）中国

我国对智能制造的研究开始于 20 世纪 80 年代末，并在近年来得到越来越广泛的重视。2014 年 10 月，我国与德国签订《中德合作行动纲要》，同年 12 月，"中国制造 2025"这一概念首次被提出，2015 年 5 月 8 日，国务院正式印发《中国制造 2025》，"中国制造 2025"是中国政府立足于国际产业变革大势作出的全面提升中国制造业发展质量和水平的重大战略部署，提出的重点发展领域如图 1-2 所示。2020 年 3 月，工业和信息化部印发《关于推动工业互联网加快发展的通知》，通知中要求各有关单位要加快新型基础设施建设、加快拓展融合创新应用、加快健全安全保障体系、加快壮大创新发展动能、加快完善产业生态布局、加大政策支持力度。目前，绝大多数的研究集中于人工智能在制造业的各个领域的应用方面，如计算机辅助工艺过程设计（Computer Aided Process Planning，CAPP）、机电设备的智能控制、加工过程的智能检测、智能化生产调度系统、生产决策系统等，许多研究成果已经在实际生产中发挥很大的作用。

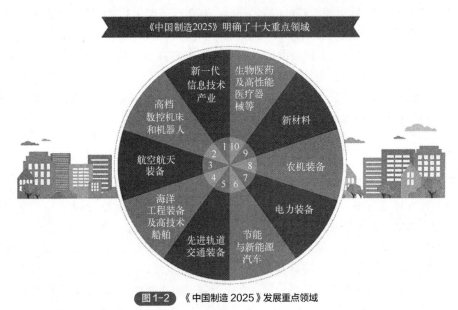

图 1-2 《中国制造 2025》发展重点领域

1.2.2 智能制造的发展趋势

人工智能（Artificial Intelligence，AI）技术自 1956 年问世以来，在 AI 研究者们的努力下，60 多年来，无论是在理论还是在实践方面都取得了重大进展，特别是 1965 年斯坦福大学计算机系的 Feigen-baum 提出为了使人工智能走向实用化，必须把模仿人类思维规律的解题策略与大量的专门知识相结合。基于这种思想，他与遗传学家 J. lederberg、物理化学家 C. Djerassi 等人合作研制出了根据化合物分子式及其质谱数据帮助化学家推断的计算机程序系统 DENDRAL。此系统获得了极大成功，解决问题的能力已达到专家水平，某些方面甚至超过同领域的专家。DENDRAL 系统的出现，标志着 AI 的一个新的研究领域——专家系统的诞生。

随着专家系统的成熟和发展，其应用领域迅速扩大，20 世纪 70 年代中期以前的专家系统多属于数据信号解释型和故障诊断型，70 年代以后专家系统的应用开始扩展到其他领域，如设计、规划、预测、监视、控制等各个领域。

神经网络是人工智能的另一个重要发展领域，特别是 1987 年 IEEE 召开了第一次国际神经网络会议后，神经网络的理论与应用的研究进入一个蓬勃发展的新阶段。迄今，神经网络的研究已获得诸多方面的新进展和新成果：提出了大量的网络模型，发展了许多学习算法，对神经网络的系统理论和实现方法进行了成功的探讨和实验。在此基础上，人工神经网络还在模式分类、机器视觉、机器听觉、智能计算、机器人控制、故障诊断、信号处理、组合优化问题求解、联想记忆、编码理论和经营决策等许多领域获得卓有成效的应用。

　　计算机技术自从问世以后，迅速在制造业中得到广泛的应用。在软件方面，有计算机辅助设计（CAD）、计算机辅助工艺过程设计（CAPP）、计算机辅助制造（CAM）、管理信息系统（MIS）、制造资源计划（MRPⅡ）、数据库等大量计算机辅助软件产品。在硬件方面，有计算机数控机床、工业机器人、三坐标测量仪和大量的由计算机或可编程控制器进行控制的高度自动化设备。上述软、硬件和计算机网络技术的发展，为柔性制造系统、计算机集成制造系统（Computer Integrated Manufacturing System，CIMS）等先进制造技术提供了基本的技术支撑。

　　柔性制造系统和计算机集成制造系统的广泛应用，不但大大提高了制造业的自动化水平，而且为各种人工智能技术在制造领域的应用提出了更为迫切的需求和更为有利的实施环境。从目前发表的大量文献资料来看，人工智能在制造业的研究和应用，特别是在 CIMS 中的应用，主要集中在经营决策、生产规划、制造加工和质量保证等几个方面，首先在 CIMS 的各子系统内分别实现了智能化。

　　将人工智能技术引入制造领域，对于制造业来说无疑是一场革命性的变革。它的出现将使人们从一个崭新的角度去从事制造领域的科学研究。随着信息技术与制造技术的不断深度融合，制造业将在制造系统、设计与制造手段、人机关系三个方面产生巨大变革，形成以"分散与集中相统一的制造系统、虚实结合的设计与制造手段、人机共融的生产方式"为三大鲜明特征的智能制造空间，并以此推进在生产组织方式、资源聚集模式、产品设计手段、人机融合关系方面的新一代智能制造的发展，如图 1-3 所示。

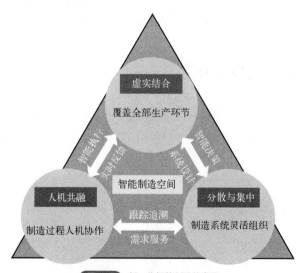

图 1-3　新一代智能制造的发展

　　智能制造的发展趋势既需体现智能、绿色、高效等宏观方向的特点，同时又依托诸多细分技术的交叉结合与不断更新。在工厂管理及运营方面，首先需要构建先进的信息化平台架构，并依托广泛的信息采集与工业通信机制，建立灵活、稳健的工厂信息流，使工厂内横向和纵向基于各个层面、职能与环节的分支系统实现更加紧密的连接和集成。在生产规划上，需要实现从预估计划性生产到由精准需求拉动柔性化生产的转变；在产品管理上，需要实现产品的全生命周期管理，并在这一过程中受益于数字孪生、数据挖掘等新技术的应用实践。在设备层面，推广、研发支持信息交互、柔性化生产、自诊断等功能的新型智能化设备，以及具有高精度、高速度等性能的特种设备；需要大力推进机器视觉系统、智能电机系统、高级运动控制等产品与技术在生产设备上的应用，提高生产设备的智能性、精准性、安全性及效率水平。图 1-4 表示出人、智能制造装备与机器人在制造过程中的合作关系。

与此同时，需要进一步提升大数据分析和云计算等在智能制造核心领域所占有的重要地位，其与制造业的融合以及在经济管理上的应用是智能制造发展的关键。网络通信技术作为设备互联的基础，对智能制造而言也具有相当重要的地位。而控制领域也需要和数据、人工智能技术等紧密结合，实现自适应控制。

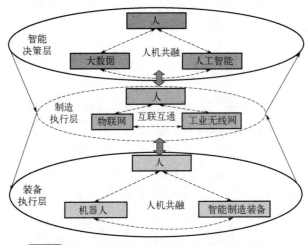

图 1-4　人、智能制造装备与机器人在制造过程中的合作关系

1.3　智能制造模式和技术体系

历史上，从手工制造到大规模生产的发展实现了大众化产品的转变，而目前大规模生产正在向市场和客户驱动的个性化定制方向进行转变，并且将基于更高生产效率、更高的技术层次实现用户的个性化需求，如图 1-5 所示。

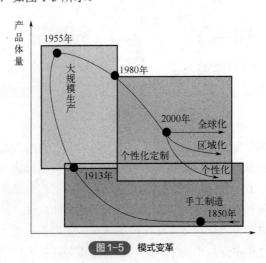

图 1-5　模式变革

现代制造业的演进史，就是信息通信技术与工业不断融合的发展史，新的信息通信技术几乎都会在每个 10 年为制造业带来新的变革。当前，互联网作为创新最活跃、赋能最显著、渗透最广阔的产业，正在通过"互联网+"制造延续已有的融合，加速向制造各环节渗透，驱动新产品、新应用、新市场与新业态的不断涌现，为制造业发展赋予了网络化、服务化、个性化与智能化的新特征，推动制造业发生深刻变革，全面进入"互联网+"制造的新时代。

1.3.1　协同制造模式

协同制造原本不是新的概念，航空、汽车等行业实施企业内的协同制造已有几十年的历史。但是，云计算、大数据、移动互联网等新一代信息技术的发展却赋予了协同制造新的内涵和应用。网络化协同指企业借助互联网、大数据和工业云平台，发展企业间协同研发、众包设计、供应链协同等新模式，能有效降低资源获取成本，大幅延伸资源利用范围，打破封闭疆界，加速从单打独斗向产业协同转变，促进产业整体竞争力提升。网络化协同为传统企业高效、便捷、低成本地实现创新开辟新渠道。

① 建有网络化制造资源协同云平台，具有完善的体系架构和相应的运行规则。

② 通过协同云平台，展示社会/企业/部门制造资源，实现制造资源和需求的有效对接。

③ 通过协同云平台，实现面向需求的企业间/部门间创新资源、设计能力的共享、互补和对接。

④ 通过协同云平台，实现面向订单的企业间/部门间生产资源合理调配，以及制造过程各环节和供应链的并行组织生产。

⑤ 建有围绕全生产链协同共享的产品溯源体系，实现企业间涵盖产品生产制造与运维服务等环节的信息溯源服务。

⑥ 建有工业信息安全管理制度和技术防护体系，具备网络防护、应急响应等信息安全保障能力。

通过持续改进，网络化制造资源协同云平台不断优化，企业间、部门间创新资源、生产能力和服务能力高度集成，生产制造与服务运维信息高度共享，资源和服务的动态分析与柔性配置水平显著提升。

1.3.2　流程型智能制造

工厂总体设计、工艺流程及布局均已建立数字化模型，并进行模拟仿真，实现生产流程数据可视化和生产工艺优化。流程型智能制造通常是由管理信息系统、产品设计与工程设计自动化系统、制造自动化系统、质量保证系统、数据库管理系统和计算机网络技术 6 个部分有机地集成起来的。

① 管理信息系统的功能和构成。管理信息系统是以制造资源计划（Manufacturing Resource Planning，MRP Ⅱ）为核心，包括预测、经营决策、各级生产计划、生产技术准备、销售、供应、财务、成本、设备、工具、人力资源等管理信息功能，通过信息的集成，达到缩短产品生产周期、降低流动资产占用、提高企业应变能力的目的。

② 产品设计与工程设计自动化系统的功能和构成。产品设计与工程设计自动化系统是用计算机来辅助产品设计、制造及产品性能测试等阶段的工作，即常说的 CAD/CAPP/CAM 系统，目的是使产品开发活动更高效、更优质、更自动地进行。

③ 制造自动化系统的功能和构成。制造自动化系统是 CIMS 中信息流和物料流的结合点，它可以由数控机床、加工中心、清洗机、测量机、运输小车、立体仓库、多级分布式控制计算机及相应的控制软件构成。

④ 质量保证系统的功能和构成。质量保证系统包括质量决策、质量检测与数据采集、质量评价、控制与跟踪等功能。系统保证从产品设计、制造、检验到售后服务的整个过程，以实现产品的高质量、低成本、提高企业竞争力的目的。

⑤ 数据库管理系统。数据库管理系统是一种支撑系统，它是信息集成的关键之一。智能制造环境下的经营管理信息、产品设计与工程设计自动化、制造自动化、质量保证等 4 个功能系统的信息数据都要在一个结构合理的数据库系统中进行存储和调用，以满足各系统信息交换和共享的需求。

⑥ 计算机网络技术。计算机网络技术是信息集成的关键技术之一。计算机通信网络要提供系统互连和信息互通的能力，通过通信网络将物理上分布的 4 个子系统的信息联系起来，达到信息共享的目的。

依照企业覆盖地理范围的大小，有两种网络可以选用，即局域网和广域网。如果工厂厂区的地理范围不大，一般以互联的局域网为主。当前，局域网采用国际标准化组织/开放系统互连（ISO/OSI）协议作为实际的工业标准，底层选用电气电子工程协会（IEEE）制定的 802.X 协议。这种网络成本低、性能强，站点接入和拆除都比较方便。它适合于厂区以信息管理为特征的 CIMS 环境。在比较大型的工厂实现 CIMS 时，可能需要把与多个自动化孤岛相应的多个不同的计算机网络互连起来，通常采用 TCP/IP 事实上的标准实现这些异常网络互连。

1.3.3 远程运维服务模式

当前，制造业正在积极探索由传统的以产品为中心向以服务为中心的经营方式的转变，通过构建智能化服务平台和智能化服务成为新的业务核心，以摆脱对资源、能源等要素的投入，更好地满足用户需求、增加附加价值、提高综合竞争力。可以看到，基于制造业服务化延伸已经成为越来越多制造企业销售收入和利润的主要基础，成为制造业竞争优势的核心来源。

① 采用远程运维服务模式的智能装备/产品应配置开放的数据接口，具备数据采集、通信和远程控制等功能。利用支持 IPv4、IPv6 等技术的工业互联网，采集并上传设备状态、作业操作、环境情况等数据，根据远程指令灵活调整设备运行参数。

② 建立智能装备/产品远程运维服务平台，能够对装备/产品上传数据进行有效筛选、梳理、存储与管理，并通过数据挖掘、分析，向用户提供日常运行维护、在线检测、预测性维护、故障预警、诊断与修复、运行优化、远程升级等服务。

③ 智能装备/产品远程运维服务平台应与设备制造商的产品全生命周期管理系统（Product Live cycle Management，PLM）、客户关系管理系统（Customer Relationship Management，CRM）、产品研发管理系统实现信息共享。

④ 智能装备/产品远程运维服务平台应建立相应的专家库和专家咨询系统，能够为智能装备/产品的远程诊断提供智能决策支持，并向用户提出运行维护解决方案。

⑤ 建立信息安全管理制度，具备信息安全防护能力。

通过持续改进，建立高效、安全的智能服务系统，提供的服务能够与产品形成实时、有效互动，大幅度提升嵌入式系统、移动互联网、大数据分析、智能决策支持系统的集成应用水平。

1.4 智能制造技术特征

智能制造通过把产品、机器、资源和人有机联系在一起，推动各环节数据共享，从而实现产品的全生命周期管理。因此，智能制造是在制造业自动化、智能化、信息化和网络化基础上建立的，是智能硬件（嵌入式技术）、物联网、工业互联网、工业云、大数据和信息网络技术等重要技术在工业生产过程中的应用。

1.4.1 自动化制造

自动化制造包括刚性制造和柔性制造。

（1）刚性制造

"刚性"是指该生产线只生产一种或工艺相近的一类产品，刚性制造包括刚性半自动化单机、刚性自动化单机和刚性自动化生产线三种表现形式。

① 刚性半自动化单机。刚性半自动化单机是指除上下料以外，可以自动完成单个工艺过程加工循环的机床。这种机床一般是机械或电液复合控制式的组合机床或专用机床，可以进行多面、多轴、多刀同时加工，加工设备按工件的加工工艺顺序依次排列；切削刀具由人工安装、调整，实行定时强制换刀，如果出现刀具破损、折断，可进行应急换刀；适用于产品品种变化范围和生产批量都较大的制造系统。缺点是调整工作量大，加工质量较差，工人的劳动强度也大。

② 刚性自动化单机。刚性自动化单机是在刚性半自动化单机的基础上，增加自动上、下料等辅助装置而形成的自动化机床，同样可以完成单个工艺过程的全部加工循环。辅助装置包括自动工件输送、上料、下料、自动夹具、升降装置和转位装置等；切屑处理一般由刮板器和螺旋传送装置完成。这种机床往往需要定做或改装，常用于品种变化很小，但生产批量特别大的场合，主要特点是投资少、见效快，是大量生产最常见的加工装备。

③ 刚性自动化生产线。刚性自动化生产线是用工件输送系统将各种自动化加工设备和辅助设备按一定的顺序连接起来，在控制系统的作用下完成单个零件加工的复杂大系统。刚性自动化生产线是一种多工位生产过程，被加工零件以一定的节奏，顺序通过各个工作位置，自动完成零件预定的全部加工过程和部分检测过程。相比于刚性自动化单机，它的结构复杂，任务完成的工序多，因而生产效率也很高，是少品种、大量生产必不可少的加工装备。除此之外，刚性自动化生产线还具备其他优点，包括有效缩短生产周期、取消半成品中间库存、缩短物料流程、减少生产面积、改善劳动条件以及便于管理等。

（2）柔性制造

"柔性"是指生产组织形式、生产产品及生产工艺的多样性和可变性，具体表现为机床的柔性、产品的柔性、加工的柔性以及批量的柔性等。依据自动化制造系统的生产能力和智能程度，柔性制造可分为柔性制造单元（Flexible Manufacturing Cell，FMC）、柔性制造系统（Flexible Manufacturing System，FMS）、柔性制造线（Flexible Manufacturing Line，FML）、柔性装配线（Flexible Assembly Line，FAL）、计算机集成制造系统（CIMS）等。

① 柔性制造单元（FMC）。柔性制造单元由单台数控机床、加工中心、工件自动输送及更

换系统等组成，是实现单工序加工的可变加工单元。柔性制造单元内的机床在工艺能力上通常是相互补充的，可混流加工不同的零件。单元对外设有接口，可与其他单元组成柔性制造系统。

FMC 控制系统一般分两级，分别是单元控制级和设备控制级。设备控制级是针对机器人、机床、坐标测量机、传送装置等各种设备的单机控制，向上与单元控制系统用接口连接，向下与设备连接；单元控制级能够指挥和协调单元中各设备的活动，处理由物料储运系统交来的零件托盘，同时，通过控制工件调整、零件夹紧、切削加工、切屑清除、加工过程中检验、卸下工件以及清洗工件等功能，调度设备控制级的各子系统。

② 柔性制造系统（FMS）。柔性制造系统由两台或两台以上加工中心或数控机床组成，并在加工自动化的基础上实现了物料流和信息流的自动化，其基本组成部分包括自动化加工设备、工件储运系统、刀具储运系统、多层计算机控制系统等。

③ 柔性制造线（FML）。柔性制造线由自动化加工设备、工件输送系统和控制系统等组成，主要适用于品种变化不大的中批和大批量生产。线上的机床以多轴主轴箱的换箱式和转塔式加工中心为主，工件变换后，各机床的主轴箱可自动进行更换，同时调入相应的数控程序，生产节拍也会作出相应调整。

柔性制造线具有刚性自动线的绝大部分优点，且当批量不大时，生产成本比刚性自动线低，当品种改变时，系统所需的调整时间又比刚性自动线少，但建立的总费用却比刚性自动线高。因此为节省投资，提高系统运行效率，柔性制造线经常采用刚柔结合的形式，即生产线的一部分设备采用刚性专用设备（主要是组合机床），另一部分采用换箱或换刀式的柔性加工机床。

④ 柔性装配线（FAL）。柔性装配线通常由以下几部分组成：

装配站：既包括可编程的装配机器人，也包括不可编程的自动装配装置及人工装配工位。

物料输送装置：根据装配工艺流程，为装配线提供各种装配零件，使不同的零件与已装配的半成品合理地在各装配点间流动，同时还能使成品部件（或产品）运离现场。

控制系统：对全线进行调度和监控，控制物料流向、装配站和装配机器人。

⑤ 计算机集成制造系统（CIMS）。计算机集成制造系统是一种集市场分析、产品设计、加工制造、经营管理、售后服务于一体，借助计算机的控制与信息处理功能，使企业运作的信息流、物质流、价值流和人力资源有机融合，实现产品快速更新、生产率大幅提高、质量稳定、资金有效利用、损耗降低、人员合理配置、市场快速反馈和服务良好的全新企业生产模式。

1.4.2　智能化制造

智能制造离不开智能装备，而在未来，智能装备中应用得最广泛的即工业智能机器人。1987年，国际标准化组织对工业机器人进行了定义："工业机器人是一种具有自动控制的操作和移动功能，能完成各种作业的可编程操作机。"

综合来说，工业机器人是面向工业领域的多关节机械手或多自由度的机器装置，由机械本体、控制器、伺服驱动系统和检测传感装置构成，它能自动执行工作，靠自身的动力和控制能力实现各种设定的功能的机器，它是综合了计算机、控制论、机构学、信息和传感技术、人工智能、仿生学等学科而形成的高新技术，是当代研究十分活跃、应用日益广泛的领域。工业机器人的应用情况是一个国家工业自动化水平的主要标志之一。

1.4.3 网络化制造

物联网（Internet of Things，IoT）是智能制造的一个重要领域。所谓物联网，是指利用局部网络或互联网等通信技术，把传感器、控制器、机器、人员和物等通过新的方式相互联结在一起，实现信息化、远程管理控制和智能化的网络，如图 1-4 所示。简言之，就是物物相连的互联网。物联网是互联网的延伸与拓展，它拥有互联网上所有的资源，并且物联网中所有的元素（包括设备、资源及通信等）都是个性化和私有化的。

在制造业领域，利用物联网可以建立一个涵盖制造全过程的网络，将工厂环境向智能化转换，建设成智能工厂，实现从自动化生产到智能生产的转变升级。生产线上的所有产品都将集成动态数字存储器，承载有其整个供应链和生命周期中的各种必需信息，具备感知和通信能力，从而进一步打通生产与消费的通道。

本章小结

智能制造（Intelligent Manufacturing）是基于新一代信息通信技术与先进制造技术深度融合，贯穿于设计、生产、管理、服务等制造活动的各个环节，具有自感知、自学习、自决策、自执行、自适应等功能的新型生产方式。

智能制造技术是一种利用计算机模拟制造专家的分析、判断、推理、构思和决策等智能活动，并将这些智能活动与智能机器有机融合，使其贯穿应用于制造企业的各个子系统（如经营决策、采购、产品设计、生产计划、制造、装配、质量保证和市场销售等）的先进制造技术。

世界各国对智能制造技术的研究和开发都十分重视。将人工智能技术引入制造领域，对于制造业来说无疑是一场革命性的变革。它的出现将使人们从一个崭新的角度去从事制造领域的生产和科学研究。

目前，大规模生产正在向市场和客户驱动的个性化定制方向进行转变，并且将基于更高生产效率、更高技术层次实现用户的个性化需求。

智能制造是在制造业自动化、智能化、信息化和网络化的基础上建立的，是智能硬件（嵌入式技术）、物联网、工业互联网、工业云、大数据和信息网络技术等重要技术在工业生产过程中的应用。

 思考题

（1）什么是智能制造？
（2）智能制造有哪些发展模式？
（3）智能制造技术有哪些特征？

第 2 章

智能设计技术

本章思维导图

扫描下载本书电子资源

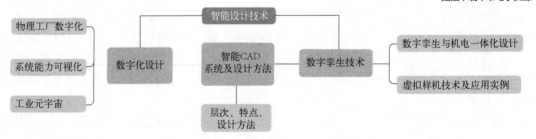

物理工厂数字化

系统能力可视化

工业元宇宙

数字化设计

智能设计技术

智能CAD
系统及设计方法

数字孪生技术

数字孪生与机电一体化设计

虚拟样机技术及应用实例

层次、特点、
设计方法

本章学习目标

（1）掌握数字化设计的概念与作用。

（2）掌握智能 CAD 系统及设计方法。

（3）熟悉数字孪生的产品设计方法。

（4）熟悉数字孪生技术的实施工具。

（5）掌握虚拟样机技术概念及应用实例。

2.1　数字化设计

　　面向制造业，智能工厂、数字产线、智慧园区等需求日益崛起，这不仅要求通过 3D 技术的进化来适应未来的智能化高效发展，更要基于 3D 信息交互为用户打造未来的沉浸式体验。

制造业全链路数字化的发展阶段如下。

（1）信息化

信息化是将企业在生产经营过程中产生的业务信息进行记录、储存和管理，通过电子终端呈现，便于信息的传播与沟通。

信息化是对物理世界的信息描述，是业务数据化，本质上是一种管理手段，侧重于业务信息的搭建与管理。业务流程是核心，信息系统是工具，在这一过程中产生的数据只是一种副产品。信息化还是物理世界的思维模式。

（2）数字化

信息化建设过程中各个信息系统之间缺乏互通，形成了信息孤岛。数字化打通各个信息孤岛，让数据得以连接。通过基于大量沉淀在业务系统中的运营数据，对这些数据进行综合的、多维的分析，对企业的运作逻辑进行数字建模、优化，指导并服务于企业的日常运营。这个过程是技术实现的过程，更是思维模式转变的过程。

（3）数智化

数智化是数字化和智能化的合称，主要是指：

① 在数字与智能技术（大数据、AI、云计算、区块链、物联网、5G 等）手段的支持下，建立决策机制的自优化模型，实现状态感知、实时分析、科学决策、智能化分析与管理、精准执行的能力。

② 借助数字化模拟人类智能，让智能数字化，进而应用于系统决策与运筹等方面的能力。

通过以上两种能力，帮助企业优化现有业务价值链和管理价值链，增收节支，提效避险，实现从业务运营到产品/服务的创新，提升用户体验，构建企业新的竞争优势，进而实现企业的转型升级。

通过建立具备行业通用性的 3D 模组数字资产库，采用节点参数降低设计成本，应对柔性制造产能集群的不断扩张。制造场景下的数字化设计路径可分为两条：

① 将物理工厂进行数字化搭建：物理工厂→物理模组库→工厂搭建→数字孪生。

② 将系统能力进行可视化表达：系统平台→能力模组库→场景搭建→平台应用。

围绕智能制造行业特性确定其风格，基于数字科技、柔性供给、智能生产的核心能力，通过磨砂、玻璃、金属材质建立设计意向，将数字工厂及能力进行模块化的参数设计，提升设计效率的同时也兼容行业中各类复杂场景。

简而言之，信息化是企业转型的初级阶段，立足于以信息技术手段提升内部管理效率；数字化则是企业转型的进化阶段，是在大数据与云计算技术的加持下对企业运营的全面优化；数智化则是企业转型的高级阶段，是在人工智能技术加持下对数据作为生产要素的智能化应用。

数智化的本质是业务创新，是运营管理的智能化创新，是对传统业务模式的革命性颠覆，是对未来业务生态的重新定义。

2.1.1　物理工厂数字化

物理工厂数字化的核心就是基于数字孪生建立工厂的物理对象，模拟工厂在现实环境中的行为及状态，对整个工厂进行数字化仿真，从而提高生产、运维及远程管理效率。

（1）建立数字化模组

通过调研行业大量的制造工厂发现，将工厂依次从空间—设备—物料分层后，最终可以提炼具有任务属性及运维状态的最小单元的通用 3D 模组。基于这套模块化的数字化资产库，将帮助工厂在线上快速建厂、搭建数据大屏方案、帮助运维远程监测设备、提升工厂管理效率等。

此外，建立完整的数字化模组设计将包含以下三类物理映射：业务模型、行为逻辑、状态变化，从而实现数字模型对物理实体进行全面呈现、动态监控和精准表达等全生命周期管理。

① 业务模型：通过抽象物理对象进行基础形态建模。例如，目前 50 种 3D 模组，能基本满足服饰制造工厂的多数通用场景。

② 行为逻辑：3D 模组通过赋予行为动画，演绎对象的能力属性或系统下发的任务指令，从而实现远程动态监控。

③ 状态变化：通过改变 3D 模组颜色材质等要素，可视化精准表达物理世界不可见的数字化状态，提升运维效率。

以上三类物理映射完成了数字化模组的构建，将解决传统表单页面信息冗长、操作割裂、阅读低效等痛点，帮助工厂实现数字化管理、提升生产及运维效率。

（2）模块化搭建场景

基于模组根据不同的工厂布局，进行快速的模块化搭建。虽然工厂是一个劳动密集型空间结构，但布局大多重复且有规律，因此通过参数化节点设计便可以快速智能生成工厂的场景布局。

因此，通过模块化设计，可以帮助工厂在建厂初期进行快速可视化建厂及零成本试错，提升前期的建厂效率，降低设计成本。

（3）场景的应用及体验

完成场景搭建后，将数字场景在系统中进行应用，用户通过终端不仅可以在远程通过漫游模式查看工厂的生产详情，了解工厂的设备状态，还可以通过全局模式快速总览工厂的各类信息，最终基于全局及局部信息进行管理决策。

此外，在场景中接入各个生产平台链接，将数字场景作为各个独立生产系统的入口，让用户所见即所得地在数字场景中管理生产，将解决传统生产系统页面信息割裂、流程长等痛点。

2.1.2 系统能力可视化

除去物理实体之外，制造业在数据处理及服务能力的设计上还可以被进一步可视化挖掘，以缩短客户与实操人员的学习理解周期。

（1）建立数字化模组

基于系统能力的挖掘，将主体特征进行三维可视化表达，再叠加以"数字化"特性元素，如代表数据传输的"粒子"、代表扫描的"圆环线性结构"等，综合构成系统能力可视化的模组单元。

（2）创建能力场景

模组建立完成后，可以结合业务实际情况，建立应用场景。通过这种能力与能力间的串联表达，用户可对系统全局有更加完整的了解和认知。

（3）嵌入平台应用

同理，模组和场景都可以广泛地应用在制造端平台设计中。直观的视觉表达，能有效帮助实操人员迅速定位、了解具体功能及操作。

2.1.3　展望工业元宇宙

未来的智能制造将依托工业互联网实现全链路数字化，让一个个中小工厂从孤岛走向协作、从封闭走向开放、从混乱走向专注。当然，数字化趋势也将链接越来越多的产业及场景，助力构建数据驱动、万物互联的新趋势。

目前，数字孪生在商用及政府场景的应用已较为广泛，未来数字世界的打造一定是围绕以人为核心的场景体验，人与场景的融合才能将原本的商用场景向更为广泛的民用场景转变，也必将会创造出更真实且丰富的数字世界。元宇宙从概念到应用的转换仍需要企业和科研机构不断尝试，推进基础技术和关键设备不断迭代和更新，挖掘更多的应用场景。特别是，元宇宙相关技术在工业领域的应用将赋能工业产品生命周期的各个场景，能够有效促进工业领域智能化升级，其应用价值将远大于消费领域。

（1）工业元宇宙"虚实协同"，是智能制造的未来形态

工业元宇宙即元宇宙相关技术在工业领域的应用，将现实工业环境中研发设计、生产制造、营销销售、售后服务等环节和场景在虚拟空间实现全面部署，通过打通虚拟空间和现实空间实现工业的改进和优化，形成全新的制造和服务体系，达到降低成本、提高生产效率、高效协同的效果，促进工业高质量发展。

（2）工业元宇宙"由虚向实"实现"虚实协同"

工业元宇宙与"数字孪生"概念类似，两者的区别在于，数字孪生是现实世界向虚拟世界的1:1映射，通过在虚拟世界对生产过程、生产设备的控制来模拟现实世界的工业生产；工业元宇宙则比数字孪生更具广阔的想象力，工业元宇宙所反映的虚拟世界不止有现实世界的映射，还具有现实世界中尚未实现甚至无法实现的体验与交互。另外，工业元宇宙更加重视虚拟空间和现实空间的协同联动，从而实现虚拟操作指导现实工业。

（3）工业元宇宙助力智能制造全面升级

智能制造基于新一代信息技术与先进制造技术深度融合，贯穿于设计、生产、管理、服务等制造活动的各个环节，是致力于推动制造业数字化、网络化、智能化转型升级的新型生产方式。工业元宇宙则更像是智能制造的未来形态，以推动虚拟空间和现实空间联动为主要手段，

更强调在虚拟空间中映射、拓宽实体工业能够实现的操作，通过在虚拟空间的协同工作、模拟运行指导实体工业高效运转，赋能工业各环节、场景，使工业企业达到降低成本、提高生产效率的目的，促进企业内部和企业之间高效协同，助力工业高质量发展，实现智能制造的进一步升级。

2.2　智能 CAD 系统及设计方法

智能设计是指应用现代信息技术，采用计算机模拟人类的思维活动，提高计算机的智能水平，从而使计算机能够更多、更好地承担设计过程中各种复杂任务，成为设计人员的重要辅助工具。

2.2.1　智能设计产生与发展

智能设计的产生可以追溯到专家系统技术最初应用的时期，其初始形态都采用了单一知识领域的符号推理技术——设计型专家系统，这对于设计自动化技术从信息处理自动化走向知识处理自动化有着重要意义。但设计型专家系统仅仅是为解决设计中某些困难问题的局部需要而产生的，只是智能设计的初级阶段。

近些年来，CIMS 的迅速发展对智能设计提出了新的挑战。在 CIMS 这样的环境下，产品设计作为企业生产的关键性环节，其重要性更加突出，为了从根本上强化企业对市场需求的快速反应能力和竞争能力，人们对设计自动化提出了更高的要求，在计算机提供知识处理自动化（这可由设计型专家系统完成）的基础上，实现决策自动化，即帮助人类设计专家在设计活动中进行决策。需要指出的是，这里所说的决策自动化绝不是排斥人类专家的自动化。恰恰相反，在大规模的集成环境下，人在系统中扮演的角色将更加重要。人类专家将永远是系统中最有创造性的知识源和关键性的决策者。因此，CIMS 这样的复杂巨系统必定是人机结合的集成化智能系统。与此相适应，面向 CIMS 的智能设计走向了智能设计的高级阶段——人机智能化设计系统。虽然它也需要采用专家系统技术，但只是将其作为自身的技术基础之一，与设计型专家系统之间存在着根本的区别。

设计型专家系统解决的核心问题是模式设计，方案设计可作为其典型代表。与设计型专家系统不同，人机智能化设计系统要解决的核心问题是创新设计，这是因为在 CIMS 这样的大规模知识集成环境中，设计活动涉及多领域和多学科的知识，其影响因素错综复杂。CIMS 环境对设计活动的柔性提出了更高要求，很难抽象出有限的稳态模式。换言之，即使存在设计模式的自豪感，设计模式也是千变万化的，几乎难以穷尽。这样的设计活动必定更多地带有创新色彩，因此创新设计是人机智能化设计系统的核心所在。

设计型专家系统与人机智能化设计系统在内核上存在差异，由此可派生出两者在其他方面的不同点。例如，设计型专家系统一般只解决某一领域的特定问题，比较孤立和封闭，难以与其他知识系统集成，而人机智能化设计系统面向整个设计过程，是一种开放的体系结构。

智能设计的发展与 CAD 的发展联系在一起，在 CAD 发展的不同阶段，设计活动中智能部分的承担者是不同的。传统 CAD 系统只能处理计算型工作，设计智能活动是由人类专家完成的。在智能 CAD 阶段，智能活动由设计型专家系统完成，但由于采用单一领域符号推理技术的专家系统求解问题能力的局限，设计对象（产品）的规模和复杂性都受到限制，这样智能 CAD 系统完成的产品设计主要还是常规设计，不过借助于计算机的支持，设计的效率大大提高。而在面向 CIMS 的智能 CAD，由于集成化和开放性的要求，智能活动由人机共同承担，这就是人机智能化设计系统，它不仅可以胜任常规设计，而且可以支持创新设计。

2.2.2 智能设计层次

综合国内外关于智能设计的研究现状和发展趋势，智能设计按设计能力可以分为 3 个层次：常规设计、联想设计和进化设计。

（1）常规设计

常规设计即设计属性、设计进程和设计策略已经规划好，智能系统在推理机的作用下，调用符号模型（如规则、语义网络、框架等）进行设计。目前，国内外投入应用的智能设计系统大多属于此类，如日本 NEC 公司用于 VLSI 产品布置设计的 Wirex 系统，华中科技大学开发的标准 V 带传动设计专家系统（JDDES）、压力容器智能 CAD 系统等。这类智能系统常常只能解决定义良好、结构良好的常规问题，故称常规设计。

（2）联想设计

目前，关于联想设计的研究可分为两类：一类是利用工程中已有的设计事例进行比较，获取现有设计的指导信息，这需要收集大量良好的、可对比的设计实例，对大多数问题是困难的；另一类是利用人工神经网络数值处理能力，从试验数据、计算数据中获得关于设计的隐含知识，以指导设计。这类设计借助于其他事例和设计数据，实现了对常规设计的一定突破，故称联想设计。

（3）进化设计

遗传算法（Genetic Algorithms，GA）是一种借鉴生物界自然选择和自然进化机制的、高度并行的、随机的、自适应的搜索算法。20 世纪 80 年代早期，遗传算法已在人工搜索、函数优化等方面得到广泛应用，并推广到计算机科学、机械工程等多个领域。进入 20 世纪 90 年代，遗传算法的研究在其基于种群进化的原理上，拓展出进化编程（Evokitionary Programming，EP）、进化策略（Evolutionary Strategies，ES）等方向，它们并称为进化计算（Evolutionary Computation，EC）。

进化计算使得智能设计拓展到进化设计，其特点是：设计方案或设计策略编码为基因串，形成设计样本的基因种群；设计方案评价函数决定种群中样本的优劣和进化方向；进化过程就是样本的繁殖、交叉和变异等过程。

进化设计对环境知识依赖很少，而且优良样本的交叉、变异往往是设计创新的源泉，所以在 1996 年举办的"设计中的人工智能"（Artificial Intelligence in Design）国际会议上，M. A. Roscnman 提出了设计中的进化模型，使用进化计算作为实现非常规设计的有力工具。

2.2.3 智能设计特点

（1）以设计方法学为指导

智能设计的发展，从根本上取决于对设计本质的理解。设计方法学对设计本质、过程设计思维特征及其方法学的深入研究是智能设计模拟人工设计的基本依据。

（2）以人工智能技术为实现手段

借助专家系统技术在知识处理上的强大功能，结合人工神经网络和机器学习技术，较好地支持设计过程自动化。人工神经网络已在语音识别、模式分类、自动控制等领域取得比较成功的应用，在工程设计中的应用正在不断地研究发展，如基于人工神经网络的机械设计领域知识表达方法的研究，智能系统的知识自动获取，基因遗传算法的原理在机械工程中的应用等。

（3）以传统 CAD 技术为数值计算和图形处理工具

提供对设计对象的优化设计、有限元分析和图形显示输出上的支持。以计算机为工具，以人为主体，将计算机的计算、存储和图形处理功能与人的创造思维能力相结合，从而提高设计质量，缩短设计周期，在工程设计中承担着不可替代的重要作用。

（4）面向集成智能化

将不同功能的智能化系统，通过统一的信息平台实现集成，以形成具体信息汇集、资源共享及优化管理等综合功能的系统，不但支持设计的全过程，而且考虑到与 CAM 的集成，提供统一的数据模型和数据交换接口。

（5）提供强大的人机交互功能

使设计师对智能设计过程的干预，以一定的交互方式完成确定任务的人与计算机之间的信息交换过程，即与人工智能融合成为可能。随着语音识别、汉字识别等输入设备的发展，操作员和计算机在类似于自然语言或受限制的自然语言这一级上进行交互成为可能，通过图形进行人机交互也吸引着人们去进行研究。

因此，人机智能化设计系统是针对大规模复杂产品设计的软件系统，它是面向集成的决策自动化，是高级的设计自动化。

2.2.4　设计方法

（1）面向对象的求解方法

人工智能的根本目的是通过软件来模拟人的思维。传统的软件开发过程采用的是结构化程序设计方法，是以"过程"和"操作"为中心来构造系统、设计程序，这样思维成果的可重用性较差。若以"对象"和"操作系统"为中心来构造系统、设计程序，则思维成果的可重用性就有可能较好，这就是面向对象的程序设计方法。

面向对象的程序设计方法包括三个阶段，即面向对象的分析、面向对象的设计、面向对象的实现。在该方法中，对象和信息的传递分别是以事物及事物间相互联系的概念，类与继承适用于人的一般思维方式的描述范式，方法是允许作用于该对象上的各种操作。这种基于对象、类、消息和方法等概念的程序设计范式的特征在于对象的封装性和继承性（通过封装将对象的定义和对象的实现分开，通过继承体现类与类之间的关系），以及由此带来的动态聚束和实体的多态性等。

面向对象的知识表示方法（Object-Oriented Knowledge Representation，OOKR）是以知识所描述或针对的对象为单位来组织知识，并用对象之间的关系来表示关系型和层次型知识的一种混合型知识表示方法。这有两层含义：

其一，OOKR 是一种知识的组织策略，以对象为单位对知识进行分组和封装。而对这些附属于对象的知识的具体表示形式没有特别的限定，可以是基于谓词逻辑的，也可以是基于规则或者是基于过程的，等等。OOKR 这种将知识按照其描述或针对的对象来分别组织的方法缩小了知识推理的求解空间，从而能够提高知识处理系统的性能。

其二，OOKR 利用对象之间的关系结构来自然表达泛化、扩充、组成、依赖、使用等层次型或关系型知识。

OOKR 以领域对象为中心组织知识库系统结构，对象是知识库的基本单元。面向对象的知识库结构将表达对象的（属性）与处理数据的知识作为一个有机整体对待。例如，关于某一机械零件的表达，不仅包括这个零件的参数，而且包括零件的几何特征、功能特征、公差以及关于该零件的所有设计知识，这些知识都将统一地表达在该零件的对象结构中。

OOKR 将多种单一的知识表示方法按照对象的程序设计原则组合成一种混合知识表示形式。在 OOKR 中，对象是表达属性结构、相关领域知识、属性操作过程及知识使用方法的综合实体；对象类是一类对象的抽象描述；对象的实例则是指具体的对象。对象的表达由 4 种集合组成，如图 2-1 所示。

图 2-1　OOKR 的基本结构

（2）基于规则的智能设计方法

基于规则的设计（Rule-Based Design，RBD）源于人类设计者能够通过对过程性、逻辑性、经验性的设计规则进行逐步推理来完成设计的行为，是最常用的智能设计方法之一。该方法将设计问题的求解知识用产生式规则的形式表达出来，从而通过对规则形式的设计知识推理而获得设计问题的解。RBD 方法也常称为"专家系统的方法"，相应的智能设计系统常称为"设计型专家系统"。

RBD 的基本过程如图 2-2 所示，关于设计问题的各种设计规则被存储在设计规则库中，而综合数据库中存放有当前的各种事实信息。当设计开始时，关于设计问题的定义被填入综合数据库中；然后，设计推理机负责将规则库中设计规则的前提与当前综合数据库中的事实进行匹配，前提是获得匹配的设计规则被筛选出来，成为可用设计规则组；继而，设计推理机化解多条可用规则可能带来的结论冲突并启用设计规则，从而对当前的综合数据库做出修改。这一过程被反复执行，直到达到推理目标，即产生满足设计要求的设计解为止。

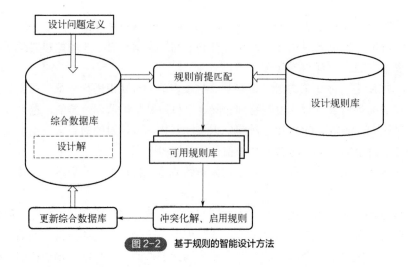

图 2-2　基于规则的智能设计方法

（3）基于案例的智能设计方法

基于案例的设计（Case-Based Design，CBD）是通过调整或组合过去的设计解来创造新设计解的方法，是人工智能中基于案例的推理（Case-Based Reasoning，CBR）技术在设计型问题中的应用，它源于人类在进行设计时总是不自觉地参考过去相似设计案例的行为。

CBD 的基本过程如图 2-3 所示，大量设计案例被存储在设计案例库中。当设计开始时，首先根据设计问题的定义从案例库中搜索并提取与当前设计问题最为接近的一个或多个设计案例；然后，通过案例组合、案例调整等方法得到设计问题的解；最后，产生的设计方案可能又被加入设计案例库中供日后其他设计问题参考使用。与 RBD 相比，CBD 最大特色在于：如果 RBD 中求解路径上的设计规则是不完整的，那么若不借助其他方法则无法完成从设计问题到设计解的推理；而对于 CBD 方法，即使设计案例库是不完整的，仍然能够运用该方法求解那些具有类似案例的设计问题。案例的评价、调整或组合是 CBD 的第三个关键问题。新设计问题的设计要求不可能与案例的设计要求完全一致（否则就无须重新设计），因而需要通过案例评价找出新

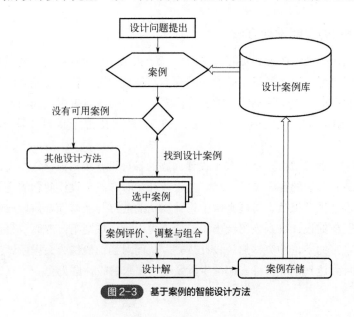

图 2-3　基于案例的智能设计方法

设计问题与设计案例之间存在的差异特征，并着重针对这些差异特征开展设计工作。调整和组合是解决差异特征的两种主要方法。调整是借助其他一些智能设计方法对原有案例进行修改而产生满足设计要求的设计解（如基于规则的方法）；组合则是通过从多个案例中分别取出设计解的可用部分，再合并形成新问题的设计解。

（4）基于原型的智能设计方法

人类设计专家经常能够根据他们以往的设计经验把一种设计问题的解归结为一些典型的构造形式，并在遇到新的设计问题时从这些典型构造形式中选取一种作为解的结构，进而采用其他设计方法求出解的具体内容。这些针对特定设计问题归纳出的设计解的典型构造形式，即"设计原型"从"设计是从功能空间中的点到属性空间中的点的映射过程"去理解，设计原型描述了解属性空间的具体结构。这种采用设计原型作为设计解属性空间的结构并进而求解属性空间内容的智能设计方法，称为基于原型的智能设计（Prototype-Based Design，PBD）方法。

PBD 的基本设计流程如图 2-4 所示，设计原型被存储在原型库中备用。设计开始时，从原型库中选取适用于设计问题的设计原型；然后，将设计原型实例化为具体设计对象而形成设计解的结构；继而，通过运用关于求解原型属性的各种设计知识（可能为：设计规则、该原型以往的设计案例）来求解满足设计要求的解的属性值而最终形成设计解。

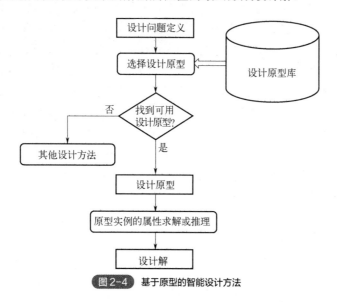

图 2-4　基于原型的智能设计方法

（5）基于约束满足的智能设计方法

基于约束满足的智能设计（Constraint-Satisfied Design，CSD）方法是把设计视为一个约束满足的问题（Constraint Satisfied Problem，CSP）来进行求解。人工智能技术中，CSP 问题的基本求解方法是通过搜索问题的解空间来查找满足所有问题约束的问题解。但是，智能设计与一般的 CSP 问题存在一些不同，在一个复杂设计问题中，往往涉及众多变量，搜索空间巨大，这使得通常很难通过搜索方法而得到真正设计问题的解。因而，CSD 常常是借助其他智能设计方法产生一个设计方案，然后再来判别其是否满足设计问题中的各方面约束，而单纯搜索的方法一般只用于解决设计问题中的一些局部子问题。

约束在产品几何表达方面的应用由来已久，CAD 系统的鼻祖 Sketchpad 就是一个基于约束的交互式图形设计系统，这一技术一直被延伸和发展到目前的三维产品造型技术中。智能设计显然是与产品几何密不可分而需要具有几何约束的。再者，对于设计对象的功能性、结构性、工程性、经济性等各个方面也都可能提出一定的约束来加以限定。此外，设计中的一些常识性知识也可能通过约束来表达。需要明确的是，虽然设计约束并不被直接用于产生设计解，但它在判别设计解的正确性或可行性方面是不可缺的，因此是产品设计知识的重要组成部分。由于设计约束的内容十分丰富，因而它存在多种表达形式。最常见的判断型约束常表现为谓词逻辑形式的陈述性知识，但也存在许多具有前提条件的约束。此时，约束包括前提和约束内容两部分而具有类似于规则的形式。另外，对于一些复杂约束还存在相应的特殊表示方法。

2.2.5　智能 CAD 系统的开发途径

通常采用的智能设计系统开发途径有三种：一种是由上而下（top-down），一种是自下而上（boom-up），还有一种是两者的结合。三种途径各有其特点，对应不同的开发环境、场合及问题。

（1）由上而下的方法

这种方法的特点是先从智能设计的全局出发，着眼于整体设计，然后再到具体细节，从上层到下层，一层层考虑。它要求：对智能设计的整体有较深的理解和把握；有较通用的系统开发工具和环境。这样开发的系统，由于从全局观点出发，整体性能较好。无论从知识模型的角度，还是从软件系统的角度，局部都能较好地服从全局要求，系统的体系结构比较明确、合理，也易于系统的维护和修改。但由于智能设计的复杂性，特别是当设计对象复杂时（如汽车、飞机设计），模型涉及的设计过程知识及设计对象知识过于复杂，比较不容易从整体上把握；而且这种方法依赖于现成的系统开发工具，这种开发软件一般价格昂贵，有时并不一定适用于特定场合。越通用的系统开发环境和工具，原则性越弱，比较粗线条，只能给出一些大的指导性原则和方法，使开发的难度和工作量增大。因此，对于较复杂的问题和具有较少开发者的情况来说，采取化大为小的方法可能更现实。

（2）自下而上的方法

这种方法的特点是从具体问题出发，先局部后全局，逐步建立整个复杂的系统。由于将复杂问题分割为较容易处理的若干简单问题来实施，降低了开发难度，也降低了对开发工具的要求。局部问题较简单，也容易利用已有成果。但显而易见，这种系统建立后要经过反复修改、调整，才能达到较好的整体性。同时，也可利用根据具体问题开发的系统，逐渐发展成为能适用于同类问题的较通用的系统，最后发展成为系统开发工具和环境，以便于相近问题的开发。当然，要做到这一点，应在开发针对具体问题的系统时，应用知识模型与软件系统相分离的原则，即将知识和处理方法相独立，以便将来形成较为通用的系统工具。可针对不同的具体对象放入不同的知识模型。

（3）上下结合的方法

综合上述两种方法的优点，避免其缺点，针对某些问题和开发条件，我们也可采取从上而下、自下而上相结合，从具体到一般、从一般到具体相结合的方法。例如，我们已有一些开发具体系统的经验，但没有适用的系统开发环境与工具，则可在已有具体系统的基础上，针对当前的具体问题，大致进行整体分析与设计，以照顾全局的协调；同时对于已有具体系统不适用的部分，进行局部系统的再开发。这样既可利用已有系统的整体性，又可从局部的较简单问题着手进行系统开发。这种方法不仅可以针对具体问题开发出新系统，也将使已有的具体系统向更通用化发展。

智能 CAD 系统是一个人机协同作业的集成设计系统，设计者和计算机协同工作，各自完成自己最擅长的任务，因此在具体建造系统时，不必强求设计过程的完全自动化。智能 CAD 系统与一般 CAD 系统的主要区别在于，它以知识为其核心内容，其解决问题的主要方法是将知识推理与数值计算紧密结合在一起。数值计算为推理过程提供可靠依据，而知识推理解决需要进行判断、决策才能解决的问题，再辅之以其他一些处理功能，如图形处理功能、数据管理功能等，从而提高智能 CAD 系统解决问题的能力。智能 CAD 系统的功能越强，系统将越复杂。

智能 CAD 系统之所以复杂，主要是因为存在下列设计过程的复杂性：

① 设计是一个单输入多输出的过程。

② 设计是一个多层次、多阶段、分步骤的迭代开发过程。

③ 设计是一种不良定义的问题。

④ 设计是一种知识密集型的创造性活动。

⑤ 设计是一种对设计对象空间的非单调探索过程。

设计过程的上述特点给建造功能完善的智能设计系统增添了极大的困难。就目前的技术发展水平而言，还不可能建造出能完全代替设计者进行自动设计的智能设计系统。因此，在实际应用过程中要合理地确定智能设计系统的复杂程度，以保证所建造的智能设计系统切实可行。

开发一个实用的智能 CAD 系统是一项艰巨的任务，通常需要具有不同专业背景的跨学科研究人员的通力合作。在开发智能 CAD 系统时需要应用软件工程学的理论和方法，使得开发工作系统化、规范化，从而缩短开发周期、提高系统质量。

2.3 基于数字孪生的产品设计与虚拟样机

2.3.1 数字孪生的概念

数字孪生（Digital Twin，DT）又常被称作数字化双胞胎（Digital Twins），是基于工业生产数字化的新概念，它的准确表述还在发展与演变中，但其含义已在行业内达成基本共识，即在数字虚体空间中，以数字化方式为物理对象创建虚拟模型，模拟物理空间中实体在现实环境中的行为特征，从而达到"虚-实"之间的精确映射，最终能够在生产实践中，从测试、开发、工艺及运行维护等角度，打破现实与虚拟之间的藩篱，实现产品全生命周期内的生产、管理、连接等高度数字化及模块化的新技术。

数字孪生是综合运用感知、计算、建模等信息技术，通过软件定义，对物理空间进行描述、诊断、预测、决策，进而实现物理空间与赛博空间（Cyberspace，数字虚拟空间）的交互映射。

2.3.2　数字孪生技术

本小节介绍西门子数字孪生技术。

（1）西门子数字孪生技术的三个部分

① 产品数字孪生。帮助用户比以前更快地驱动产品设计，以获得效果更佳、成本更低且更可靠的产品，并能更早地在整个产品生命周期中根据所有关键属性精确预测其性能。

② 生产工艺数字孪生。能够以虚拟方式设计和评估工艺方案，以迅速制订用于制造产品的最佳计划。生产工艺流程中的"生产与物流数字化系统"可以对各种生产系统，包括工艺路径、生产计划和管理，通过仿真进行优化和分析，以达到优化生产布局、资源利用率、产能和效率、物流和供需链、不同大小订单与混合产品生产的目标；它可以同步产品和制造需求，管理更加全面的流程驱动型设计。

③ 性能数字孪生。为生产运营和质量管理提供了端到端的透明化，将车间的自动化设备与产品开发、生产工艺设计及生产和企业管理领域的决策者紧密连接在一起。借助生产过程的全程透明化，决策者可以很容易地发现产品设计与相关制造工艺中需要改进的地方，并进行相应的运营调整，从而使生产更顺畅，效率更高。

（2）数字孪生技术的实施工具

西门子提供的全生命周期管理（Product Live cycle Management，PLM）软件和全集成自动化（Totally Integrated Automation portal，TIA）软件等，能够在统一的产品全生命周期管理数据平台（Teamcenter，TC）的协作下完成不同技术的集成，以实现不同人员的协作。供应商也可以根据需要被纳入平台中，以实现价值链数据的整合。

制造运行管理软件（Manufacturing Operations Management，MOM），不仅与控制、自动化和业务层紧密结合，而且还与西门子产品全生命周期管理软件 PLM 相结合，让自动化与制造管理、企业管理、供应链管理建立了无缝连接，使供应链的变化迅速地反映在制造中心，从而为"数字工厂"理念提供了坚实的技术和产品管理基础。

① PLM。产品全生命周期管理软件 PLM 涉及产品开发和生产的各个环节，即从产品设计到生产规划和工程，直至实际生产和服务等。

Tecnomatix：主要针对整个生产的虚拟设计和过程模拟。常用的 Process Designer、Process Simulate 与 Plant Simulation 等均是 Tecnomatix 包中的软件，用于产品工艺设计、流水线与工厂的设计与仿真验证。

TC：在西门子与其他制造商提供的软件解决方案之间进行管理和交换数据，将分布在不同位置的开发团队以及公司和供应商连接起来，从而形成统一的产品、过程、生产等数据流通渠道。

NX：是主要的计算机辅助设计/制造/工程（CAD/CAM/CAE）等套件，可针对产品开发提供详细的三维模型。

② MES。西门子软件 SIMATIC IT 包含了一系列产品，专为生产运营、管理，以及执行人员提供更高的工厂信息可见性。这些产品的主要功能可描述为三个方面，即提供数据集成与情景化、帮助利用信息做出尽可能的实时决策、分析信息等。其中，西门子 SIMATIC IT 的制造执行系统（Manufacturing Execution System，MES）提供了一个较高层次的环境，为制造过程和操作流程提

升各组件之间的协同工作能力提供了可行的软件环境。

③ TIA。全集成自动化（Totally Integrated Automation，TIA）是采用统一的工程组态和软件项目环境的自动化软件，叫在同一环境中组态西门子的所有可编程控制器、人机界面和驱动装置。在控制器、驱动装置和人机界面之间建立通信时共享任务，可大大降低连接和组态成本，几乎适用于所有自动化任务。借助全新的工程技术软件平台，用户能够快速、直观地开发和调试自动化系统。

数字孪生技术的实施工具如图 2-5 所示。

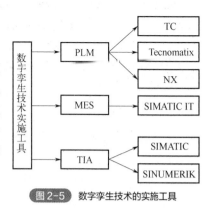

图 2-5　数字孪生技术的实施工具

（3）虚拟调试

在虚拟环境中对生产线进行模拟调试称为虚拟调试（Visual Commissioning，VC），解决生产线的规划、干涉、PLC 逻辑控制等问题，当完成上述模拟调试之后，再综合加工设备、物流设备、智能工装、控制系统等各种因素，才能全面评估建设生产线的可行性。

在设计过程中，生产周期长、更改成本高的机械结构部分可采用虚拟设备，在虚拟环境中进行展示和模拟；易于构建和修改的控制部分则用由 PLC 搭建的物理控制系统来实现，由实物 PLC 控制系统生成控制信号，来控制虚拟环境中的机械对象以模拟整个生产线的动作过程。

借助于该技术，能够及早发现机械结构和控制系统的问题，在物理样机建造前就予以解决，这在整个产品的研发过程中节约了时间成本与经济成本。

2.3.3　数字孪生与机电一体化概念设计

机电一体化概念设计（Mechatronics Concept Designer，MCD）是 NX 的一个套件，它为工程师虚拟创建、模拟和测试产品与生产所需的机器设备等提供仿真支持。

依托 TC 平台和 CAD 产品工程解决方案，任何机械三维模型的装配、建模、研发、数据整理、集成等功能均得到有力的保障。在此基础上，借助 NX MCD 创建机电一体化模型，对包含多体物理场以及通常存在于机电一体化产品中的自动化相关行为概念进行 3D 建模和仿真，从而实现了创新性设计，达成了机械、电气、传感器和制动器，以及运动等多学科之间的协同融合，如图 2-6 所示。

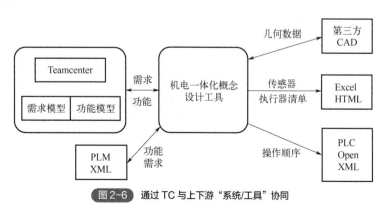

图 2-6　通过 TC 与上下游"系统/工具"协同

（1）MCD 的技术优势

① 建立了机电联合仿真评估的环境。以软件为总纲，实现了跨学科的融合设计与知识的重复利用，在设计流程中采用了并行与联合仿真技术，提供了一种可验证的仿真平台。

② 支持多专业联合设计与调试。把多专业研发技术部门、人员整合在统一的设计环境上；总体设计部门在此环境中能够对产品的总体需求、功能等进行定义和拆分；机械结构、机构工程师在此环境中能够进行三维建模及机构、结构设计；电气工程师在此环境中能够进行电机选配安装、传感器安装，乃至线束、线缆布置等方面的设计；自动化与控制编程工程师能够在此环境中对控制逻辑和设备动态性能进行时序、事件等的控制编程与设计。

（2）典型的工作流程

① 定义设计需求：

- 搜集、构建如响应时间和消耗等项目设计的必要条件。
- 添加源于主条件的次要需求条件。
- 把各个需求条件连接一起。
- 添加各个需求的详细信息。

② 创建功能模型：

- 定义系统的基本功能。
- 基于功能分解，进行分层处理。
- 为功能设计建立可选项。
- 可重用的功能单元。
- 参数化表达功能单元的输出和需求的必要条件。

③ 创建逻辑模型：

- 定义系统的逻辑模块。
- 基于功能分解，进行分层处理。
- 为功能设计建立可选项。
- 可重用的功能单元。
- 参数化模块使其与模块功能相结合。

④ 创建连接，以表明功能单元与逻辑块之间的从属关系。

⑤ 定义机电概念：

- 草拟机器的基本外观。
- 为功能单元和逻辑块分配机械对象。
- 添加运动学和动力学条件。

⑥ 添加基本的物理学约束和信号：

- 添加基本的物理学速度约束和位置执行器。
- 添加信号适配器。
- 为功能单元和逻辑块分配信号适配器对象。

⑦ 定义时间顺序执行序列：

- 定义执行器操作控制源。
- 设计基于时间的执行序列。

- 为相应的功能树分配执行操作。
- 为对应的逻辑树分配执行操作。

⑧ 添加传感器：用于触发系统中各个带有传感对象组件的碰撞事件，或者被设定为信号适配的传感器。

⑨ 定义基于操作的事件：

- 定义能够被事件触发的操作，触发条件可以是传感器或机电系统中的其他对象，如执行器是否到达了某个位置等。
- 为功能树中相关的功能分配操作。

⑩ 用详细的模型替换概念模型，并且转换物理对象从粗糙几何体到详细几何体。

⑪ 用 ECAD 分配传感器和执行器。

⑫ 依照 PLC Open XML 格式导出顺序操作，在 STEP7 等 PLC 工程软件中实现顺序操作的编程。

⑬ 通过 OPC 连接来测试 PLC 程序的功能。

2.3.4　虚拟样机技术

2.3.4.1　虚拟样机技术概述

虚拟样机技术是将 CAD 建模技术、计算机支持的协同工作（CSCW）技术、用户界面设计、基于知识的推理技术、设计过程管理和文档化技术、虚拟现实技术集成起来，形成一个基于计算机、桌面化的分布式环境以支持产品设计过程中的并行工程方法。利用虚拟环境在可视化方面的优势以及可交互式探索虚拟物体功能，对产品进行几何、功能、制造等许多方面交互的建模与分析。它在 CAD 模型的基础上，把虚拟技术与仿真方法相结合，为产品的研发提供了一个全新的设计方法。虚拟样机的概念与集成化产品和加工过程开发（Integrated Product and Process Development，IPPD）是分不开的。IPPD 是一个管理过程，这个过程将产品概念开发到生产支持的所有活动集成在一起，对产品及其制造和支持过程进行优化，以满足性能和费用目标。IPPD 的核心是虚拟样机，而虚拟样机技术必须依赖 IPPD 才能实现。

传统的机电产品开发通常按照市场调研→概念设计→详细设计→物理样机制造→物理样机试验→修改设计方案→重新制造样机→新的样机试验→……→批量生产的流程展开（图 2-7），各环节之间呈串联关系，设计方案的可行与否在很大程度上依赖于物理样机试验的结果。由于缺少有效的技术手段和分析工具，往往到物理样机试验阶段才能发现详细设计，甚至是概念设计中存在的问题，严重影响了产品开发的进度、效率和质量。

经济全球化使得市场竞争日益激烈，为提高产品的市场竞争力，制造企业都面临着缩短产品研发周期、提高产品性能和质量、降低开发和生产成本等局面。20 世纪 80 年代以后，随着数字化设计、数控加工、数字化仿真和计算机软硬件等技术的成熟，产品开发开始向数字化设计→数字化样机→数字化样机测试→数字化制造→数字化产品全生命周期管理的全数字化开发模式转变。

美国国防部将虚拟样机定义为：建立在计算机上的原型系统或子系统模型，它在一定程度上具有与物理样机相当的功能和真实度，可以代替物理样机，以便对设计方案的各种特性进行测试和评价。

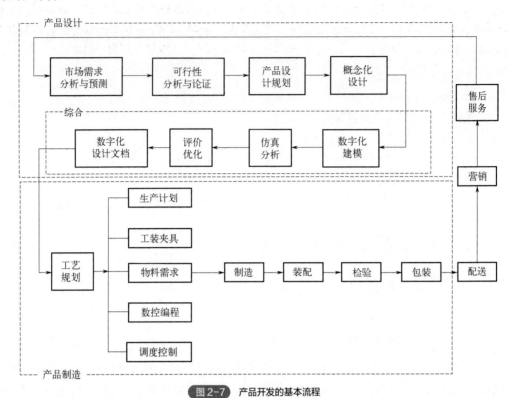

图 2-7 产品开发的基本流程

虚拟样机技术是由多学科集成形成的综合性技术，它以运动学、动力学、材料学、流体力学、热力学、优化理论、有限元分析、数据管理、计算机图形学和几何建模等学科知识为基础，将产品设计与分析集成，构建虚拟现实的产品数字化设计、分析和优化研究平台，以便在进行产品制造之前准确地了解产品的性能特征，如图 2-8 所示。

图 2-8 虚拟样机的学科体系

虚拟样机技术是一种全新的产品设计理念。它以产品数字化模型为基础，将虚拟样机与虚拟环境耦合，测试、分析和评估产品设计方案和各种动态性能，通过修改设计方案及工艺参数来优化整机性能。虚拟样机技术强调系统性能的动态优化，因此，也称为系统动态仿真技术。

基于虚拟样机技术的产品开发具有以下特点：

（1）数字化

数字化特征主要表现在：

① 产品呈现方式的数字化。产品在不同开发阶段，直至成品出现之前，均以数字化方式（即产品数字化模型）存在。

② 产品开发进程管理的数字化。采用数字化方式管理产品开发的全部过程，包括开发任务的分配与协调。

③ 信息交流的数字化。开发的不同阶段之间、部门内部与部门之间的信息交流均采用数字化方式完成。

（2）虚拟化

产品开发从市场调研、产品规划、设计、制造到检验、试验直至报废的全生命周期均在计算机的虚拟环境中实现，不仅可以实现产品物质形态、制造过程的模拟和可视化，也可以实现产品性能状态、动态行为预测、评价和优化的虚拟化。

（3）网络化

虚拟产品开发是网络化协同工作的结果。由于机电产品及其开发过程的复杂性，单一的技术人员和部门难以胜任全部开发工作，往往是由身处异地的不同部门甚至是多个单位的众多工程技术人员组成的开发团队在网络化环境下协同完成的。例如，在美国波音 777 型飞机的开发过程中，日本三菱、川崎和富士重工承担了 20% 的结构研发工作。

2.3.4.2　虚拟样机软件 ADAMS

如前所述，虚拟样机技术可以应用到零部件及机械系统开发的众多环节中，其中机械系统运动学和动力学分析是虚拟样机的重要研究内容。从运动学及动力学的角度，可以将机械系统视为多个相互连接且彼此之间能做一定相对运动的构件的有机组合。以系统模型为基础，利用虚拟样机技术可以仿真和评估机械系统的运动学、动力学特性，确定系统及其构件在任意时刻的位置、速度和加速度，确定系统及其构件运动所需的作用力。

机械系统运动学及动力学仿真分析包括以下内容：

① 系统静力学分析。分析在外力作用下，各构件的受力和强度问题，通常假定机械系统是一个刚性系统，系统中各构件之间没有相对运动。

② 系统运动学分析。当系统中的一个或多个构件的绝对位置或相对位置与时间存在给定的关系时，通过求解位置、速度和加速度的非线性方程组，可以求得其余构件的位置、速度和加速度与时间的关系。

③ 系统动力学分析。分析由外力作用引起的系统运动，可以用来确定在与时间无关的力的作用下系统的平衡位置。

要完成机械系统的运动学和动力学仿真分析，除了要有运动学、动力学基本理论和算法以外，虚拟样机软件还应具有以下技术：

① 产品造型和显示技术。用于完成机械系统的几何建模，并以图形化界面直观地显示仿真结果。

② 有限元分析技术。在已知外力时，用来分析机械系统的应力、应变和强度状况；或在已知机械系统的运动学和动力学结果时，分析所需要的外力及边界条件。

③ 软件编程和接口技术。虚拟样机软件应具有一定的开放性，允许用户通过编程或函数调用等方式建立各种工况，模仿在不同作用力和状态下的系统性能，满足机械系统开发的实际需求。

④ 控制系统设计和分析技术。现代机械系统是机械、液压、气动和其他自动化控制装置的有机组合。虚拟样机软件应具有运用控制理论仿真分析机械系统的能力，或提供与其他专业控制系统分析软件的接口。

⑤ 优化分析技术。虚拟样机技术的重要作用是优化机械系统及其结构设计，以获得最佳的结构参数和最优的系统综合性能。

ADAMS 是技术领先的机械运动学及动力学分析软件。它可以生成复杂的机、电、液一体化系统的运动学、动力学虚拟样机模型，模拟系统的静力学、运动学和动力学行为，提供产品概念设计、方案论证与优化、详细设计、试验规划和故障诊断等各阶段的仿真计算。ADAMS 功能强大、分析精确、界面友好、通用性强，被广泛应用于航空、航天、汽车、铁路等产品的开发中。

ADAMS 软件的模块包括核心模块、功能扩展模块、专业模块、工具箱和接口模块等，如图 2-9 所示。其中，核心模块包括用户界面（ADAMS/View）模块、求解器（ADAMS/Solver）、专业后处理（ADAMS/PostProcessor）模块等。其他模块适用于各种特殊的应用场合，可以根据需要进行配置。各模块的基本功能如下。

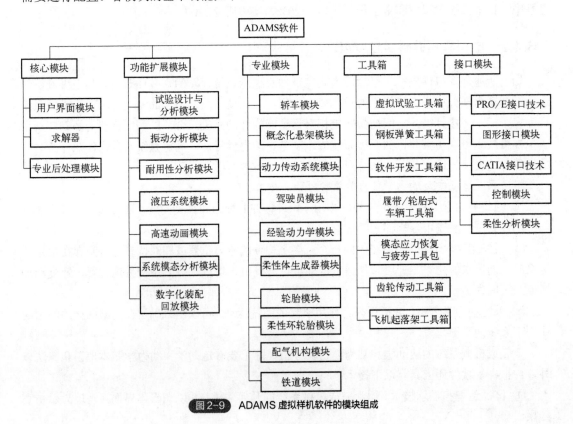

图 2-9　ADAMS 虚拟样机软件的模块组成

（1）用户界面（ADAMS/View)模块

ADAMS/View 是以用户为中心的交互式图形环境，集成了图标、菜单、鼠标点取操作以及交互式图形建模、仿真计算、动画显示、X-Y 曲线图处理、结果分析、数据打印等功能。ADAMS/View 采用分层方式完成建模工作，提供丰富的零件几何图形库、约束库和力/力矩库，支持布尔运算，采用 Parasolid 作为实体建模的核。ADAMS/View 支持 UNIX 和 Windows 操作系统，具有设计、试验及优化等功能，使用户能够方便地完成结构的优化设计。

ADAMS/View 具有自定义的高级编程语言，支持命令行输入命令和 C++语言，有丰富的宏命令，并提供图标、菜单、对话框的创建和修改工具包，还具有在线帮助功能。

（2）求解器（ADAMS/Solver）

ADAMS/Solver 是 ADAMS 的仿真计算执行模块，它有各种建模和求解选项，以便精确、有效地解决各种工程应用问题，可以对刚体和弹性体进行仿真研究。

为完成有限元和控制系统分析，除输出位移、速度、加速度和力等参数之外，还可输出用户自己定义的数据。用户可以通过运动副、运动激励、高副接触、用户定义的子程序等方式添加约束。另外，还可以求解运动副之间的作用力和反作用力。

（3）专业后处理模块（ADAMS/PostProcessor）

该模块可以完成曲线编辑及数字信号处理，方便用户观察、回放和分析仿真结果，输出各种动画、数据、曲线等，进而对仿真结果进行比较分析。该模块既可以在 ADAMS/View 环境中运行，也可脱离 ADAMS/View 环境独立运行。

ADAMS 提供快速、高质量的动画显示，帮助用户从可视化的角度理解设计方案。ADAMS 采用树状搜索结构，可以快速检索对象。它具有丰富的数据作图、数据处理和文件输出功能，可以实现多窗口画面分割显示、多页面存储、多视窗动画及曲线的结果同步显示等，并可录制成电影文件。ADAMS 具有完备的曲线数据统计功能，如均值、均方根、极值、斜率等。此外，ADAMS 还具有丰富的数据处理功能，如曲线的代数运算、反向、偏置、缩放、编辑、FFT 变换、滤波、波特图等。

（4）试验设计与分析模块（ADAMS/ Insight）

ADAMS/Insight 是基于网页技术的模块，用户可以将仿真试验结果置于 Intranet 或 Extranet 网页上，使企业中不同部门（如设计、分析、制造、计划、采购、管理及销售等）的人员共享分析成果以加速决策进程，减少决策风险。

利用 ADAMS/Insight，用户可以通过仿真试验和专业化的试验结果分析工具，精确地预测所设计机械系统在各种工作条件下的性能，得到高品质的设计方案。

ADAMS/Insight 提供的试验设计方法包括全参数法、部分参数法、对角线法、Box-Behnken 法、Placket-Bruman 法和 D-Optimal 法等。ADAMS/Insight 能有效区分关键参数和非关键参数，能够在进行产品制造之前综合考虑各种制造因素，如公差装配误差、加工精度等的影响，从而提高产品的实用性。ADAMS/Insight 可以将上述设计要求有机地集成起来，确定最佳设计方案，保证试验分析结果具有足够的精度。

（5）振动分析模块（ADAMS/Vibration）

ADAMS/Vibration 是频域分析工具，其输入输出都在频域内以振动形式描述，可以用来检测 ADAMS 模型的受迫振动。例如，检测汽车虚拟样机在颠簸不平的道路工况下行驶时的动态响应等。该模块可作为 ADAMS 运动仿真模型从时域向频域转换的桥梁。

ADAMS/Vibration 的主要功能：在模型的不同测试点进行受迫响应的频域分析，将 ADAMS 的线性化模型转入 Vibration 模块中，为振动分析开辟输入/输出通道，定义频域输入函数，产生用户定义的力频谱，求解频带范围，评价频响函数的幅值大小及相位特征，动画演示受迫响应及各模态响应，把系统模型中有关受迫振动响应的信息列表等。

ADAMS/Vibration 可以用来预测汽车、火车、飞机等的振动和噪声对驾驶人及乘员的影响，体现了以人为本的现代设计理念。

（6）耐用性分析模块（ADAMS/Durability）

耐用性试验是产品开发的重要环节，对产品零部件以及整机性能都有重要影响。耐用性试验用于回答"产品何时报废或零部件何时失效"之类的问题。ADAMS/Durability 支持耐久性的相关国际工业标准，它支持 NCode 公司的 nSoft、MTS 公司的 RPC3 时间历程文件等格式。ADAMS/Durability 可以将 ADAMS 的仿真分析结果输出到上述格式的文件中，实现基于数字化样机的耐久性试验。其中，nSoft 耐用性分析软件可以进行应力寿命、局部应变寿命、裂隙扩展状况、多轴向疲劳及热疲劳特征、振动响应、焊接机构强度等参数的分析。

（7）液压系统模块（ADAMS/Hydraulics）

ADAMS/Hydraulics 模块用于仿真包括液压回路在内的复杂机械系统的动力学性能。使用该模块可以精确地对由液压系统驱动的复杂机械系统，如工程机械、汽车制动转向系统、飞机起落架等进行动力学仿真分析。用户可以在 ADAMS/View 中建立液压系统回路的框图，再通过液压驱动元件（如液压缸等）将其连接到机械系统模型中，最后选取适当的求解器分析系统性能。

利用 ADAMS/Hydraulics 模块，可以建立机械系统与液压系统之间相互作用的模型，设置系统的运行特性，进行各种静态、模态、瞬态和动态分析。结合 ADAMS/Control 模块，可以在同一仿真环境中建立、试验和观察包括机-电-液控制一体化的虚拟样机模型。

（8）高速动画模块（ADAMS/Animation）

在该模块中，用户能借助增强透视、半透明、彩色编辑及背景透视等方法，对已经生成的动画进行精加工，以增强动力学仿真分析结果动画显示的真实感。

用户可以选择不同的光源，并交互地移动、对准和改变光源强度，还可以将多台摄像机置于不同的位置、角度同时观察仿真过程，从而得到更完善的运动图像。该模块还提供干涉检测工具，动态显示仿真过程中运动部件之间的接触干涉，帮助用户观察整个机械系统的干涉情况，也可以动态测试两个选定的运动部件之间的距离在仿真过程中的变化。

ADAMS/Animation 模块采用基于 Windows 界面的标准下拉式菜单和弹出式对话窗，与 ADAMS/View 模块无缝集成。用户可以在 ADAMS/View 和 ADAMS/Animation 之间任意转换。

（9）系统模态分析模块（ADAMS/Linear）

ADAMS/Linear 是 ADAMS 的一个可选模块。利用该模块，可以在系统仿真时对系统非线性运动学或动力学方程进行线性化处理，以便快速计算系统的固有频率（特征值）、特征向量和状态空间矩阵，帮助用户快速、全面地了解系统的固有特性。

（10）接口模块

ADAMS 提供包括与 Pro/Engineer 的接口模块 MECHANISM/Pro、与 CATIA 的接口模块 CAT/ADAMS，以实现 ADAMS 与 Pro/Engineer、CATIA 等软件的数据交换和无缝连接，从而提高仿真分析的速度、精度和效率。此外，系统还提供图形接口模块 ADAMS/Exchange，利用 IGES、STEP、SHL、DWG、DXF 等产品数据标准格式实现 ADAMS 与其他数字化软件之间数据的双向传输。

（11）其他专业模块

除上述功能模块外，ADAMS 软件还提供一些专业模块，为特定类型的产品或部件提供专业化仿真分析。

2.3.4.3　虚拟样机应用实例

目前，虚拟样机技术已被广泛应用于航空、航天、汽车、工程机械、船舶、机器人、物流系统等众多领域。

以航天工程为例，虚拟样机技术可用于研究飞船的运行轨迹与姿态控制，空间飞行目标捕捉技术，载人飞船与空间站对接技术，飞船的发射、着陆和回收技术，宇航员操作与出舱活动，飞船故障维修和应急处理，太阳能帆板展开机构设计等。

虚拟样机技术已受到企业的高度重视，技术领先、实力雄厚的企业纷纷将虚拟样机技术引入其产品开发中，以保持企业的竞争优势。波音 777 型飞机是采用虚拟样机设计技术的经典案例。国内企业也十分重视虚拟样机技术的应用。例如，北京吉普汽车有限公司在 BJ2022 型新车的开发过程中，应用虚拟样机设计软件 ADAMS，建立包括前悬架、后悬架、转向杆系、横向稳定杆、板簧、橡胶衬套、轮胎、传动系统及制动系统等由 64 个零部件组成的虚拟样机模型，仿真研究该车型在稳态转向、单移线、双移线、直线制动和转弯制动等工况下的动力学特性。整车特性试验表明，仿真分析与试验结果相吻合，仿真计算结果具有很高的计算精度，可以作为整车性能量化评价的依据，从而探索出数字化、虚拟化汽车整车开发的有效途径。综上所述，产品开发的技术手段已经发生重大转变，数字化和虚拟样机技术逐步取代了传统的实物样机试验研究。

国产知名的汽车自主品牌——奇瑞汽车十分重视数字化仿真技术。奇瑞公司从海内外引进 100 余位专业技术人员，建立起具有国际领先水平的汽车研发仿真平台，分析对象覆盖所有关键零部件、子系统和整车，具备从概念设计到样机制造的全过程仿真验证能力。高水平仿真平台的建立，有效地缩短了新品开发周期，提高了市场响应速度，降低了开发成本，并在提高产品安全性、耐用性、综合性能等方面发挥了重要作用。数字化仿真推动了奇瑞的自主研发和技术创新，成为奇瑞汽车研发、设计和生产中不可或缺的技术手段。2008 年 6 月，奇瑞公司获得国内计算机辅助工程领域权威机构——中国 CAE 组委会授予的"2008 年中国 CAE 领域杰出贡献奖"。

在国产支线飞机 ARJ21 的研制过程中，原中航第一集团 640 研究所以 CATIA 软件为平台，建立了 ARJ21 三维实体模型，完成了数字化装配、干涉检查、运动分析、可维修/可维护性分析、人机工程、运动学和动力学分析、数控加工仿真等仿真研究，形成了新型支线飞机虚拟样机，成功地探索出飞机虚拟样机设计之路。

虚拟样机技术在航天和空间机构研究中也得到广泛应用。例如，我国"神舟"飞船研制过程中大量采用数字化仿真和虚拟样机技术。其中，上海航天局 805 所成功地应用 ADAMS 软件完成了太阳电池阵及其驱动机构的虚拟样机设计。此外，他们还应用 ADAMS 软件完成多项空间与地面机构的运动学及动力学仿真研究，如接触撞击、缓冲校正等，为按期、高质量地完成相关项目提供了技术保证。

本章小结

本章主要介绍了数字化设计的概念与作用，智能设计的层析与特点，智能 CAD 系统及设计方法，数字孪生的产品设计方法以及数字孪生技术的实施工具。

① 通过建立具备行业通用性的 3D 模组数字资产库，采用节点参数降低设计成本，应对柔性制造产能集群的不断扩张。制造场景下的数字化设计路径可分为两条：

将物理工厂进行数字化搭建：物理工厂→物理模组库→工厂搭建→数字孪生。

将系统能力进行可视化表达：系统平台→能力模组库→场景搭建→平台应用。

② 智能设计按设计能力可以分为三个层次：常规设计、联想设计和进化设计。

③ 智能设计的特点为：以设计方法学为指导、以人工智能技术为实现手段、以传统 CAD 技术为数值计算和图形处理工具、面向集成智能化和提供强大的人机交互功能。

④ 智能 CAD 系统的设计方法有：面向对象的求解方法、基于规则的智能设计方法、基于案例的智能设计方法、基于原型的智能设计方法、基于约束满足的智能设计方法。

⑤ 数字孪生技术的实施工具有：

PLM：Tecnomatix、TC、NX；

MES：SIMATIC IT；

TIA：SIMATIC、SINUMERIK。

⑥ 基于虚拟样机技术的产品开发特点有：数字化、虚拟化、网络化。

思考题

（1）制造场景下的数字化设计路径是什么？

（2）智能设计按设计能力可以分为几个层次？请分别说明。

（3）对于智能设计来说，保障计算机智能系统正确、高效地完成设计任务的必要条件是什么？

（4）智能 CAD 系统的设计方法有哪几种？它们的特点是什么？

（5）数字孪生技术的实施工具有哪些？

（6）虚拟样机技术有哪些优点？可以应用在哪些领域？

第 3 章

智能制造工艺

 本章思维导图

扫描下载本书电子资源

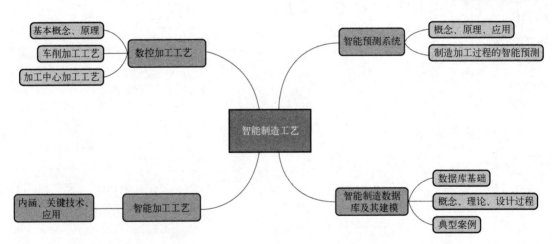

本章学习目标

（1）掌握数控车床的基本作用及加工范围。

（2）熟悉典型零件的数控车削加工工艺。

（3）掌握加工中心加工工艺路线拟定的内容和工序的设计方法。

（4）了解安排典型零件的加工中心加工工艺。

（5）了解智能预测技术。

（6）掌握智能制造数据库及其建模技术的应用。

3.1　数控加工工艺

3.1.1　数控加工工艺介绍

在数控加工中,无论是采用手工编程还是自动编程,在编程前都需要对零件进行工艺分析,拟定加工方案,选择合适的刀具和夹具,确定切削用量。在编程过程中,还需进行工艺设计方面的工作,如确定对刀点、选择工艺参数等。因此,数控加工工艺设计是一项非常重要的工作,合格的数控程序员必须掌握丰富的数控加工工艺知识,否则无法全面周到地考虑零件加工的全过程,以及正确、合格地编制零件的加工程序。

（1）数控加工工艺的特点

数控加工的工艺问题与普通加工基本一致,但由于数控加工具有自动化程度高、精度高、质量稳定、生产效率高、设备使用费用也高等特点,数控加工工艺具备以下特点。

① 数控加工工艺内容具体明确。在普通机床加工时,许多具体的工艺问题在很大程度上都是由操作工人根据自己的实践经验和习惯自行考虑和决定的,一般无须工艺人员在设计工艺规程时进行过多的规定,零件的尺寸精度也可由试切来保证。而在数控加工时,这些具体的工艺问题不仅成为数控工艺设计时必须认真考虑的内容,而且编程人员必须事先设计和安排并做出正确的选择编入加工程序中。

② 数控加工工艺要求严密精确。普通机床的加工可以根据加工过程中出现的具体问题,比较灵活自由地适时进行人为调整。而数控机床自适应性较差,如在攻螺纹时,不知道孔中是否已挤满切屑,是否需要退刀清理再继续加工。这些情况必须事先由工艺员精心考虑,否则可能会导致严重后果。

③ 注重加工的适应性。根据数控加工的特点,应正确选择加工方法和加工对象。在保证所加工工件原有性能基本不变的前提下,对其形状、尺寸和结构等要进行适应数控加工的修改。

④ 工序集中。普通机床是根据机床的种类进行单工序加工,而数控机床在工件的一次装夹中可完成钻、扩、铰、攻螺纹等多工序的加工,从而缩短了加工工艺路线和生产周期,减少了加工设备、工装和工件的运输工作量。

⑤ 工艺装备和技术先进。由于数控加工的高质量、高效率和高柔性的要求,数控加工中广泛采用先进的数控刀具、组合夹具等工艺装备。对于复杂或有特殊要求的加工表面,普通机床无法加工,而数控机床采用多坐标联动的加工方法,可保证其加工质量与生产效率。

⑥ 考虑因素全面。数控加工的零件都具有复杂和高精度的特性,制定数控加工工艺要进行零件图形的数学处理和编程尺寸设定值的计算,选择切削用量要考虑进给速度对加工零件形状精度的影响,确定装夹方式和夹具设计时,要特别注意刀具与夹具、工件的干涉问题。

（2）数控加工工艺与数控编程的关系

数控程序是由一系列完成指定加工任务的指令组成的。数控编程把制定的数控加工工艺内容以数控程序的形式体现出来。

数控加工工艺是数控编程的前提和依据,没有符合实际的、科学合理的数控加工工艺,就不可能有真正可行的数控加工程序。而数控编程就是将制定的数控加工工艺内容程序化。

学生学习了数控编程指令后，还要学好数控加工工艺知识。数控工艺员和编程员具备的能力不仅要超过普通的机床操作人员，而且所掌握的知识要有广度和深度，并体现出先进性。

3.1.2　车削加工工艺

数控车床与普通车床一样，主要用于加工轴类、盘类等回转体零件，图 3-1 为普通车床加工的典型表面。在数控车床中，通过数控加工程序的运行，可自动完成内外圆柱面、圆锥面、成形表面、螺纹、端面等工序的切削加工，还可以进行车槽、钻孔、扩孔、铰孔等工作。车削加工中心可在一次装夹中完成更多的加工工序，提高了加工精度和生产效率，特别适合表面形状复杂、精度要求高、表面粗糙度要求高、带特殊螺纹的回转体零件及超精密、超低表面粗糙度值的零件的加工。

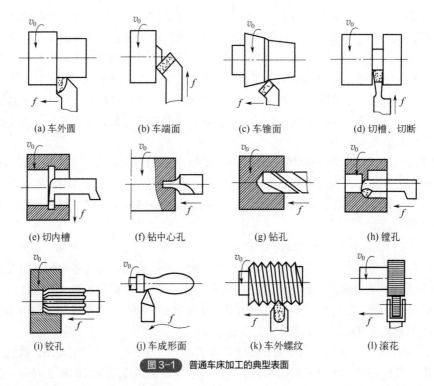

(a) 车外圆　　(b) 车端面　　(c) 车锥面　　(d) 切槽、切断
(e) 切内槽　　(f) 钻中心孔　　(g) 钻孔　　(h) 镗孔
(i) 铰孔　　(j) 车成形面　　(k) 车外螺纹　　(l) 滚花

图 3-1　普通车床加工的典型表面

数控车削加工工艺是在普通车削加工工艺的基础上，结合数控车削加工的特点发展起来的。主要内容包括数控车削加工方案的选择、工序的划分及工步顺序的安排、进给路线的确定、数控车削刀具的选择、装夹方案及切削用量的确定等。

3.1.2.1　工序的划分及顺序的安排

在数控车床上加工工件，应按工序集中的原则划分工序，一次装夹尽可能完成大部分甚至全部表面的加工。根据零件的结构形状不同，通常选择外圆、端面装夹或内孔、端面装夹，并力求设计基准、工艺基准和编程原点的统一。在批量生产中，常按零件加工表面及粗、精加工方法划分工序。

（1）车削工序的划分

① 以一次安装所加工的内容划分。这种方法主要是将加工部位分为几个部分，每道工序加工其中一部分，一般适合于加工内容不多的工件，如加工外形时，以内腔夹紧；加工内腔时，以外形夹紧。还有，将位置精度要求较高的表面安排在一次安装下完成，以免多次安装所产生的安装误差影响位置精度。

② 按粗、精加工来划分。一般来说，在一次安装中不允许将工件的某一表面粗、精不分地加工至精度要求后，再加工工件的其他表面。对于容易发生加工变形的零件，考虑到工件的加工精度、变形等因素，通常粗加工后需要进行矫形，这时粗加工与精加工作为两道工序，即以粗加工中完成的那部分工艺过程为一道工序，精加工中完成的那部分工艺过程为另一道工序，即先粗后精，可以采用不同的刀具或不同的数控车床加工。对毛坯余量较大和加工精度要求较高的零件，应将粗车和精车分开，划分成两道或更多的工序。将粗车安排在精度较低、功率较大的数控车床上，将精车安排在精度较高的数控车床上。

以如图 3-2（a）所示手柄为例，该零件加工所用坯料为 32mm 棒料，批量生产，加工时用一台数控车床，工序划分如下。

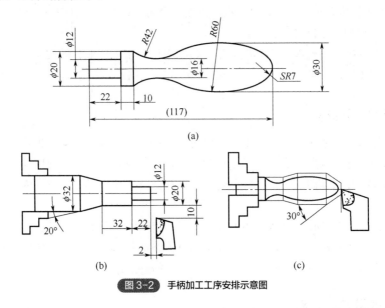

图 3-2 手柄加工工序安排示意图

第一道工序如图 3-2（b）所示，将一批工件全部车出，包括切断。夹住棒料外圆柱面，工序内容如下：

a.车出 ϕ12mm 和 ϕ20mm 两圆柱面及圆锥面（粗车掉 R42mm 圆弧的部分余量）；

b.刀后按总长要求留下加工余量，切断。

第二道工序如图 3-2（c）所示，用 ϕ12mm 外圆及 ϕ20mm 端面装夹，工序内容如下：

a.车削包络 SR7mm 球面的 30°圆锥面；

b.对全部圆弧表面半精车（留少量的精车余量）；

c.换精车刀将全部圆弧表面一次进给精车成形。

③ 按加工部位划分工序。以完成相同型面的那一部分工艺过程为一道工序。有些零件加工表面多而复杂，构成零件轮廓的表面结构差异较大，可按其结构特点（如内表面、外表面、曲面或平面等）划分成多道工序。一般先加工平面、定位面，后加工孔；先加工简单的几何形状，

再加工复杂的几个形状；先加工精度要求较低的部位，再加工精度要求较高的部位。

综上所述，在数控加工划分工序时，一定要视零件的结构与工艺性，零件的批量，机床的功能，零件数控加工内容的多少，程序的大小，安装方式、安装次数及本单位生产组织状况、管理因素等灵活掌握。零件加工是采用工序集中的原则还是采用工序分散的原则，也要根据实际情况来确定，但一定要力求合理。

（2）工序顺序的安排

加工顺序的安排应根据工件的结构和毛坯状况，选择工件的定位和安装方式，重点保证工件的刚度不被破坏，尽量减少变形，一般需遵循下列原则：

① 先加工定位面，即上道工序的加工能为后面的工序提供精基准和合适的夹紧表面，不能互相影响。制定零件的整个工艺路线，就是从最后一道工序开始往前推，按照前工序为后工序提供基准的原则先大致安排。

② 先加工平面，后加工孔；先内后外，先加工工件的内腔，后进行外形加工；先加工简单的几何形状，再加工复杂的几何形状。

③ 根据加工精度要求的情况，可将粗、精加工合为一道工序。对精度要求高，粗精加工需分开进行的，先粗加工后精加工。

上述工序顺序安排的一般原则不仅适用于数控车削加工工序顺序的安排，也适用于其他类型数控加工工序顺序的安排。

（3）进给路线的确定

进给路线是指数控机床加工过程中刀具相对零件的运动轨迹和方向，也称走刀路线。它泛指刀具从对刀点（或机床参考点）开始运动起，至返回该点并结束加工程序所经过的路径，包括切削加工的路径及刀具切入、切出等非切削空行程。它不但包括了工步的内容，也反映了工步顺序。

加工路线的确定首先必须保持被加工零件的尺寸精度和表面质量，其次考虑数值计算简单、走刀路线尽量短、效率较高等因素。因精加工的进给路线基本上都是沿零件轮廓顺序进行的，因此确定进给路线的工作重点是确定粗加工及空行程的进给路线。

3.1.2.2 切削用量的选择

数控加工时不同的切削用量对同一加工过程的加工精度、效率有很大影响。合理的切削用量应能保证工件的加工质量和刀具的使用寿命，充分发挥机床潜力，最大限度发挥刀具的切削性能，并能提高生产效率，降低加工成本。

（1）背吃刀量 a_p 的确定

背吃刀量应该根据机床、夹具、刀具及工件所组成的工艺系统刚度来确定。在机床工艺系统刚性允许的条件下，粗加工时，除留下精加工余量外，一次走刀应尽可能切除全部余量，以减少进给次数，提高生产效率；当加工余量过大、工艺系统刚度较低、机床功率不足、刀具强度不够或断续切削的冲击振动较大时，可分多次走刀；当切削表面层有硬皮的铸、锻件时，应尽量使背吃刀量大于硬皮层的厚度，以保护刀尖。在中等功率的机床上，粗加工时的切削深度可达 8～10mm。

半精加工和精加工的加工余量较小时，可一次切除，但为了保证工件的加工精度和表面质量，也可采用二次走刀。半精加工（表面粗糙度为 $Ra6.3～3.2\mu m$）时，切削深度取 0.5～2mm；精加工（表面粗糙度为 $Ra1.6～0.8\mu m$）时，切削深度取 0.1～0.5mm。

（2）进给量 f（或进给速度 v_f）的确定

进给量 f 是指工件每转一周，车刀沿进给方向移动的距离。在车削螺纹时，进给量必须是该螺纹的导程（单线螺纹是螺距）。半精加工和精加工时，最大进给量主要受工件加工表面粗糙度的限制。粗车时，一般进给量取 0.3～0.8mm/r；精车时，常取 0.1～0.3mm/r；切断时，宜取 0.05～0.20mm/r。

进给速度 v_f 是指单位时间内，刀具沿进给方向移动的距离（mm/min），进给速度与进给量的关系如下：

$$v_f = nf \tag{3-1}$$

式中，n 为主轴转速，r/min。

一般而言，当工件的质量要求能够得到保证时，为提高生产率，可选择较高（2000mm/min以下）的进给速度；切断、车削深孔或精车时，宜选择较低的进给速度；刀具空行程，特别是远距离"回零"时，可以设定尽量高的进给速度。进给速度应与主轴转速和背吃刀量相适应。

（3）主轴转速（切削速度 v_c）的确定

主轴转速应根据零件上被加工部位的直径、零件和刀具的材料及加工条件所允许的切削速度来确定。背吃刀量和进给量选定之后，首先在保证刀具合理耐用度的条件下，用计算或查表的方式来确定切削速度 v_c，再按照如下关系式计算求出主轴转速：

$$n = \frac{1000v_c}{\pi d} \tag{3-2}$$

式中，n 为主轴转速，r/min；v_c 为切削速度，m/min；d 为切削刃选定点处工件回转直径，mm。

此外，切削速度还可根据实践经验确定。

（4）切削用量选择的原则

粗加工时，一般以提高生产效率为主要目标，兼顾经济性和加工成本。提高切削速度、加大进给量和背吃刀量都能提高生产效率，其中，切削速度对刀具寿命影响最大，进给量次之，背吃刀量影响最小。所以，粗加工时首先选择一个尽可能大的背吃刀量，其次根据机床动力和刚性的限制条件选择一个较大的进给量，最后根据刀具寿命确定最佳的切削速度。

精加工时，以保证零件加工精度和表面粗糙度为主要目标。加工余量不大且较均匀，应着重考虑如何保证加工质量，并在此基础上尽量提高生产效率。所以，精加工时首先根据粗加工后的余量确定背吃刀量，其次根据已加工表面的粗糙度要求选取一个较小的进给量，最后在保证刀具寿命的前提下尽可能选择较高的切削速度。

3.1.2.3　典型轴类零件的数控车削加工工艺案例分析

图 3-3 所示为典型轴类零件，试制定其数控车削加工工艺。

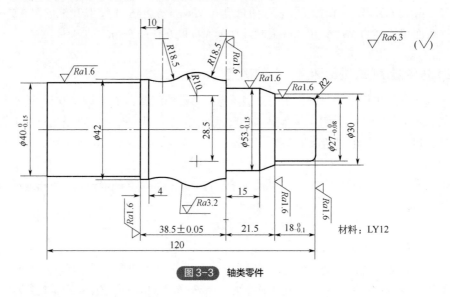

图 3-3　轴类零件

（1）分析零件图样

① 结构形状分析。从图 3-3 可知，该零件为简单轴类零件，可通过车削加工来完成。该零件由轴向台阶、圆锥面、圆弧成形面等轮廓要素组成，因其轮廓要素中具有锥面和圆弧成形面，采用普通车床加工可能难以保证加工质量要求，因此使用数控车床进行加工。从台阶结构来看，该零件还需要调头加工。

② 尺寸精度分析。右端 $\phi27_{-0.08}^{0}$ 的径向尺寸，通过查表可知其精度等级为 IT10 级，$\phi35_{-0.15}^{0}$ 的径向尺寸，其精度等级为 IT11 级；左端 $\phi40_{-0.15}^{0}$ 的轴，其精度等级为 IT11 级；还有两个轴向尺寸 38.5±0.05 和 $18_{-0.1}^{0}$ 精度分别为 IT10、IT11 级；几处重要表面，其表面粗糙度要求为 Ra1.6μm 和 Ra3.2μm。由此分析在加工过程中采用半精车即可达到要求。

③ 材料分析。加工材料为 LY12，即超硬铝，切削加工性能良好。但铝材塑性好，在加工过程中易黏刀而形成积屑瘤，故加工过程中要求刀具锋利、冷却充分。

④ 零件图样尺寸分析。该零件图纸结构清晰，尺寸完整，无薄壁、窄槽等难加工的特殊部位，工艺性良好。

（2）零件加工工艺设计

① 总体加工方案分析。由于该零件是中间大、两头小的结构形状，可以选择的加工方案有：

方案 1：掉头装夹。以直径为 50mm 的棒料做毛坯，利用锯床下料，锯切长度超过 125mm，先加工一端后再调头加工另一端。

方案 2：一端装夹。采用直径 50mm 的棒料做毛坯，穿越主轴孔后仅用一端夹持，使用左、右偏刀分别车削左右两端，最后由切断刀切断控制总长，继续送料后可连续加工下一件。

方案对比：

方案1：在使用普通三爪卡盘装夹的情况下，总长及两端轴向相对位置不容易保证，调头装夹也会使得两端轴颈同轴度降低，但需要使用的刀具较少。若为大批量生产类型要求，则需要制作精密软爪定位或进行装夹定位方案的设计，以减少调头对刀的麻烦和由此引起的总长尺寸误差。

方案2：一次装夹加工左右两端，总长及两端轴向相对位置容易保证，两端轴颈同轴度较高，但需要使用多把车刀（左、右偏刀和切断刀），较适合形位精度要求较高或大批量生产的类型。

由于该零件属于单件小批量生产类型，图纸中对总长尺寸及两端同轴度也没有提出特别高的要求，因此选择掉头装夹的方案，进行工艺设计。掉头装夹的工艺设计如表3-1所示。

表3-1　掉头装夹的工艺设计

序号	工序名称	工序内容	刀具/量具	夹具	设备
1	备料	$\phi50\times125$ 冷轧圆棒料	带锯/锯条		锯床
2	车左端	车左端 $\phi40\times42$ 台肩	外圆车刀	三爪卡盘	数控车床
3	检验	检验 $\phi40_{-0.15}^{0}$	游标卡尺		
4	调头车右端	车右端各台肩及轮廓成形面	外圆车刀	三爪卡盘	数控车床
5	检验	$\phi27_{-0.08}^{0}$、$\phi35_{-0.15}^{0}$、38.5 ± 0.05和$18_{-0.1}^{0}$			
6	入库				

② 刀具选用。该零件采用调头分别车削两端，因此加工时仅用一把外圆车刀即可完成。由于毛坯材料为硬铝LY12，选择高速钢材质的刀具即可，刀具必须刃磨锋利，前角为20°～30°。由于零件中有半径为$R10$和$R18.5$的凹凸圆弧成形面，通过对交接处切线角度的分析，可知外圆车刀的副偏角必须大于30°。若使用副偏角小于30°的外圆车刀，则必须在两端调头加工前后分别进行粗、精车对接加工，在一般三爪卡盘装夹定位的条件下，容易产生接痕。该零件结构简单且具有一定长度的稳定夹持表面，不需要特殊的夹具，使用三爪卡盘即可。

③ 起刀位置确定。

● 确定对刀点距离车床主轴轴线25mm，距离毛坯右端面5mm。

● 确定换刀点距离车床主轴轴线50mm，距离毛坯右端面50mm。

④ 切削用量的选用。由切削参数资料查得，高速钢刀具车削铝合金材料时推荐 $v_c=$100～200 m/min，按车削直径为$\phi40$计算，其主轴转速 n 为120～1600r/min，考虑到机床的刚性等因素，粗车时，$n=800$r/min，$a_p=1\sim2$mm；精车时，$n=1000$r/min，$a_p=0.1\sim0.2$mm。切削用量的选取如表3-2所示。

表3-2　切削用量表

工件材料	加工方式	背吃刀量/mm	主轴转速/（r/min）	进给量/（mm/r）	进给速度/（mm/min）
硬铝LY12	粗加工	1～2	800	0.2～0.4	120～240
	精加工	0.1～0.2	1000	0.1～0.2	80～160

编制数控加工工序卡片，如表3-3所示。

表 3-3　数控加工工序卡（左侧）

产品名称		零（部）件图号	零（部）件代号	工序名称	工序号
成型轴		01	GY-01	左端车削	

材料名称	材料牌号
硬铝	LY12
机床名称	机床型号
数控车床	
夹具名称	夹具编号

工序	工序内容	刀具	量具	主轴转速/（r/min）	背吃刀量/mm	进给量/（mm/r）
1	车左端台阶 ϕ44.5	外圆刀	游标卡尺	800	1.0	0.3
2	精车左端台阶 ϕ42.0	外圆刀	游标卡尺	1000	0.2	0.15
3	精车左端台阶 ϕ40.0	外圆刀	游标卡尺	1000	0.2	0.15
4	检验					

3.1.3　加工中心加工工艺

3.1.3.1　加工中心概述

（1）加工中心加工的对象

根据加工中心的工艺特点，它最适于加工形状复杂、加工内容多、精度要求高，需用多种类型的普通机床以及各种刀具和夹具，且需经多次装夹和调整才能完成加工的零件。加工中心的加工对象主要有箱体类，具有复杂曲面、外形不规则的异形件，模具，多孔的盘、套、板类零件。

立式加工中心主要用于加工板类件、盘类件、壳体件、模具等精度高、工序多、形状复杂的零件，可在一次装夹中连续完成铣、钻、扩、铰、镗、攻螺纹及二维、三维曲面，斜面的精确加工，加工实现程序化，缩短了生产周期，从而使用户获得良好的经济效益。

（2）加工中心的工艺特点

加工中心是备有刀库并能自动更换刀具，对工件进行多工序加工的数控机床。它突破了一台机床只能进行单工种加工的传统概念，集铣削、钻削、铰削、镗削、攻螺纹和切螺纹等多种功能于一身，实行一次装夹，自动完成多工序的加工。与普通机床加工相比，加工中心具有加工精度高、表面质量好、质量稳定、生产效率高、故障自诊断功能强、软件适应性强等特点。

3.1.3.2　加工中心加工工艺的分析与制定

（1）零件图的工艺分析

零件图的工艺分析除具备完整性、正确性和技术要求外，还要选择加工内容，分析零件的结构工艺性和定位基准等。

（2）选择加工中心加工的内容

适合加工中心加工的零件，不一定全部都需要在加工中心上加工。例如，以粗基准定位加工第一个基准面或一些简单的一般表面。为了充分发挥加工中心的效益，应该选择那些最需要、最适合用加工中心加工的内容，这种表面主要有：

① 尺寸精度或（和）相互位置精度要求较高的表面。

② 进给控制困难、不便测量的非敞开内腔型面。

③ 通用机床不便加工的复杂曲线、曲面。

④ 能够集中在一次装夹中合并完成的多工序（或工步）表面。

（3）选择定位基准

合理选择定位基准对保证加工中心的加工精度、提高加工中心的生产效率有着重要的意义。因此，必须认真选择好定位基准。在选择定位基准时，应注意以下几点。

① 尽量使定位基准与设计基准重合。选择设计基准作为定位基准，不仅可以避免基准不重合误差，提高零件的加工精度，而且可以减少尺寸链的计算量，给编程带来方便。

② 保证在一次装夹中加工完成尽可能多的内容。要做到一次装夹加工出尽可能多的表面，就需认真选择定位基准和定位方式。例如，加工箱体类零件，最好采用一面两孔的定位方案，以便刀具能方便地对其他表面进行加工。若零件上没有合适的孔，可增设工艺孔或工艺凸台。如图 3-4（a）所示，在加工中心上加工电动机端盖，需要一次装夹完成所有加工端面及孔的加工，但表面上无合适的定位基准，因此，可在设计毛坯时增加如图 3-4（b）所示的三个工艺凸台，以便作为定位基准。

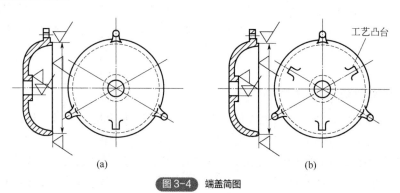

图 3-4　端盖简图

（4）加工阶段的划分

在加工中心上加工，加工阶段的划分主要依据工件的精度要求，同时还需要考虑到生产批量、毛坯质量、加工中心的加工条件等因素。

若零件已经经过粗加工，加工中心只完成最后的精加工，则不必划分加工阶段。

当零件的加工精度要求较高，在加工中心加工之前又没有进行过粗加工时，则应将粗、精加工分开进行，粗加工通常在普通机床上进行，在加工中心上只进行精加工。这样不仅可以充分发挥机床的各种功能，降低加工成本，提高经济效益，而且可以让零件在粗加工后有一段自然时效过程，以消除粗加工产生的残余应力，恢复因切削力、夹紧力引起的弹性变形以及由切削热引起的热变形，必要时还可以安排人工时效，最后通过精加工消除各种变形，保证零件的加工精度。

（5）加工顺序的安排

在加工中心上加工零件，一般都有多个工序，使用多把刀具，因此，加工顺序安排得是否合理直接影响到加工精度、加工效率、刀具数量和经济效益。

① 在安排加工顺序时同样要遵循"基面先行""先面后孔""先主后次"及"先粗后精"的一般工艺原则。

② 定位基准的选择直接影响到加工顺序的安排，作为定位基准的面应先加工好，以便为加工其他面提供一个可靠的定位基准。因为本道工序选出定位基准后加工出的表面，又可能是下道工序的定位基准，所以待各加工工序的定位基准确定之后，即可从最终精加工工序向前逐级倒推出整个工序的大致顺序。

③ 确定加工中心的加工顺序时，还要先明确零件是否要进行加工前的预加工。预加工常由普通机床完成。若毛坯精度较高，定位也较可靠，或加工余量充分且均匀，则可不必进行预加工，而直接在加工中心上加工。这时，要根据毛坯粗基准的精度考虑加工中心工序的划分，可以是一道工序或分成几道工序来完成。

3.1.3.3 典型零件的加工中心加工工艺分析

本节选择典型实例，简要介绍加工中心的加工工艺，以便进一步掌握制定加工中心加工工艺的方法和步骤。

典型盖板类零件如图 3-5 所示，材料为 HT150，加工数量为 5000 个/年。底平面、两侧面和 ϕ40H8 型腔已在前面工序加工完成，试对端盖的 4 个沉头螺钉孔和 2 个销孔进行加工中心加工工艺分析。

（1）零件图分析，选择加工内容

盖板类零件是机械加工中的常见零件，主要加工面有平面和孔，通常需经铣平面、钻孔、扩孔、铰孔、镗孔及攻螺纹等多个工序加工。

该盖板材料为铸铁（HT150），加工数量为 5000 个/年，属大批量生产，故毛坯为铸件。由图 3-5 可知，盖板需加工底平面、两侧面、ϕ40H8 型腔、4 个沉头螺钉孔及 2 个销孔，其余为不加工表面。其中，底平面、两侧面和 ϕ40H8 型腔已在前面工序加工完成，剩下的 4 个沉头螺钉孔和 2 个销孔可以在加工中心上一次装夹全部加工完成。孔的最高精度为 IT7 级，最细的表面粗糙度为 Ra1.6μm。2 个销孔的轴线需位于 ϕ80mm 的圆与左右中心平面的交点上，4 个沉头螺

钉孔的轴线需位于 $\phi80mm$ 的圆周上且与中心平面成 45°夹角的交点上，这些位置都要求采用夹具来保证。

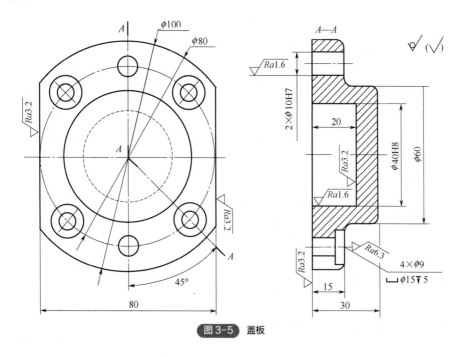

图 3-5　盖板

（2）选择加工中心

由于加工内容集中在上平面内，只需单工位加工即可完成，故选择立式加工中心。工件在一次装夹中自动完成钻、锪、铰等工序的加工。

（3）工艺设计

① 选择加工方法。2 个 $\phi10H7$ 销孔的尺寸精度为 IT7 级，表面粗糙度为 $Ra1.6\mu m$，为防止钻偏，需按钻中心孔→钻孔→扩孔→铰孔方案进行加工；4 个 $\phi9mm$ 通孔是用来装螺钉的，故精度要求较低，可按钻中心孔→钻孔方案进行加工；4 个 $\phi15mm$ 沉孔可在通孔后再锪孔。

② 确定加工顺序。选择加工方法后，在本工序中可根据刀具集中的原则确定加工顺序，加工顺序为钻所有孔的中心孔→钻孔→扩孔→锪孔→铰孔，具体加工过程见工序卡，如表 3-4 所示。

表 3-4　盖板数控加工工序卡

单位名称		产品名称	零件名称	材料		零件图号		
			盖板	HT150				
工序号	工序内容	刀具号	主轴转速/ （r/min）	进给速度/ （mm/min）	背吃刀量 /mm	侧吃刀量 /mm	备注
1	钻所有孔的中心孔	T01	1000	50			
2	钻 2 个 $\phi10H7$ 销孔的底孔和 4 个 $\phi9$ 的螺钉孔至 $\phi9mm$	T02	650	100			
3	扩 2 个 $\phi10H7$ 销孔的底孔至 $\phi9.85mm$	T03	650	100			

续表

工序号	工序内容	刀具号	主轴转速/ (r/min)	进给速度/ (mm/min)	背吃刀量 /mm	侧吃刀量 /mm	备注
4	锪 4 个 ϕ15mm 的锪孔至尺寸	T04	420	80			
5	铰 2 个 ϕ10H7 削孔至尺寸	T05	260	130			
编制	审核		批准		年 月 日	共 页	第 页

③ 确定装夹方案和选择夹具。由于该零件为中大批量生产，可利用专用夹具进行装夹。由于底面、ϕ40H8 内腔和侧面已在前面工序加工完毕，本工序可以采用 ϕ40H8 内腔和底面为定位面，侧面加防转销限制 6 个自由度，用压板夹紧。

④ 选择刀具。2 个 ϕ10H7 销孔的加工方案为钻中心孔→钻孔→扩孔→铰孔，故采用 ϕ3mm 中心钻、ϕ9mm 麻花钻、ϕ9.85mm 扩孔钻及 ϕ10H7 铰刀；4 个 ϕ15mm 沉孔可采用 ϕ15mm 的锪钻。

⑤ 填写盖板零件的加工中心加工工艺文件。

3.2 智能加工工艺

3.2.1 智能切削技术的内涵与流程

（1）智能切削加工技术内涵

智能切削加工是基于切削理论建模及数字化制造技术，对切削过程进行预测及优化。在加工过程中采用先进的数据监测及处理技术，对加工过程中机床、工件、刀具的状态进行实时监测与特征提取，并结合理论知识与加工经验，通过人工智能技术，对加工状态进行判断。通过数据对比、分析、推理、决策，实时优化切削用量、刀具路径，调整自身状态，实现加工过程的智能控制，完成最优加工，获得理想的工件质量及加工效率。

（2）智能切削加工流程

智能切削加工的流程如图 3-6 所示，具体内容包括：在加工之前结合以往制造工艺数据，基于大数据、云计算等技术，对加工工艺进行整体工艺规划，并通过仿真技术对加工过程进行预测与优化；在完成工艺规划进行加工的过程中，通过多传感器对加工状态进行监测，并通过数据处理判断加工状态，通过智能优化决策模块实现加工过程在线优化控制，并对零件加工质量进行在线检测，最终完成零件的智能化加工。

数据的处理与应用贯穿整个智能加工过程，包括机床、工件、刀具、夹具数据信息、加工参数数据信息、加工过程的数据信息及加工完成后的数据信息。智能加工的数据处理功能需要对数据进行收集、分类、管理、储存、提取、优化、共享等一系列操作。随着数据库、互联网+、大数据、云计算技术的发展，给智能加工技术在切削过程的应用带来了更大的发展空间，由于切削过程的复杂性，从工艺规划、仿真优化、切削过程优化与控制、质量检验到完成加工，涉及大量的数据信息，通过建立数据库、知识库使得加工过程的数据得到很好的管理与继承。与此同时，通过大数据技术对数据进行挖掘，实现快速访问，快速分析，有效地挖掘加工参数。

通过互联网技术与云平台实现数据云端通信与共享，加大了切削过程中数据的流通性，使加工经验得到很好的共享与利用。

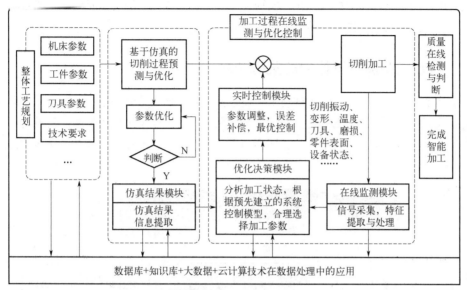

图3-6　智能切削加工的流程

① 整体工艺规划。在零件进行实际加工之前首先需要对零件的几何特征进行分析，综合考虑机床参数、工件参数、刀具参数与技术要求等，对零件的加工工艺进行规划，通过运用大数据技术，结合以往理论知识与加工数据确定相应的加工参数与流程。

② 基于仿真的切削过程预测与优化。在机床、刀具、切削用量选取之后，通过数控加工仿真、切削过程物理仿真、数值仿真等手段对切削过程进行仿真，在实际加工之前预测加工过程机床、刀具、工件的状态变化情况，并通过优化算法对刀具路径、切削用量等进行优化，通过仿真分析使切削用量达到最优状态。

③ 加工过程在线监测与优化。加工过程的在线监测与优化是智能加工技术的核心技术，主要包括：在线监测模块、优化决策模块、实时控制模块，涉及在线监测、数据处理、特征提取、智能决策与优化、在线实时控制等多项技术。

通过在线监测模块对加工过程状态信号进行监测与特征提取，可以"感知"机床、刀具、工件的具体工况，对加工状态进行判断。通过优化决策模块对加工过程进行优化，主要内容为采用智能算法，对预先获得的仿真数据、系统理论模型数据、实际加工数据进行对比分析与优化，对加工中的目标参数进行单目标或多目标优化。通过实时控制模块实现对切削用量等参数的在线调整。在加工过程中，通过调节切削用量（转速、切削深度、进给量等），刀具位置姿态，刀具刚度、角度，机床夹具补偿位置等参数，来实现切削过程的智能调整，从而使加工过程始终处于较为理想的优化状态。

④ 质量检测与判断。质量检测环节为加工的最后环节，通过对零件加工质量的在线监测，完成对零件几何外形轮廓、加工尺寸精度、表面质量等的检测，最终完成零件加工质量检测。

⑤ 智能加工中的数据处理。数据处理贯穿于智能加工的整个过程，加工中涉及的数据包括：机床、夹具、刀具、工件的基本参数数据，切削用量数据，加工过程中所测得的状态参数数据、优化参数数据、控制参数数据、检测数据等。

加工过程中的数据处理操作包括：数据采集与挖掘、数据处理、数据优化、数据存储、数据通信、数据管理等。基于数据库、知识库、大数据、云计算技术，结合人工智能与优化算法对切削过程中的数据进行挖掘与优化，实现加工中的智能优化。通过数据通信，实现多终端的数据提取；通过将数据上传到云端，实现数据云平台共享。

3.2.2　智能切削加工过程中的关键技术

智能切削加工过程所涉及的关键技术主要包括：智能加工工艺规划、通过仿真手段对切削过程进行预测与优化、在加工过程中对于状态变化的监测、加工过程中的智能决策与控制、贯穿整个加工过程的数据处理技术。智能切削加工关键技术在智能加工具体技术路线中的应用如图 3-7 所示。

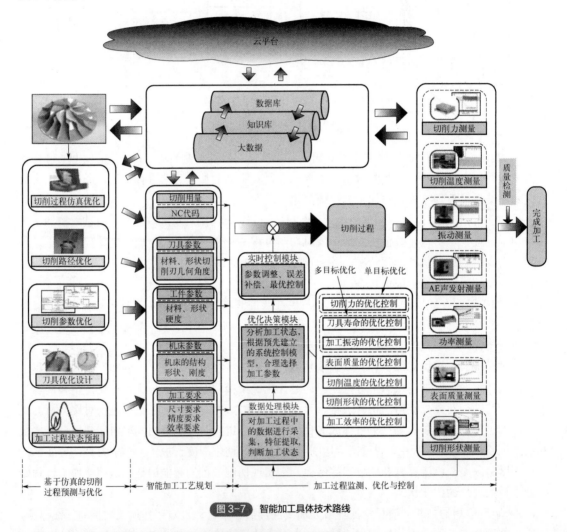

图 3-7　智能加工具体技术路线

3.2.2.1　基于试验或仿真的切削过程预测与优化技术

（1）基于试验的切削过程预测与优化技术

① 正交试验设计及多元非线性回归分析。

加工过程中，影响加工过程参量（如加工表面质量、刀具磨损、切削力和切削温度、切削振动等）的因素较多，常常需要同时考察三个或三个以上的试验因素，若进行全面试验，则试验的规模将很大，往往因试验条件的限制而难以实施。正交试验设计是安排多因素试验、寻求最优水平组合的　种高效率试验设计方法。

正交试验设计（Orthogonal Experimental Design，OED）具有考虑兼顾全面试验法和简单比较法的优点，它利用规格化的正交表恰当地设计出试验方案和有效地分析试验结果，提出最优配方和工艺条件，进而设计出可能更优秀的试验方案。正交试验设计非常适用于多因素多水平的试验设计，它最大的优点就是试验次数少。例如，进行一个七因素两水平的试验，全面因子试验需要做 $2^7=128$ 次试验，而选用 $L_8（7^2）$ 正交试验（L 为正交试验，8 为试验次数，7 为因素个数，2 为每个因素的水平）则只需要进行 8 次试验。当因素个数小于或等于两个时，正交试验会退化为全面试验法。

正交最优化方法的优点不仅表现在试验的设计上，更表现在对试验结果的处理上。通过对试验结果的分析，可以解决以下问题：

a. 分清各因素及其交互作用的主次顺序，即分清哪些因素是主要因素，哪些是次要因素（通过极差分析）。

b. 判断因素对试验指标影响的显著程度（通过极差分析）。

c. 找出试验因素的最优水平和试验范围内的最优组合，以及试验因素取什么水平时试验指标最好（通过极差分析和趋势图）。

d. 分析因素与试验指标的关系，即当因素变化时，试验指标是如何变化的。找出指标随因素变化的规律和趋势，为进一步试验指明方向。

e. 了解各因素之间的交互作用情况。

f. 估计试验误差的大小（通过方差分析）。

g. 得出试验因素与试验指标之间的经验公式（通过多元非线性回归分析）。

需要指出的是，正交试验设计的试验点中包含了许多抽样空间的边界点，缺乏在全试验域对响应面构建的数据支持，所以在构建近似模型时尽量不要使用正交试验中的数据。均匀试验设计能很好地克服这一缺点。

② 均匀试验设计。

均匀试验设计是一种只考虑试验点在试验范围内均匀散布的试验设计方法，由于均匀试验只考虑试验点的"均匀散布"而不考虑"整齐可比"，因此可以大大减少试验次数，这是它与正交试验设计的最大不同之处。

均匀试验设计是用数论方法编制的，用符号 $U_n（Q^m）$ 表示，U 表示均匀设计，它有 n 行 m 列，每列的水平数为 q。均匀试验表具有如下特点：

a. 对于任意的 n 都可以构造均匀试验表，并且行数 n 与水平数 q 相同，因此试验次数少。

b. 列数可按下面规则给出，当 n 为素数时，列数最多等于 $n-1$；当 n 为合数时，设 $n = p_1^{l_1} p_2^{l_2} \ldots p_k^{l_k}$，其中 p_1、p_2、p_k 为素数，l_1、l_2、l_k 为正整数，那么列数为

$$m = n\left(1 - \frac{1}{p_1}\right)\left(1 - \frac{1}{p_2}\right)\ldots\left(1 - \frac{1}{p_k}\right) \tag{3-3}$$

③ 回归设计（或响应面设计）。

正交设计虽然是一种重要的科学试验设计方法，它能够利用较少的试验次数，获得较佳的试验结果，但是它不能在一定的试验范围内，根据数据样本去确定变量间的相关关系及其相应的回归方程。回归设计就是在因子空间选择适当的试验点，以较少的试验处理建立一个有效的多项式回归方程，从而解决生产中的最优化问题，这种试验设计方法就称为回归设计。

回归设计也称为响应曲面（Response Surface，RS）设计，目的是寻找试验指标与各因子间的定量规律，考察的因子都是定量的。它是在多元回归的基础上用主动收集数据的方法获得具有较好性质的回归方程的一种试验设计方法。因此，将回归和正交结合在一起进行试验设计，就是回归正交设计。回归正交设计是回归分析与正交试验设计法有机结合而形成的一种新的试验设计方法。它是回归设计中最基本的，也是最常用和最有代表性的设计方法。根据建立的回归方程的次数，回归设计分为一次回归设计和二次回归设计。根据设计的性质可分为正交设计、旋转设计等。一般地，常用的回归设计有一次回归正交设计、二次回归正交设计、二次回归正交旋转设计。

一次回归正交设计是解决在回归模型中，变量的最高次数为一次的（不包括交叉项的次数）多元回归问题，其数学模型为

$$y_i = f(x_{i1}, x_{i2}, \cdots, x_{ip}) + \varepsilon \tag{3-4}$$

式中，ε 为随机扰动项；$f(x_{i1}, x_{i2}, \cdots, x_{ip})$ 是 $x_{i1}, x_{i2}, \cdots, x_{ip}$ 的一个函数，称为响应函数，其图形则称为响应曲面。$x = x_{i1}, x_{i2}, \cdots, x_{ip}$ 的可能取值空间为因子空间。响应面设计的任务就是从因子空间中寻找一个点使 y_i 的均值满足最优要求。

若 $f(x_{i1}, x_{i2}, \cdots, x_{ip})$ 已知，可用最优化方法找到 $x_{i1}, x_{i2}, \cdots, x_{ip}$。然而在许多情况下，$f(x_{i1}, x_{i2}, \cdots, x_{ip})$ 的形式并不知道，这时可用一个多项式去逼近它，即假定

$$y_i = f(x_{i1}, x_{i2}, \cdots, x_{ip}) + \varepsilon = \beta_0 + \sum_{i=1}^{m} \beta_i x_i + \varepsilon_i \quad （一次回归方程） \tag{3-5}$$

$$y_i = f(x_{i1}, x_{i2}, \cdots, x_{ip}) + \varepsilon = \beta_0 + \sum_{i=1}^{m} \beta_i x_i + + \sum_{i=1}^{m} \beta_{ij} x_i x_j + \sum_{i=1}^{m} \beta_{ii} x_i^2 x_j + \varepsilon_i （二次回归方程） \tag{3-6}$$

式中，β_i 为编码变量 x_i 的线性效应；β_{ij} 为编码变量 x_i 和 x_j 之间的交互作用效应；β_{ii} 为编码变量 x_i 的二次效应。β_0、β_i、β_{ii}、β_{ij} 为未知参数，也称为回归系数，需要通过试验收集数据对它们进行估计。若分别用 b_0、b_i、b_{ii}、b_{ij} 表示相应的估计，则称

$$y = \sum_{i=1}^{m} b_i x_i + \sum_{i \triangle}^{m} b_{ij} x_i x_j + \sum_{i \triangle}^{m} b_{ii} x_i^2 + \varepsilon_i \tag{3-7}$$

为 y_i 关于 $x_{i1}, x_{i2}, \cdots, x_{ip}$ 的多项式回归方程。

一次回归正交设计主要是应用两水平正交表，用 −1 和 +1 代换正交表中的 1、2 两个水平符号。代换后，正交表每列所有数字相加之和为零，每两列同行各因素相乘之和为零，这说明代换后的设计表仍然具有正交性。

响应面方法是一项统计学的综合试验技术，用于处理几个变量对一个体系或结构的作用问题，也就是体系或结构的输入（变量值）与输出（响应）的转换关系问题。现用两个变量来说明：结构响应 Z 与变量 x_1、x_2 具有未知的、不能明确表达的函数关系 $Z = g(x_1, x_2)$，要得到"真实"的函数通常需要大量的模拟，而响应面法则是用有限的试验来回归拟合一个关系，并以此来代替真实曲面 $Z = g(x_1, x_2)$，将功能函数表示成基本随机变量的显示函数。

响应曲面设计主要方法：

a. 中心复合试验设计（Central Composite Design，CCD）：Cube 模型（中心复合 Circumscribed，CCC，中心复合序贯设计）；Axial 模型（中心复合 Inscribed，CCI，中心复合有界设计）；中心复合表面试验设计（CCF），有三个以上因数时使用。

b. Box-Behnken 试验设计：当因子设置不能超过各因子的高水平和低水平范围时经常使用。

④ 稳健设计。

稳健设计是一个低成本高效益的质量工程方法，其基本思想是把稳健性应用到产品中，以抵御大量下游生产或使用中的噪声；其基本原理是利用影响产品质量的非线性因素，通过改变某些可控因素的水平，使噪声因素对产品质量的影响降到最低。由于稳健设计在产品设计之初就考虑到了噪声因素的影响，所以产品设计几乎不需要考虑额外的余量或采用高质量的零部件对噪声因素的影响进行补偿，从而可在保证产品性能的同时降低产品生产和使用费用。

稳健设计是由日本学者 Taguchi 博士最早提出的。20 世纪 80 年代，Taguchi 博士以试验设计和信噪比为基本工具，创立了以提高和改进产品质量的田口稳健设计方法，国内又称为三次设计方法，即任何一个产品的设计都必须经过系统设计、参数设计和容差设计三个阶段，其中参数设计是田口稳健设计方法的核心内容。当时田口稳健设计方法在美国引起了巨大反响，之后稳健设计方法在西方国家被广泛应用。该方法与产品开发中传统采用的因素轮换法、正交设计法相比，在技术上是一个飞跃，被称为"世界试验设计发展史上的第三块里程碑"。如今，稳健设计方法已被很多国内企业采用，对国产商品质量提高起到了一定的作用。

但是 Taguchi 主张采用信噪比作为稳健性的度量指标，著名的统计学家 Box 在 1988 年指出应用信噪比效率极其低下，将损失高达 70% 的信息。Nair 于 1992 年整理了稳健设计领域顶尖专家的观点，发现对田口方法的批评也集中在信噪比的使用上，因为信噪比混淆了可控因素对产品性能的均值和方差的影响。学者们都试图建立产品质量特性均值和方差的独立模型进行分析。Myers 把噪声因素引入响应面方法，建立了质量特性均值和方差关于可控变量各自独立的拟合模型，从而产生了基于响应面的稳健设计方法。目前，形成了两种主要的基于响应面的稳健设计方法：一种是分别建立产品质量特性的均值和方差关于设计变量（可控因素）的拟合响应面，通常称为双响应面方法；另一种是通过试验建立质量特性关于可控因素和噪声因素的响应面，质量特性的均值和方差的响应面则由 Lucas 提出的误差传递法（Propagation of Error，PE）推导出。随着稳健设计的发展，通过对田口方法进行数学方式的诠释，并用优化计算实现对产品质量特性的提前控制，产生了一类基于工程模型的稳健设计方法，如容差模型法、随机模型法、灵敏度法等。

若产品质量的好坏用质量特性接近目标值的程度来评定，则可认为功能特性越接近目标值，质量就越好，偏离目标值越远，质量就越差。设产品质量特性为 y，目标值为 y_0，考虑到 y 的随机性，若用产品质量的平均损失来计算，则

$$E\{L(y)\}=E\{(\bar{y}-y_0)^2\}=E\{(y-\bar{y})^2+(\bar{y}-y_0)^2\}=\sigma_y^2+\delta_y^2 \tag{3-8}$$

式中，$\bar{y}=E\{y\}$ 为质量指标的期望值或均值；$\sigma_y^2=E\{(y-\bar{y})^2\}$ 为质量指标的方差，它表示输出特性变差的大小及稳健性；$\delta_y^2=E\{(\bar{y}-y_0)^2\}$ 为质量特性指标的绝对偏差及灵敏度。基于这一点，要想获得高质量的产品，既要使波动小，又要使偏差 δ_y^2 小。

在一般情况下，减小偏差要比减小波动容易些，因此一般认为，致力于减小波动（或方差）称为方差稳健性设计和分析，然后在控制波动的情况下再致力于减少质量特性值的偏差，称为

灵敏度设计和分析或灵敏度稳健性设计。

一般来说，稳健设计要达到两个目的：

a. 使产品质量特性的均值尽可能达到目标值，即使

$$\delta_y = |\bar{y} - y_0| \to \min \ \text{或} \ \delta_y^2 = (\bar{y} - y_0)^2 \to \min \tag{3-9}$$

b. 使由各种干扰因素引起的功能特性波动的方差尽可能小，以使

$$\delta_y^2 = E|\bar{y} - y_0| \to \min \tag{3-10}$$

这两个方面都很重要，对于一个产品的输出，不管均值多么理想，过大的方差会导致低劣质量产品的增多；同样，不管方差多么小，不合适的均值也会严重影响产品的使用功能。

通常，要想达到稳健设计的第一个目的，主要方法是：

a. 通过产品的方案设计（概念设计），改变输入、输出之间的关系，使其功能特性尽可能接近目标值。

b. 通过参数设计调整设计变量的名义值，使输出均值达到目标值。

要想达到稳健设计的第二个目的，主要方法是：

a. 通过减小参数名义值的偏差，从而缩小输出特性的方差。但是减小参数的容差需要采用高性能的材料或者高精度的加工方法，这就意味着要提高产品的成本。

b. 利用非线性效应，通过合理地选择参数在非线性曲线上的工作点或中心值，可以使质量特性值的波动缩小。

稳健设计的一般步骤主要有三步：

a. 确定产品的质量指标体系，建立可控与不可控因素对产品质量影响的质量设计模型，该模型应能充分显示出各个功能因素的变差对产品质量特性的影响。

b. 对稳健设计模型进行试验设计和数值计算，获取质量特性的可靠分析数据。

c. 寻找稳健设计的解或最优解，获得稳健产品的设计方案。

⑤ 多目标优化。

国际上一般认为多目标最优化问题最早是由法国经济学家 Pareto 在 1896 年提出的。目前，求解多目标优化的方法分为多准则决策法（Multiple Criteria Decision Making，MCDM）和 Pareto 优化法。多准则决策法包括先验法和交互法，分别指在优化之前确定决策者对不同目标的偏好和在优化过程利用这些偏好信息指导搜索的方法，一般优化得到一个解。常用的先验法有加权和法、目标规划法、字典排序法、模糊逻辑法、多属性效应理论和层次分析法。常用的交互法有 STEM 法和 STEUER 法。多目标进化算法可以分为基于聚合函数法、非 Pareto 支配法及基于 Pareto 支配法的多目标优化算法。基于聚合函数法的多目标优化方法，采用加权法评价解的适应值，在优化过程中通过变化权系数值，使搜索遍历 Pareto 最优前端或曲面，以得到一组有效解。常用的聚合函数法有局部搜索算法、Memetic 算法、蚁群算法等。非 Pareto 支配法是指采用交替法评价解的适应值的多目标优化方法，非 Pareto 支配法的缺点是容易向目标空间的某些极端边界点收敛，并对 Pareto 最优前端的非凸部分较敏感。常用的非 Pareto 支配法有向量评估遗传算法和加权最小最大法。基于 Pareto 支配法用 Pareto 法评价解的适应值，并在优化过程中根据 Pareto 支配关系选择新个体的多目标优化技术。常用的 Pareto 支配法有局部搜索算法、多目标遗传算法、粒子群算法等。

工程实际中的许多问题都是多目标优化设计问题。多目标优化可以描述为：一个由满足一定约束条件的决策变量组成的向量，使得一个由多个目标函数组成的向量函数最优化。目标函

数组成了性能标准的数学描述，而性能标准之间通常是互相冲突的，优化意味着要找到一个使得所有目标函数值都可接受的解。各个目标间的竞争性和复杂性，使得对其优化变得困难，在多目标优化问题中寻求单一最优解是不太现实的，而是产生一组可选的折中解集，由决策过程在可选解集中做出最终选择。由于多目标问题的广泛存在性与求解的困难性，该问题一直是富有吸引力和挑战性的。多目标优化的意义在于找到一个或多个解，使设计者能接受所有的目标值。

与单目标优化不同，多目标优化问题具有与单目标优化问题不同的特点：

a. 不可公度性。即各目标之间往往没有共同的度量标准，各自具有不同的量纲，不同的数量级不易进行量的比较。这给求解多目标优化问题带来了一定的困难。

b. 多目标优化的各个目标间往往存在着一定的矛盾性。矛盾性是指多目标优化问题中各个目标之间存在相互矛盾、彼消此长的特性。这一特性是多目标优化问题的最根本特性。由于各目标之间的相互冲突，一些目标的改善往往会造成另一些目标的恶化，各目标不太可能同时得到各自的最优解。由于多目标优化与现代化的管理决策比较吻合，有能力处理各种度量单位没有统一甚至相互矛盾的多个目标，而且它便于利用计算机技术，所以已经成为解决现代化管理中多准则决策问题的有效工具。

c. 多目标优化要求各个目标尽可能达到最好。但由于多目标优化的矛盾性和不可公度性的影响，多目标优化总是以牺牲一部分目标的性能来换取另一些目标性能的改善，不存在一个方案（或某个解）能使各个目标效益均优于其他方案（或其他解）。

由于上述特点的存在，决定了多目标优化问题的解不是唯一的，而是一个解的集合，称为非劣解集。且由于决策者对多个目标的要求也不一样，什么样的解是满足设计者需求的解，在多数场合无法给出确切的数学描述。多目标优化的首要问题是生成非劣解子集，然后按照决策者的意图从中找出最终理想有效解。

根据优化过程和决策过程的先后顺序，可将多目标优化方法分为三大类：先验优先权方法、交互式方法及后验优先权方法。

a. 先验优先权方法，即先决策后搜索法。决策器事先设置各目标的优先权值，将全体目标按权值合成一个标量效用函数，把多目标优化问题转化成单目标优化问题。该方法的优点是多目标问题的决策过程隐含在标量化的总效用函数中，对总效用函数的优化过程也是对相应多目标问题的优化过程。该方法的缺点是很难获得各目标精确的先验优先权值，而且多目标问题非劣解集的搜索空间也受到限制。

b. 交互式方法，其决策与搜索是相互交替进行的。优先权决策器与非劣解集的搜索过程优化器交替进行，变化的优先权可产生变化的非劣解，决策器从优化器的搜索过程中提取有利于精炼优先权设置的信息，而优先权的设置则有利于优化器搜索到决策者所感兴趣的区域。通常可以认为交互式方法是先验优先权方法与后验优先权方法的有机结合。交互式优化方法只搜索决策人关心的区域，具有计算量小、决策相对简单等特点。交互式方法的优点是，由于索取偏好信息和非劣解集的搜索过程是交替进行的，每次只是向决策人索取部分偏好信息，交互式方法中偏好信息的确定比起先验优先权方法相对容易，因此如果能够有效解决如何表达偏好信息、如何提炼偏好信息等问题，交互式优化方法将有着广泛的应用前景。

c. 后验优先权方法，即先搜索后决策。优化器进行非劣解集的搜索，决策器从搜索到的非劣解集中进行选择，这种技术不利用决策者的信息找出问题的全部非劣解集，要求不同的决策者根据自己的需要进行选择。

⑥ 模拟退火算法。

模拟退火算法（Simulated Annealing，SA）是由 Metroplis 等人于 1953 年提出的，Kirkpatrick 等人于 1983 年最早将模拟退火思想用于解决优化问题。该方法是基于蒙特卡洛迭代求解策略，模仿固体退火降温原理，实现目标优化的方法。模拟退火算法的基本思想是：从某一较高初始温度开始，随着温度参数的下降，寻找局部最优解的同时能以一定概率实现全局最优解的求解。物理退火与模拟退火算法对应关系如图 3-8 所示。

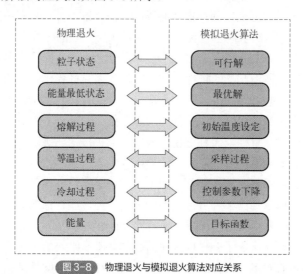

图 3-8 物理退火与模拟退火算法对应关系

模拟退火算法的基本原理为：在对固体加温过程中，固体内部粒子会随温度的升高而趋于无序状态，内能增大；在对固体降温让其徐徐冷却过程中，固体中的粒子释放能量，趋于稳定有序，最终在常温状态下达到稳定状态，内能减为最小。根据 Metroplis 算法，可以用粒子的能力来定义材料的状态，当粒子在温度 T 时处于状态 i 的概率为

$$\exp\left(\frac{E(i)-E(j)}{KT}\right) \tag{3-11}$$

式中，$E(i)$ 为状态 i 之下的能量；K 为玻尔兹曼常量；T 为材料温度。

优化过程中，以固体中粒子的微观状态作为优化过程中的解，以内能 $E(i)$ 作为优化目标函数值以控制温度 T。设定初始温度及其初始解，通过不断迭代，根据粒子的目标函数值，产生新的解向量，通过控制温度 T 的持续减小，使状态收敛于近似最优解。

⑦ 遗传算法。

遗传算法（Genetic Algorithm，GA）于 1975 年由 Holland 提出，它借鉴了生物界中"优胜劣汰，适者生存"的进化规律，本质上是一种进化算法。由于其具有较好的全局搜索能力，在多个领域得到广泛应用，目前在机器学习、图像处理、函数优化领域应用较多。

遗传算法的基本思想是：将给定问题的解集初始化为一个种群，结合生物界中的优胜劣汰规则对初始种群进行淘汰选择，随后对选择后的种群个体进行交叉、变异，随着进化代数的增加，优良种群（即原问题的解）得以保留，进化结束后则获得对应优化设计问题的最优解。因此，遗传算法包括三个基本操作：选择操作、交叉操作和变异操作。

a. 选择操作。对种群执行初始化操作后，首先就要确定种群中每个个体的适应度值，然后按照给定的选择机制对初始种群执行筛选操作，适应度值越大的种群个体将获得更大的生存概率并最终得以存活下来。常用的选择操作机制主要包括轮盘赌选择、锦标赛选择、排序选择等。

b. 交叉操作。交叉操作的对象为两个父辈染色体，通过给定的交叉方式分别对染色体的基因进行交换，最终得到两个不同的新染色体。由于所采用的基因编码形式存在差异，可以将基因的交叉类型进一步划分成实值交叉和二进制交叉。其中，实值交叉包含的类型分别为离散重组、中间重组、线性重组；二进制交叉包含的类型分别为单点交叉、多点交叉、均匀交叉等。

c. 变异操作。变异操作作为遗传算法中必不可少的一部分，直接关系到算法对于优化问题模型局部区域搜索能力的强弱。变异操作的主要对象为单个染色体个体，根据不同的形式，按照一定的概率对选定区域或位置的染色体基因进行替换，最终得到新的个体。变异操作包含多种不同的形式，具体有基本位变异、均匀变异和高斯近似变异等。

遗传算法流程框架：遗传算法是以种群的形式对给定问题进行搜索，在每一次迭代更新过程中根据适应度大小对种群执行选择操作，然后依概率对选择后的种群进行交叉操作和变异操作，随着迭代次数的增加，种群中的优良个体得以保留，即对应问题的优化结果逐渐集中于实际最优区域，直到迭代结束。

（2）基于仿真的切削过程预测与优化技术

基于仿真的切削过程预测与优化技术主要是在进行实际切削前通过几何仿真、切削过程物理仿真、数值仿真等手段对加工过程进行仿真，通过仿真分析获得加工过程中物理量的状态变化情况，从而对实际加工过程进行预测，通过仿真手段对切削用量进行优化，指导实际加工参数的选择，并发现加工过程中可能存在的问题。

在数控加工过程中，刀具的运动轨迹是不断变化的，通过加工过程的几何仿真可以及时发现刀具路径是否正确，是否存在过切与欠切现象，刀具在运动过程中是否与工件存在发生碰撞的可能，是否存在刀具路径不合理导致的加工效率低、表面质量差等问题。同时，通过加工过程的几何仿真可以对加工过程进行预测与优化，缩短加工时间，延长刀具寿命，改进表面质量，提高加工质量与效率。例如，通过采用 VERICUT 数控加工仿真系统软件可以对数控车床、数控铣床、加工中心、线切割机床和多轴机床等多种加工设备的数控加工过程进行仿真，并能进行 NC 程序优化，检查过切与欠切，防止机床碰撞、超行程等错误，并能实现刀具路径优化，实现高品质、高效率的加工。

通过对切削过程的物理仿真，可以对切削过程的切削力、切削温度、刀具磨损、切屑形状等状态进行预测，并通过对获得的仿真结果数据进行分析及时发现在切削过程中可能出现的载荷过大、温度过高、磨损严重等问题，从而提出解决方案，改变加工参数。通过对切削过程的物理仿真优化，可以对切削用量与刀具角度进行优化，从而获得使加工状态最好的切削用量及刀具角度。与此同时，通过物理仿真所获得的结果数据可作为实际切削测得的监测数据的参考。

数值仿真作为切削过程的一种仿真手段，同样占有重要地位，通过建立切削过程的数学模型，如切削力模型、刀具磨损模型、刀具振动模型、表面质量模型等，可以对切削过程中变化的量进行定量分析，使切削用量、刀具角度参数与结果参数之间的关系更加具体明了。对于优化而言，数值仿真方法更具有优化算法多、实际操作简单、效率高、精度高等优势，通过数值仿真方法可以很容易对切削用量、刀具角度等进行优化。

通过仿真可以实现对零件几何尺寸、表面微观几何形貌、表面粗糙度、表面残余应力、表面冷作硬化等加工质量进行预测，进一步指导加工参数与刀具的选择与优化。

3.2.2.2　智能加工工艺规划

对于传统的零件加工工艺规划，主要是根据工艺工程师的个人经验对所要加工的零件进行工艺分析，对加工机床、工装夹具与刀具进行选取，最后根据加工要求完成切削用量的选择，进行机械加工。此种工艺规划方式的主要问题在于，人为因素对零件最终的加工质量影响很大，由于工艺工程师个人知识与加工经验的不同，导致对于同一零件，不同工艺工程师所选取的工艺参数不尽相同，加工后的零件质量也各不相同。

智能加工的工艺规划主要特点在于，在机床、工装夹具、刀具及切削用量的选择过程中引入数据库、知识库、大数据、云平台等数据处理技术。引入仿真手段对工艺规划进行仿真与优化。通过参考以往加工相同类型零件所积累的切削用量，对新零件工艺参数的选择具有指导意义。通过对大量参考切削用量的提取与分析，选择出适合当前零件的切削用量。工艺规划的过程并不是仅仅依靠工艺工程师个人的知识与经验进行的，而是相当于参考多名工程师的加工数据对具有相同特征的零件进行工艺规划，这样所获得的工艺参数相比单一工艺工程师的工艺参数更为合理，大大避免了人为因素对加工质量的影响。同时，加工过程信息与加工质量参数同样会被存储起来，并通过云数据进行数据共享，为其他工艺规划提供参考。对于所制定的工艺规划进行仿真，可以对加工过程进行预测，及早发现加工中可能存在的问题与不足，提出改进意见与优化方案。例如，选取的机床、工装夹具、刀具是否合理，刀具路径是否存在干涉，选取的切削用量是否合理等。

（1）计算机辅助工艺过程设计的含义及发展

计算机辅助工艺过程设计（Computer Ai ded Process Planning，CAPP）是通过向计算机输入被加工零件的几何信息（图形）和加工工艺信息（材料、热处理、批量等），由计算机自动输出零件的工艺路线和工序内容等工艺文件的过程。世界上最早研究 CAPP 的国家是挪威，于 1969 年正式推出世界上第一个 CAPP 系统 AUTOPROS，1973 年正式推出商品化的 AUTOPROS 系统。在 CAPP 发展史上具有里程碑意义的是美国计算机辅助制造公司（CAM-I）于 1976 年推出的 CAM-I Automated Process Planning 系统。经过国内外多年的开发研究，涌现出一大批 CAPP 系统，就其原理归纳起来可以分为变异式 CAPP 系统、创成式 CAPP 系统和 CAPP 专家系统等。

① 变异式 CAPP 系统。变异式 CAPP 系统也称派生式、修订式、样件式 CAPP 系统，它是建立在成组技术（Group Technology，GT）的基础上，其基本原理是利用零件的相似性，即相似零件有相似工艺过程。在 CAPP 系统设计阶段，将工厂中所生产的零件按其制造特征分为若干零件族，为每一零件族设计一个主样件，按主样件制定该零件族的标准工艺，将标准工艺存入数据库中。一个新零件的工艺，是通过检索相似零件族的标准工艺并加以筛选、编辑修改而成的。

② 创成式 CAPP 系统。创成式 CAPP 系统的工艺规程是根据程序中所反映的决策逻辑和制造工程数据信息生成的，这些信息主要是有关各种加工方法的加工能力和对象，各种设备和刀具的适用范围等一系列的基本知识。工艺决策中的各种决策逻辑存入相对独立的工艺知识库，供主程序调用。设计新零件的工艺时，输入零件的信息后，系统能自动生成各种工艺规程文件，用户无须修改或略加修改即可。

③ CAPP 专家系统。从 20 世纪 80 年代中期起，创成式 CAPP 系统的研究转向人工智能的

专家系统方面。例如，法国于 1981 年开发的 GARI 系统、美国联合工艺研究中心于 1984 年开发的 XPS-E 系统、英国南汉普顿大学于 1986 年开发的 SIPPS 系统等。CAPP 专家系统运行时，通过推理机中的控制策略，从知识库中搜索能够处理零件当前状态的规则，然后执行这条规则，并把每一次执行规则得到的结论部分按照先后次序记录下来，直到零件加工完成，这个记录就是零件加工所要求的工艺规程。

CAPP 专家系统可以在一定程度上模拟人脑进行工艺设计，使工艺设计中的许多模糊问题得以解决，特别是对箱体、壳体类零件，由于它们结构形状复杂，加工工序多，工艺流程长，而且可能存在多种加工方案，工艺设计的优劣取决于人的经验和智慧。因此，一般 CAPP 系统很难满足这些复杂零件的工艺设计要求，而 CAPP 专家系统能汇集众多工艺专家的经验和智慧，并充分利用这些知识，进行逻辑推理，探索解决问题的途径与方法，因而能给出合理的甚至是最佳的工艺决策。

（2）传统 CAPP 系统存在的问题

① 通用性差。传统的 CAPP 系统大多数是针对特定产品零件和特定制造环境进行开发的，专用性强。在全球化的市场环境下，多品种、小批量的生产模式已成为机械制造业的主要趋势，因此传统的 CAPP 系统难以适应频繁变化的加工对象和制造环境。

② 开放性差。传统 CAPP 系统大多数是封闭式系统，它不支持一般用户对系统功能的扩充和修改，难以二次开发。

③ 集成性差。传统的 CAD、CAPP、CAM 等系统相互孤立，没有统一的产品信息模型。CAD 系统与 CAPP 系统使用不同的数据模式，商品化 CAPP 系统的信息不能直接被 CAPP 使用。目前，大多数 CAPP 系统采用人机交互输入零件信息的方法，虽然可以在一定程度上满足 CAPP 工艺决策的要求，但零件信息的重复输入，不但工作量大，而且增加了对零件描述不一致的可能性。CAPP 系统与 ERP、MES、CAD 等系统之间相互独立，不能实现信息的顺畅传递、交换和共享。因此，CAPP 不能真正担负起 CIMS 中的桥梁作用。

④ 智能化水平低。尽管专家系统在应用中取得了很多成果，但由于知识获取及表达的瓶颈，系统没有学习功能，系统的求解能力和应用范围都有限。推理方法单一，不能根据联想记忆、识别、模拟来进行决策，智能水平低。

⑤ 生成的工艺方案缺乏柔性。传统的 CAPP 系统只能产生单一的工艺方案，在工艺规划过程中只考虑了静态资源能力，而没有考虑车间层的动态资源状况，在实际制造系统中实施工艺时会出现很多问题。由于资源使用瓶颈和随机故障，生产过程中有 20%～30% 的工艺计划必须重新修改，这将不可避免地增加生产成本，延长生产周期。

（3）智能 CAPP 概述

① 智能（Intelligence）。

智能的定义至今在学术界仍然没有达成共识，不同的角度、不同的侧面、不同的研究方法，就会得出不同的观点，其中，影响较大的有思维理论、知识阈值理论及进化理论等几种。

a. 思维理论。认为智能的核心是思维，人的一切智能都来自大脑的思维活动，人类的一切知识都是人类思维的产物，因而通过对思维规律与方法的研究可望揭示智能的本质。

b. 知识阈值理论。认为智能行为取决于知识的数量及其一般化的程度，一个系统之所以有智能是因为它具有可运用的知识。因此，知识阈值理论把智能定义为：智能就是在巨大的搜索空间中迅速找到一个满意解的能力。这一理论在人工智能的发展史中有着重要的影响，知识工程、专家系统等都是在这一理论的影响下发展起来的。

c. 进化理论。认为人的本质能力是在动态环境中的行走能力、对外界事物的感知能力、维持生命和繁衍生息的能力。核心是用控制取代表示，从而取消概念、模型及显示表示的知识，否定抽象对智能及智能模型的必要性，强调分层结构对智能进化的可能性与必要性。

总的来说，智能是知识与智力的总和，是人类认识世界和改造世界过程中的一种分析问题和解决问题的综合能力。其中，知识是一切智能行为的基础，而智力是获取知识并运用知识求解问题的能力，是头脑中思维活动的具体体现。

② 人工智能（Artifkal Intelligence，AI）。

因为对人类智能的认识和定义无法达成一致，所以人工智能也没有统一的严格定义，不同的侧面有不同的描述。从计算机科学的角度来看，人工智能是用计算机来模拟人类的某些智能活动，或使计算机具有人类的某些局部智能和功能，如对自然语言的使用和理解、图形图像识别、景物识别和理解、路径规划、知识的表达和使用等。从应用的角度看，人工智能的最终目标（或重要目标）是编制出具有智能的程序。而在人工智能发展的初期，其成果就是程序。简而言之，人工智能是计算机科学中涉及研究、设计和应用智能机器的一个分支，是智能机器所执行的与人类智能有关的各种功能，如判断、推理、感知、识别、证明、理解、思考、设计、规划、学习、决策和问题求解等一系列的思维过程。因此，如果一个计算机系统能够使用与人类相似的方法对有关问题给出正确的答案，而且还能解释系统的智能活动，那么这种计算机系统便认为具有某种智能。

③ 智能 CAPP 基本概念。

所谓智能 CAPP，就是将人工智能技术（AI 技术）应用到 CAPP 系统开发中，使 CAPP 系统在知识获取、知识推理等方面模拟人的思维方式，解决复杂的工艺规程设计问题，使其具有人类"智能"的特性。实际上，CAPP 专家系统就是一种智能 CAPP，它追求的是工艺决策的自动化。它能将众多工艺专家的知识和经验以一定的形式存入计算机，并模拟工艺专家推理方式和思维过程，对现实中的工艺设计问题自动做出判断和决策。CAPP 专家系统的引入，使得CAPP 系统的结构由原来的以决策表、决策树等表示的决策形式，发展成为知识库和推理机相分离的决策机制，增强了 CAPP 系统的柔性。

专家系统的优劣取决于知识库所拥有知识的多少、知识表示与获取方法是否合理以及推理机制是否有效。传统的 CAPP 专家系统是以产生式系统为基础的，其知识表示就是将工艺专家的经验和知识以及已知的事实表示成产生式规则，并存储在知识库中；其推理机制也和产生式系统一样，采用的是匹配、选择、激活和动作这 4 个阶段的反复循环，直到推出最终结论。但是，工艺设计是一个非常复杂的问题，工艺知识中包含了许多直觉和经验的成分，有些甚至带有潜意识的性质，这给工艺知识的知识表示和知识获取带来了很大困难，推理方法也难以与工艺专家的思路吻合，并且传统的 CAPP 专家系统在系统结构与达到的功能上均存在许多问题，大都缺乏足够的数字计算功能。总之，传统的 CAPP 专家系统无论是在研究上还是在实现上都遇到很大的困难。

近年来，随着对人工智能技术进一步的深入研究，CAPP 专家系统也出现了新的进展。在知识表示方面，出现了一些新的知识表示方法，如面向对象的知识表示方法、混合式知识表示模式以及各种模糊知识表示方法等；在推理策略方面，产生了如基于多值逻辑的不精确推理、统计推理、加权推理等新的推理模式；在系统结构方面，出现了元知识系统、分布式系统、多推理机制、多知识表示和多层次系统结构等。特别是一些智能理论如模糊理论、混沌理论、Agent理论、机器学习、粗糙集理论等和一些智能计算方法（如人工神经网络、模拟退火算法、遗传算法和蚁群算法等）逐渐成了研究的热点。这些智能技术的综合运用进一步推动了 CAPP 系统向智能化方向发展，这也给传统的 CAPP 专家系统注入了新的生机。

工艺设计是一个极为复杂的智能过程，是特征技术、知识工程、逻辑决策、智能计算等多种过程的复合体，用单一的数学模型很难实现其所有功能。因此，CAPP 今后的研究方向应该是基于知识的工艺决策体系与组合优化过程的有机结合，为了区别于传统的 CAPP 专家系统，将此类 CAPP 系统称为智能 CAPP 系统。

④ 智能 CAPP 系统的构成。

基于知识的智能化 CAPP 系统引入了知识工程、智能理论和智能计算等最新的人工智能技术，但其基本结构和传统的 CAPP 专家系统一样，都是以知识库和推理机为中心的。智能 CAPP 系统的框架结构如图 3-9 所示，主要由以下几部分组成。

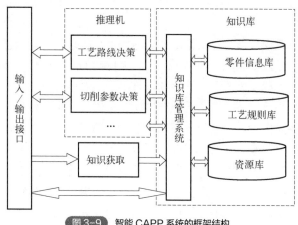

图 3-9　智能 CAPP 系统的框架结构

a. 输入/输出接口：负责零件信息的输入，零件特征的识别和处理以及由系统生成的零件工艺路线、工序内容等工艺文件的输出。这是系统与外界进行信息交换的通道。

b. 知识库：包括零件信息库、工艺规则库、资源库和知识库管理系统。这是系统的基础，各种知识的组织和表达形式对系统的有效性起决定性作用。

c. 推理机：是指各种工艺决策算法，包括工艺路线的生成和优化、机床刀具与工装夹具的确定、切削用量的选择等。这是系统的关键，决定着系统智能化的水平。

d. 知识获取：是指利用机器学习的方法，从工艺设计师的经验和企业的工艺文件中获取工艺知识，并将其转化为计算机能识别的工艺推理规则，从而不断更新和扩充工艺规则库。

⑤ 智能 CAPP 系统的工作原理。

一个完整的智能 CAPP 系统应由计算机系统环境、应用系统、零件和信息等基本要素组成。这里所研究的 CAPP 系统实际上是指其中的应用系统部分，它主要包括输入/输出、推理机和知识库三大部分。智能 CAPP 系统功能的实现要靠信息在各个组成部分之间的传递来完成，信息的传递如图 3-10 所示。

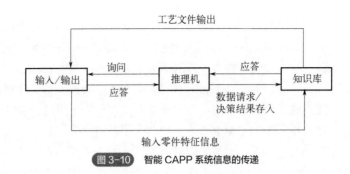

图 3-10 智能 CAPP 系统信息的传递

a. 知识库的建立。智能 CAPP 的知识库包括零件信息库、工艺规则库、知识库管理系统。其中，零件信息库存储的是零件的几何特征、精度特征和加工特征的信息；工艺规则库存储的是大量的以产生式规则表示的工艺专家的经验和知识；知识库管理系统的作用是负责知识库与外界的沟通、信息交换以及知识的修改与扩充、测试与精炼，维护知识库的一致性与完整性。

知识库的建立过程实际上是知识经过一系列变换进入计算机系统的过程，因此对知识库的建立来说，最关键的环节就是知识的表示和组织。

b. 推理机制。传统 CAPP 专家系统的推理机制一般与知识的表达方式有关，主要包括推理方法和搜索技术。

常用的推理方法有正向推理、逆向推理和正逆向混合推理。正向推理是从已知事实出发推出结论的过程，其优点是比较直观，但由于推理时无明确的目标，可能导致推理的效率较低；逆向推理是先提出一个目标作为假设，然后通过推理去证明该假设的过程，其优点是不必使用与目标无关的规则，但当目标较多时，可能要多次提出假设，也会影响问题求解的效率；正逆向混合推理是联合使用正向推理和逆向推理的方法，一般来说，先用正向推理帮助提出假设，然后用逆向推理来证实这些假设。对于工艺过程设计等工程问题，一般多采用正向推理或正逆向混合推理方法。

根据在问题求解过程中是否运用启发性知识，搜索技术分为非启发式搜索和启发式搜索两种。非启发式搜索是指在问题的求解过程中，不运用启发性知识，只按照一般的逻辑法则或控制性知识，在预定的控制策略下进行搜索，在搜索过程中获得的中间信息不用来改进控制策略。非启发式搜索的控制策略有宽度优先和深度优先两种。由于搜索总是按预先规定的路线进行，没有考虑到问题本身的特性，这种方法缺乏对求解问题的针对性，需要进行全方位的搜索，而没有选择最优的搜索途径。因此，这种搜索具有盲目性，效率较低，容易出现"组合爆炸"问题。启发式搜索是指在问题的求解过程中，为了提高搜索效率，运用与问题有关的启发性知识，即解决问题的策略、技巧、窍门等实践经验和知识，来指导搜索朝着最有希望的方向前进，加速问题求解过程并找到最优解。

由于 CAPP 专家系统本身的一些局限性，其不能满意地解决生产实际问题。为了使 CAPP 的研究成果更加实用化，就有必要在研究中引进一些新兴的智能技术，根据工艺过程设计中具体问题的特点，采用有效的决策方式和算法。下面简要介绍几种近年来被广泛研究的、比较典型的智能技术。

一是人工神经网络（Artificial Neural Network，ANN）。人工神经网络是由大量类似于神经元的简单处理单元高度并联而成的自适应非线性动态网络系统，可以按照生物神经系统原理来处理真实世界的客观事物，具有信息的分布式存储、并行处理、自组织和自学习及联想记忆等特性。人工神经网络的信息处理由神经元之间的相互作用来实现，知识与信息的存储表现为网络元件互连间分布式的物理联系，网络的学习和识别取决于各神经元连接权系的动态演化过程。在智能 CAPP 中，人工神经网络技术常被用于工艺路线的决策和工艺知识的表达与获取。

二是模拟退火算法（Simulated Annealing Algorithm，SAA）。模拟退火算法是一种解决组合优化问题的有效方法，其原理是基于物理中固体物质的退火过程与一般组合优化问题之间的相似性。

三是遗传算法（Genetic Algorithm，GA）。遗传算法是以生物进化论和自然遗传学说为基础的一种自适应全局搜索算法。它模仿生物的遗传进化过程，把一个问题的每一个可能的解都看成一个生物个体，并把它们限定到一个特定的环境中，根据优胜劣汰、自然选择、适者生存的原则进行自然选择，最后得到最优个体，即问题最优解。

四是模糊决策。模糊决策过程由模糊化、模糊推理和去模糊化三个部分组成。模糊化是将精确输入转化为模糊输入集合，是通过隶属函数来实现的。模糊推理是通过一定的传播计算来实现模糊输入集合到模糊输出集合之间的映射，一般采用模糊规则推理、模糊综合评判、模糊统计判决等方法来完成。去模糊化则是将模糊输出集合转化为精确输出集合，其方法有最大隶属度法、模糊质心法、最大关联隶属原则和高斯变换法等。

五是粗糙集（Rough Set，RS）理论。粗糙集理论是一种刻画不完整性和不确定性的数学工具，能有效地分析不精确、不一致、不完整等各种不完备的信息，还可以对数据进行分析和推理，从中发现隐含的知识，揭示潜在的规律。粗糙集理论的主要思想是利用已知的知识库，将不精确或不确定的知识用已知知识库中的知识来（近似）刻画。该理论与其他处理不确定和不精确问题理论的最显著区别是它无须提供问题所需处理的数据集合之外的任何先验信息。在CAPP 中，面对大量的零件特征和工艺信息以及各种不确定因素，粗糙集理论可以在分析以往大量经验数据的基础上利用数据约简抽取出相应的工艺规则，并经过推理得出基本上肯定的结论。

除了上面介绍的这些方法之外，还有混沌理论、蚁群算法、粒子群算法等智能化方法。在实际应用中，这些方法各有所长，可以相互渗透、相互结合，并且可以和传统的推理方法一起综合使用，从而提高 CAPP 系统智能化水平。

c. 知识获取（Knowledge Acquisition，KA）。知识获取就是抽取领域知识并将其形式化的过程。工艺决策知识是人们在工艺设计实践中积累的认识的经验的总和。工艺设计经验性强、技巧性高，工艺设计理论和工艺决策模型化研究仍不成熟，这使工艺决策知识的获取更为困难。目前，除了一些工艺决策知识可以从书本或有关资料中直接获取外，大多数工艺决策知识还必须从具有丰富实践经验的工艺人员那里获取。知识获取的方式有以下三种类型。

一是间接知识获取。由知识工程师对领域专家进行访问，向专家提出专门问题，由此再现专家的思维过程和方式，并对采集到的专家知识加以取舍、构造和抽象，以便在计算机中存储和处理。

二是直接知识获取。间接知识获取法的缺点是比较昂贵，且由于专家和知识工程师在相互理解方面常常存在分歧，以致容易发生错误。因此，产生了由专家自己而不是通过知识工程师进行的直接知识获取方法。但是领域专家最好能得到方便的知识获取工具的辅助，例如通过良好控制的对话系统，以便较好地实现知识获取。

三是自动知识获取。自动知识获取的目的在于把文字形式知识源的知识转化到计算机上或从实际例子中获得知识，其方式有两种：从可供使用的文献中选取知识；自学习系统通过生成或类推从实例中获取知识。

目前，CAPP 系统中知识获取的研究工作集中在数据中知识的发现（Knowledge Discover-in Databases，KDD）或数据挖掘等方面。经常用到的方法有 Apriori 算法系、粗糙集、人工神经网络等。

⑥ 智能 CAPP 系统的特点及存在的问题。

智能 CAPP 系统和一般的 CAPP 系统一样，可以使工艺设计人员摆脱大量、烦琐的重复劳动，显著缩短工艺设计周期，保证工艺设计质量。除此之外，智能 CAPP 系统还具有以下特点：

a. 因为在智能 CAPP 系统中，知识表示是和知识本身相分离的，所以当加工零件变化或知识更新时，相应的决策方法不会改变。这样就提高了系统的通用性和适应性，能适应不同企业以及不同产品的工艺特点。

b. 智能 CAPP 系统以零件的知识为基础，以工艺规则为依据，采用各种工艺决策算法，可以直接推理出最优的工艺设计结果或给出几种设计方案以供工艺设计人员选择。因此，即使是没有经验的工艺人员，利用智能化的 CAPP 系统也能设计出高质量的工艺规程。

c. 智能 CAPP 系统中，知识库和推理机的分离有利于系统的模块化和增加系统的可扩充性，有利于知识工程师和工艺设计师的合作，从而可以使系统的功能不断趋于完善。

d. 工艺设计的主要问题不是数值计算，而是对工艺信息和工艺知识的处理，而这正是基于知识和计算智能的智能 CAPP 系统所擅长的。

e. 如果系统具备自学习的功能，可以不断进行工艺经验知识的积累，那么系统的智能性就会越来越高，系统生成的工艺方案就会越来越合理。

3.2.2.3　加工过程检测技术

通过对加工过程中机床、刀具、工件进行状态监测是"感知"加工状态最直接的手段。切削过程是一个非常复杂的过程，在切削过程中涉及机床、刀具、工件的状态变化。例如，机床的变形与振动，刀具的磨损与破损，材料的形变与相变等，所涉及的学科包括材料学、力学、摩擦学、传热学、动力学等多门学科；所能监测的状态量多而复杂，主要包括机床和刀具位置、切削力、刀具温度、刀具磨损、机床与工件及刀具的振动、声发射信号、机床功率、工件表面质量、切削形状等信息。

对于机床的状态进行监测，可以确保运行安全，防止运动干涉与碰撞、载荷及功率过大等问题。对机床位置监测是确保机床位置的正确性与实现机床误差补偿的基础。同时，对机床的能耗进行监测是降低成本、提高效率、实现绿色生产的前提。对于刀具、工件的状态变化进行监测可以实时掌握加工过程中刀具与工件相互作用及自身状态变化情况，是否存在切削力过大、刀具温度过高、磨损严重、振动剧烈等情况，从而判断加工状态是否正确，是否进行稳定切削，实现对切削过程进行"感知"。将所采集到的信号进行降噪、滤波后，通过多种信号处理手段对信号进行特征提取与分析，如利用应用比较广泛的模糊神经网络处理技术、多传感器信息融合技术、支持向量机技术等实现对加工状态的在线监测，实时了解加工过程的状态变化，为智能控制提供反馈。

3.2.3　智能加工技术在切削过程中的应用

3.2.3.1　基于切削仿真的预测与优化

通过数字仿真手段对切削过程进行预测与优化是智能切削加工技术的重要组成部分，通过仿真可以对切削过程进行预测，发现切削过程中可能存在的问题并进行优化。例如，通过仿真手段可以对工件装夹位置、刀具路径、切削过程的切削力、表面质量、刀具磨损等进行预测，及时发现过切或欠切。通过刀具路径优化、切削用量优化可以提高加工效率，改善加工质量。

在刀具路径生成的过程中主要考虑的因素为工件几何形状，而忽略刀轴位置对加工过程和机床运动的影响。通过仿真方法在已生成的刀具路径上对加工过程中刀轴矢量进行控制，从而在切削力、稳定性和机床运动方面对加工过程进行改进。该方法被证明在一定的约束条件下是有效的。

图 3-11 所示为采用 Python 语言，基于 Abaqus 对预处理中的切削仿真模型进行二次开发的实施方案。通过切削仿真模型二次开发可实现刀具角度与工件尺寸的参数化设计，缩短建模时间，奠定建立高效、高精度仿真模型的基础。采用综合优化软件 Isight 与 Abaqus 联合仿真，通过对切削用量的调整，实现对切削力的自动优化控制，并对切削用量的选取进行了优化，为选择适合的切削条件提供了理论工具。

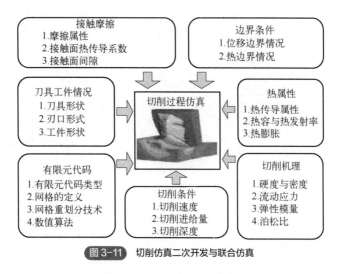

图 3-11　切削仿真二次开发与联合仿真

利用仿真方法可以获得切削试验难以直接测量或无法测量的状态变量，而且可以较好地理解切削加工机理，分析切削加工过程，对加工过程进行分析预测与判断。因此，对金属切削加工过程仿真技术的研究具有很重要的现实意义，仿真分析是智能切削加工技术的基础。

3.2.3.2　加工过程中状态监测与识别

切削加工过程的状态监测是实现智能切削加工中"感知"加工过程状态变化的前提与基础。通过对加工过程所监测到的机床、刀具、工件的信息进行处理及特征提取实现加工状态的识别，可以实时掌握加工状态，确保加工过程平稳、安全地进行。同时，将监测与识别的加工状态信号输入优化决策与实时控制模块，根据所采集的信号对加工过程进行智能在线控制，实现高品质加工。

（1）刀具磨损的监测与识别

在切削加工过程中，切削刀具与工件之间进行着剧烈的界面作用，切削区域处于高温、高压的工作状态，引起刀具的前、后刀面与工件及切屑接触部位产生复杂的磨损机理。刀具磨损的类型主要包括前刀面月牙洼磨损、后刀面磨损、边界磨损、切削刃磨钝等。

刀具磨损直接影响工件的表面粗糙度、尺寸精度并最终影响零件的制造成本，同时刀具磨损对切削力、切削温度、切削振动等也有影响，随着刀具磨损的加剧，加工工件的质量也越来越差。切削过程的切削力、振动、声音、AE 信号、切削温度、主轴功率及电流、表面粗糙度等都可以实现刀具磨损的在线监测。

通过测量切削力的变化实时监测刀具磨损状态，可建立切削力分量与后刀面磨损宽度的相互关系。该模型可以应用于在线刀具磨损监测系统，该监测方法可以应用于自适应加工系统的外部反馈控制回路中。还可通过采用测试主轴噪声的方法对车削过程中刀具的磨损进行监测，采用传声器记录恒线速度数控车削中的声音。将音频信号与几种不同的表面速度和切削进给组合的磨损情况进行比较，从而对刀具磨损状态进行预测研究，不同的切削速度和进给速度对主轴噪声的大小具有影响，通过监测主轴噪声可以监测加工过程中刀具磨损状态。

采用多传感器融合技术和人工智能信号处理算法对刀具磨损状态进行分类，可开发一种独特的模糊神经混合模式识别算法，图 3-12 所示为算法中模糊驱动神经网络的结构。所开发的算法具有很强的建模能力和噪声抑制能力，能够成功地在一定切削用量范围内对刀具磨损进行分类。

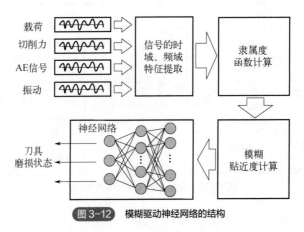

图 3-12　模糊驱动神经网络的结构

还有一种基于自联想神经网络的刀具磨损监测方法，该方法的主要优点在于它可以使用在正常切削条件下的数据建立模型。因此，在训练过程中不再需要刀具磨损状态的训练样本，使它较其他神经网络模型更容易被应用在实际的工业环境中。该方法建立了刀具磨损状态在线监测框架。在不同刀具磨损状态下的切削力数据被收集起来用于对粗、精切削的在线建模。试验结果表明，该方法可以反映刀具磨损的演变过程。由于该方法是在不停止切削过程的情况下连续获得训练样本，训练过程中不需要测量刀具磨损值而实现在线建模过程。因此，它为神经网络在在线刀具状态监测领域的实际应用提供了新的思路。

刀具磨损状态识别及预测技术是集切削加工、信号处理、现代传感器、微电子和计算机等技术于一体的综合技术。该技术发展至今，仍然没有形成完整和成熟的理论体系，还没能很好地解决柔性加工过程中多种工况下精确识别刀具磨损状态的问题。如何加强刀具磨损智能监测系统的知识自动获取能力，如何有机地融合多个传感器信号对刀具磨损状态进行准确识别和预测，都是亟待解决的问题。

（2）切削温度的监测技术

在切削加工中，伴随着切削的进行，刀具与工件及切屑的温度会有明显升高。切削温度的主要来源包括切削层发生弹性变形和塑性变形、切屑与前刀面的摩擦、工件与后刀面的摩擦。切削温度对切削过程有着很大影响，直接影响刀具磨损和刀具寿命，切削温度过高会引起工件表面发生化学变化，加速刀具磨损，影响切屑的变形等。通过对切削温度的监测与控制可以很好地对加工状态进行判断与优化。

使用自适应神经模糊推理系统与粒子群优化学习方法也可对切削温度进行预测。通过采用试验中获得的切削速度、进给量和切削力对 ANFIS 进行训练，进而对切削温度进行预测。测试结果表明，预测的切削温度与测量值具有较好的吻合性。

图 3-13 所示为一种使用多输入多输出的模糊推理系统的切削用量识别方法，可对切削温度与刀具寿命进行预测。其中切削速度、进给量和切削深度作为输入量，使用切削温度和刀具后刀面磨损寿命为输出量，通过试验数据对切削温度和刀具寿命的预测模型进行训练。试验结果表明，刀具寿命试预测的平均偏差为 11.6%，切削温度的平均偏差为 3.28%。

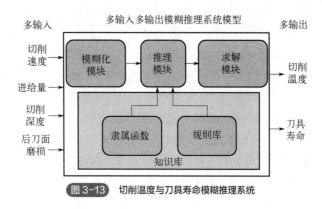

图 3-13 切削温度与刀具寿命模糊推理系统

随着切削温度的测量与预测方法的逐渐成熟，切削温度的测量与预测对深入研究切削温度的产生机理与控制具有推动作用。同时，切削温度的测量与预测对切削用量的选择、切削过程的优化控制等均具有重要意义。

（3）工件表面质量监测

工件表面质量是指零件加工后表面的形态，主要包括的指标有表面粗糙度、表面层残余应力、表面层加工硬化程度等。加工表面的质量会对工件的性能产生很大影响。如表面粗糙度对零件的耐磨性、耐蚀性、配合精度及接触刚度等影响较大。表面残余拉应力会使零件表面产生微小的裂纹，降低疲劳强度，还可能会使零件的形状发生改变。表面加工硬化程度虽然可以增加零件的耐磨程度，但硬化往往不均匀，且会增加材料的脆性，使工件更容易产生裂纹。

现代机械制造业中，人们对机械产品的质量高度重视，而表面粗糙度则是体现工件质量好坏的一个极其重要的因素。为了更好地控制工件表面质量，研究者对表面粗糙度进行了大量研究，获得了诸多成果。

利用智能插补方法的软计算系统可对钢铁部件高速深钻过程中的表面粗糙度进行预测，以切削用量和轴向力为输入量，以钻孔的表面粗糙度预测值为输出量。该模型可以帮助工人选择合适的切削用量，以实现加工要求。

在对表面粗糙度预测的过程中，研究者通过人工神经网络或其他方式建立起预测模型，以一系列加工参数（如切削力、振动、进给量、切削速度等）作为输入量，以表面粗糙度作为输出量，对表面粗糙度进行预测。随着预测模型的不断发展，表面粗糙度的预测模型将向多样化发展，提高预测模型的准确性与普遍适应性是未来研究的重点。

3.2.3.3 加工过程中的智能控制

智能控制是智能切削加工的关键技术，在加工过程中通过智能控制可以实现加工状态的在线调整。通过调节切削用量（主轴转速、切削深度、进给量），刀具位置姿态，刀具刚度、角度，机床夹具补偿位置等实现切削过程的智能调整，从而使加工过程始终处于较为理想的优化状态。例如，对切削过程的振动控制可以实现稳定切削，对切削力进行控制可以保护刀具、延长刀具寿命、提高加工效率等。

切削过程中由于振动的存在对加工过程的影响很大，往往会导致以下不良后果：工件表面出现明显的波纹，影响工件表面质量，甚至导致工件报废，带来经济损失；加速刀具磨损，缩短刀具寿命，甚至导致刀具破损，引发安全事故；引起机床各部件连接部分松动，影响运动副（齿轮、轴承等）的工作性能，造成机床故障，缩短机床的寿命；为了防止颤振的发生，通常不得不减小切削用量，增加走刀次数，以牺牲加工效率为代价保证加工正常进行，导致机床的加工能力无法充分发挥；加工过程中的噪声使工作环境恶化，增加工人的疲劳程度，影响其身心健康。

切削过程中的振动与加工系统及切削过程密切相关，具体包括加工系统的动、静刚度，刀具以及工件的固有频率，刀具几何参数，刀具与工件的材料特性，切削用量，润滑条件等因素。针对这些因素有各种不同的避振方法，随着机械加工自动化程度的提高，特别是计算机技术、信息技术及传感器技术的发展，振动智能控制越来越受到人们的重视，学者们针对振动智能监测与智能控制获得了诸多成果。

3.3 制造加工过程的智能预测

3.3.1 智能预测系统

（1）产生的历史必然性

① 学科发展的需要。从预测的观点来看，以前的预测方法中各有优势和不足，如何保持优势，克服不足，自然成为需要考虑的问题。特别是经验预测方法，大量的手工操作与信息的高速传输不相适应，经验性知识的客观表示和系统化则是另一个问题，这两个问题在各类预报专家系统的实践中已日益暴露出其矛盾的尖锐性。在人工智能方面，过去知识工程的三大课题是分开研究的，尽管也都取得了相当的进展，获得了一些有实用价值的成果，但"难以在实际中应用"仍然是人工智能工作所面临的难点。学习是人工智能中的难点，进展不快，但如果这个问题不解决，智能就难以达到高水平。

② 社会与生产发展的需要。随着社会与生产的发展，对预测的客观性和准确性提出了更高的要求，确切地表示，正确地利用以至于让机器自动获取这些知识，在继承基础上发展，适应

建设的需要，已成为当务之急。

③ 效益的巨大推动。实践是检验真理的唯一标准。几年来，制造预测专家系统得到业务部门如此广泛、热烈的欢迎和支持，取得了明显的社会效益、经济效益；反过来，它又给智能预测以巨大的动力，推动它向更深和更高的层次发展。

智能预测系统正是在这样的环境条件下产生的，它使预测工作建立在更加客观，智能化程度更高的基础上。为了适应预测的时效要求，在自动化方面，特别是在数据和信息的自动采集方面，在整个工作的系统性方面都进入了一个新的阶段。

（2）智能预测系统的发展趋势

① 智能预测与智能模拟的关系。模拟是人类认识世界的一个重要手段，在电子计算机出现之前，一般采用实验室模拟，它对当时的科学技术起到了显著的推动作用，但对于大系统和比较复杂的系统，实验室模拟就会遇到困难。近年来，利用计算机进行动力数值模拟已成为模拟的主流，它对一些学科的发展产生了重要影响。然而，实践也表明它所具有的局限性。智能非数值模拟正是为了克服这些局限而设计的。

智能预测的核心是基于知识的推理，做出预测决断。智能模拟的核心是基于数据、信息的分析、综合，提供模拟结论。智能模拟可作为获取知识的一种辅助手段而与预测系统联系，它可以给出应用性知识或某些基础的知识。显然，智能非数值模拟完全可以与动力数值模拟一样，作为一个独立的系统，在科学的舞台上发挥其作用。

② 智能模拟与预测系统。目前，设计的系统对预测问题只是考虑基于知识的推理，对动力、统计预测方法只是综合应用了它的预测结果。很明显，无论哪一种预测方法，在知识这一点上是共同的，仅是表述形式不同，进一步实现在知识上的结合，扩展知识表示和知识利用的内容，无疑将会提高预测能力，并将提高整个系统的效率。

预测系统设计的另一个限定是有关基础知识的，无论是基础知识的提供还是修改，大都由人来完成，机器学习也只是在基础知识上对应用性知识进行获取。之所以如此，是由于没有充分发挥分析与综合的能力，模拟则是突出了分析，将来随着智能模拟的进展，特别是智能模拟与智能预测的进一步结合，相当一部分基础性知识将可以通过模拟由机器来获得。到那时，模拟将与预测一起组成一个综合的智能模拟-预测系统。

（3）智能预测的基本原理

所谓预测，就是鉴往知来，借助对过去的探讨以求对未来的了解，其目的是获取未来的信息。现代预测理论是建立在定量分析为基本内容的现代科学管理条件下的，它由5个基本要素组成：人（预测者）、知识（预测依据）、手段（预测方法）、事物未来或未知状况（预测对象）、预先推知和判断（预测结果）。预测基本要素关系如图3-14所示。

预测者根据预测依据利用预测方法对预测对象进行预测，进而得到预测结果，通过判断预测结果是否满意来完善预测依据。

决策是人们在生产、生活和工作中的一项基本的思维和实践活动。在制造领域内，决策是要对制造方法的可行性及加工效果和质量的优劣做出评价，从中选择满意或最优的行为。而预测作为决策的前提和基础，对最终决策选择的方案起着至关重要的作用。

随着人类社会的不断进步，人们生活工作中所涉及的系统越来越庞大，越来越复杂，对预测方法的适应性和预测理论的要求越来越高，难度也越来越大。由此产生了针对系统不确定性（模糊性、灰色性、未确定性等）的预测理论和方法，以及综合利用各种预测方法所提供的信息，尽可能地提高预测精度的组合预测方法。这是目前预测理论比较有代表性的两个发展方向。其中，人工智能预测理论得到发展和广泛的应用。

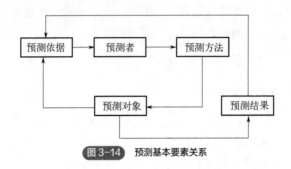

图 3-14　预测基本要素关系

人工智能是人类智能的模拟，是由计算机来表示和执行的人工智能。人工智能技术的出现，为人们解决复杂问题提供了新的思路。智能活动的中心是知识的研究，人工智能研究的关键是知识的研究。预测是以过去的已知状况作为输入，在预测算子作用下，得到未来结果输出的过程。学者们用专家系统、人工神经网络、模糊逻辑和进化算法等人工智能理论和技术，或将它们中的几种结合起来，建立预测模型，通过运用人工智能理论和技术所建立的预测模型来完成预测，这就是智能预测的基本原理。

自 1956 年人工智能发展到现在已过去 60 多年，这期间经历了由理论探索到应用研究的巨大变化。正由于此，神经网络、模糊逻辑等作为人工智能的研究领域已获得相当的成就。并且这些理论广泛应用到智能预测之中，为预测理论和预测系统的开发提供了有力的理论和技术支持。

3.3.2　基于加工误差传递网络的工序质量智能预测

随着以多品种、小批量为代表的柔性生产模式和数字化、信息化制造成为离散制造业发展的趋势，在提高生产率的同时，也给过程有效质量管理提出了新的挑战和机遇。从过程质量保证来看，一个关键环节是及时、准确揭示过程质量的异常状态，即能够对加工过程的工序质量波动实施控制以及对加工质量进行预测，为质量优化决策奠定基础。因此，如何充分利用制造过程中产生的加工工件、加工工艺及生产执行过程等多方面的静态和动态有关过程量信息，运用现代质量控制和质量预测技术实现对制造过程的"精确质量控制与预测"，对实现企业产品质量的持续改善和提升具有重要的理论和现实意义。

任何制造加工过程都存在波动，剔除或减小波动使过程趋向稳态才能保证高质量的产品。因此，对加工质量进行精确、有效的控制是目前研究的热点。实现加工过程中的质量稳态保证是一项周而复始、持续改善的工程，重点涵盖以下 4 个环节：质量控制（Quality Control，QC）、质量预测（Quality Prediction，QP）、质量诊断（Quality Diagnosis，QD）、质量调整（Quality Adjustment，QA），如图 3-15 所示。

工序质量控制就是以各工序节点为基本单元，对加工过程中工件质量数据及工况参数进行离线或在线采集，运用各类技术手段分析数据的变化特征，揭示过程加工质量状态的变化规律，据此对加工要素进行优化调整。

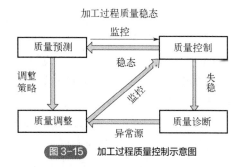

图 3-15　加工过程质量控制示意图

实现过程质量预测控制的核心是构建高效、精确的预测模型。早期的预测算法以时间序列预测法、统计回归预测法为主，此类方法运算量小、操作方便、效率高，但是模型简单且在复杂多变的环境下鲁棒性差、泛化能力不强。近几年来，新理论和新技术的出现促进了新预测算法的出现，成为目前质量预测的主流工具，主要有灰色预测模型、人工神经网络预测模型、支持向量回归预测模型、模糊预测控制模型及多种算法的混合模型。预测模型比较分析见表 3-5。

支持向量回归算法比较适合小批量生产过程工序质量预测模型的建立。基于 MES 环境的车间信息化系统能够实时获得每道工序节点的输入与输出质量特征参数序列，进而得到加工误差序列，通常这些数据序列会间接反映出工艺系统对加工工件质量特征影响的某种规律。因此，通过运用适当的数据挖掘技术对数据序列进行分析就能够实现在一定精度下的质量预测。针对车间某一加工中心，在影响加工质量误差的各加工要素不发生突变的情况下，对质量特征的加工误差序列进行数据挖掘分析能够得到较好的预测结果。假设从某一种工件的工艺过程中基于 MES 的数据采集系统得到一段时间内每个工序节点的加工误差样本序列：

$$P_i = \{Q_{e1}, Q_{e2}, \cdots, Q_{ej}, \cdots, Q_{en}\}$$

式中，$1<i<N$，表示第 i 个工件；Q_{ej} 为第 j 个工序节点所有加工特征的质量特性加工误差序列，$Q_{ej} = \{q_{ej}^1, q_{ej}^2, \cdots, q_{ej}^k\}$；$q_{ek}$ 为第 j 个工序节点第 k 个加工特征的加工误差值。

表 3-5　预测模型比较分析

预测模型	预测理论支撑	预测能力	时间代价	局限性
灰色模型	对原始时间序列做序列算子生成新序，建立离散数据微分方程动态模型，实质是一种曲线拟合过程，是有偏差的指数模型	一般	一般	适于过程基本呈指数规律变化且变化不是很快的情况
人工神经网络模型	学习训练网络，不断调整权值及阈值，得到具有非线性关系的最优拟合预测模型，主要有反向传播（BP）/径向基函数（RBF）/Elman/概率等神经网络模型	较强	较高	精度和收敛速度存在矛盾，存在局部极小点，计算量大，调整参数多，网络结构难定，需要大量样本等
支持向量回归模型	基于 SLT 理论，综合衡量了 ERM 和 SRM 原则，最佳平衡模型的复杂性、学习能力和泛化水平	较强	一般	最优参数选择，训练学习网络维数的确定
模糊预测控制模型	利用模糊推理改善传统预测控制算法在不确定信息处理上的不足；根据预测输出对控制参数进行模糊决策优化调整	较强	较高	建模复杂，对多步预测缺乏有效方法，训练和实时修正耗时较多

选取某道工序的一个关键质量特征节点，由于其输出加工误差受到各个前续工序质量特征已有误差和本道工序加工要素的综合影响，其中加工特征间的误差传递关系可通过分析工件的

工序流中各工序节点加工特征之间的定位和演化关系获得工序之间的误差传递网络；另一方面，由于加工要素误差获取较为困难，同时便于获取的工序节点的时间序列输出加工误差中能够间接映射加工要素对工件加工误差的影响。因此，能够建立描述工序质量输入和输出的依赖关系以及工序质量自身前后相关关系的模型，从而仅通过获取时间序列加工误差就可实现对加工质量的较好预测。其质量预测模型可由图 3-16 描述。

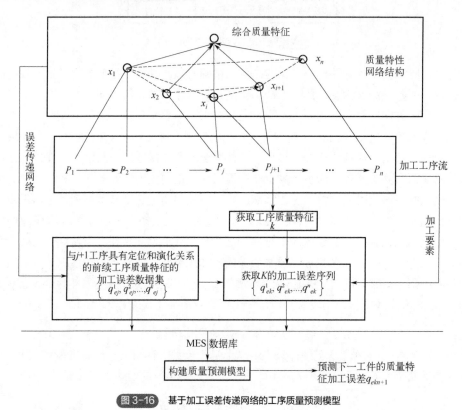

图 3-16　基于加工误差传递网络的工序质量预测模型

3.3.3　基于磨削的智能预测系统

外圆纵向磨削智能预测系统能够在外圆纵向磨削过程中对加工工件的表面粗糙度和工件尺寸进行智能性预测，智能预测系统可以完成对预测模型的建立、训练和模拟。

（1）磨削智能预测系统的结构

如图 3-17 所示，首先将外圆纵向磨削过程中的初始磨削参数和通过传感器所检测的在线参数载入预测系统中，根据所建立的外圆纵向磨削预测模型对所要预测的参数进行预测。将预测的数值与加工要求的期望值进行比较，如有偏差，则调整切削用量，使磨削达到要求，实现预测。

结合 VisualC++（VC++）程序在程序界面设计中的可视化和人机对话性强的特点，以及与 MATLAB 在数学运算上的强大功能，本系统总体分两个部分：程序界面与主程序部分（VC++程序）；进行神经网络运算的 MATLAB 服务程序部分。系统将 VC++设计的主体程序作为前台，MATLAB 作为后台。其中，VC++部分主要负责磨削参数的录入、知识库的检索、构造神经网络及检测结果的输出；MATLAB 部分负责接收 VC++传输的数据，并完成神经网络的建立、训练与模拟，以及将仿真后的结果回传给 VC++ 程序。

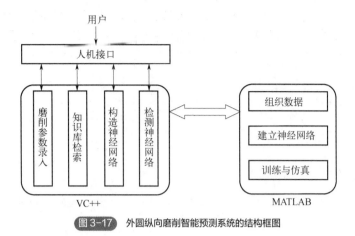

图 3-17　外圆纵向磨削智能预测系统的结构框图

（2）表面粗糙度预测

工件的表面粗糙度是衡量工件质量的一个非常重要的指标。目前对工件表面粗糙度的检测主要是停机检测，利用接触法或对比法得到表面粗糙度的具体值，在线检测表面粗糙度虽然在理论上有所突破，但在实际加工中未达到应用。如果能够得到输入变量和表面粗糙度之间的关系，利用类似专家系统的方法对表面粗糙度进行预测，就能够取代传统的离线测量方法。模糊基函数网络（FBFN）在结构上和径向基神经网络（RBFN）非常相似，同时弥补了 RBFN 不能表达复杂磨削过程中模糊知识的能力以及具有以任意精度逼近任意连续非线性函数的能力。

表面粗糙度的 FBFN 模型如图 3-18 所示。在 FBFN 模型中，采用产生式模糊推理方法，以 singleton 作为输出成员函数，以质心法进行反模糊化，以 Gaussian 函数作为输入成员函数。在外圆纵向磨削粗糙度的分析模型中，精磨时，砂轮的磨削深度对表面粗糙度 Ra 的影响不大，这种结果和前人的研究成果吻合。

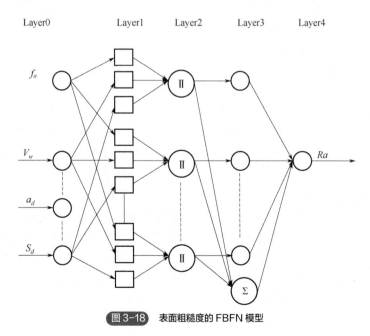

图 3-18　表面粗糙度的 FBFN 模型

（3）尺寸预测

采用具有动态记忆能力的 ELMAN 神经网络建立纵向磨削尺寸预测模型，可实现轴类零件尺寸的智能预测。外圆纵向磨削尺寸预测模型如图 3-19 所示。

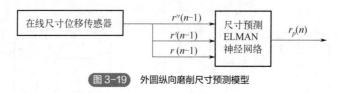

图 3-19 外圆纵向磨削尺寸预测模型

（4）智能预测系统工作流程

通过外圆纵向磨削智能预测系统的人机界面，用户进入磨削参数预测系统。首先，输入磨削的条件、参数，同时通过检测仪表检测的参数也显示在用户界面上。然后，可以通过后台功能模块对知识库中的相关知识进行检索，寻找到合适的规则和模型，结合用户输入和仪表检测的参数分别对表面粗糙度预测模型和加工工件尺寸预测模型进行仿真和训练。后台模块是通过接口程序所驱动的仿真软件。当仿真和训练达到良好的效果时，就可以进行真实的加工。在真实的加工过程中，运用训练好的预测模型对参数进行预测，实现智能预测的过程。

3.4 智能制造数据库及其建模

3.4.1 数据库基础知识

信息技术已经成为当今社会生产力中重要的组成部分，而信息是企业经济发展的战略资源。数据库又是信息化社会中信息资源管理与开发利用的基础，现代计算机信息系统也都以数据库技术为基础。数据库的建设规模和使用水平已成为衡量一个国家信息化程度的主要标志。数据库是具有良好组织结构的、独立性高、共享性好及冗余小的数据集合。数据库系统一般由数据库、数据库管理系统（Database Management System，DBMS）、应用程序系统、数据库管理员（Database Administrator，DBA）和用户构成。数据库系统的体系结构（图 3-20）具有多种不同的层次，最常见的是三级模式体系结构和两级映射。

外模式也称为子模式或用户模式，对应用户级数据库。外模式用以描述用户（包括程序员和最终用户）看到或使用的那部分数据的逻辑结构，是数据库用户的数据视图，是与某一应用有关的数据的逻辑表示。用户根据外模式用数据操作语句或应用程序去操作数据库中的数据。外模式主要描述组成用户视图的各个记录的组成、相互关系、数据项的特征、数据的安全性和完整性约束条件。一个数据库可以有多个外模式，一个应用程序只能使用一个外模式。

概念模式也称为模式或逻辑模式，对应于概念级数据库。概念模式是数据库中全体数据的逻辑结构和特征的描述，是所有用户的公共数据视图，用以描述现实世界中的实体及其性质与联系，定义记录、数据项、数据的完整性约束条件及记录之间的联系。概念模式通常还有访问控制、保密定义和完整性检查等方面的内容，以及概念及物理之间的映射。一个数据库只有一个概念模式。

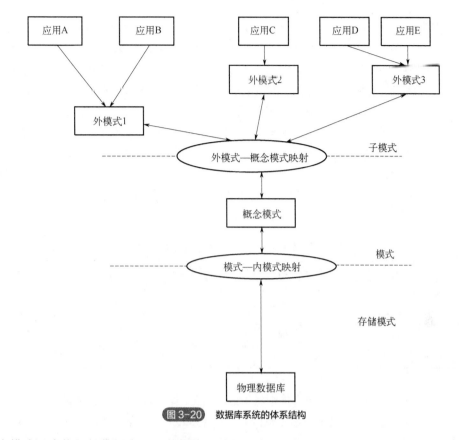

图 3-20　数据库系统的体系结构

内模式对应物理级数据库，是数据物理结构和存储方式的描述，是数据在数据库内部的表示方式。内模式不同于物理层，它假设外存是一个无限的线性地址空间。内模式定义的是存储记录的类型、存储域的表示和存储记录的物理顺序，以及索引和存储路径等数据的存储组织。一个数据库只有一个内模式。

在数据库系统的三级模式中，模式是数据库的中心与关键；内模式依赖于模式，独立于外模式和存储设备；外模式面向具体的应用，独立于内模式和存储设备；应用程序依赖于外模式，独立于模式和内模式。

数据库系统两级独立性是指物理独立性和逻辑独立性。三个抽象级别之间通过两级映射（外模式—模式映射和模式—内模式映射）进行相互转换，使得数据库的三级模式形成一个统一的整体。

物理独立性是指用户的应用程序与存储在磁盘上的数据库中的数据是相互独立的，当数据的物理存储改变时，应用程序不需要改变。物理独立性存在于概念模式和内模式之间的映射转换，说明物理组织发生变化时应用程序的独立程度。

逻辑独立性是指用户的应用程序与数据库中的逻辑结构是相互独立的，当数据的逻辑结构改变时，应用程序不需要改变。逻辑独立性存在于外模式和概念模式之间的映射转换，说明概念模式发生变化时应用程序的独立程度。相对来说，逻辑独立性比物理独立性更难实现。

数据模型分为两大类，分别是概念数据模型（实体联系模型）和基本数据模型（结构数据模型）。其中，概念数据模型是按照用户的观点来对数据和信息建模，主要用于数据库的设计，一般用实体-联系（Entity-Relationship，E-R）方法表示，所以也称为 E-R 模型。概念模型的几个术语描述如下：

① 实体和实体集。实体是现实世界被管理的一个数据对象，可以是具体的事物，也可以是抽象的事物或者关系；将具有相同特征的一类实体的集合称为实体集，如所有的高速切削机床、高速切削材料、高速切削零件加工工艺、高速切削刀具等都构成各自的实体集。在关系型数据库中，实体也称为关系，一般由二维表来描述，二维表由行和列构成。

② 属性。属性是实体所具有的某一特性，一个实体可以由若干个属性来描述，如高速切削机床电主轴可用主轴编号、主轴类型、型号、外径、最大功率、最高转速、转矩及质量等属性描述。

③ 实体型。实体型是用实体类型名和所有属性来表示的同一类实体，如高速刀具制造商（编号、公司名称、联系方式）。

④ 码（Key）。码是用来唯一标识一个实体的属性集，如表3-6中编号和每个唯一高速切削机床及其主轴参数实体一一对应，则编号为码。

表3-6 高速切削机床及其主轴参数实体集

编号	机床名称	最高转速/（r/min）	最大进给速度/（m/min）	制造厂家	驱动功率/kW
50	HSM800型加工中心	42000	30	Micron	13
51	HPMC型五轴加工中心	60000	60	Cincinnati	80
52	HVM800型卧式加工中心	20000	76.2	Ingersoll	45
53	VZ40型加工中心	50000	20	Nigala	18.5

⑤ 域（Domain）。域用来描述实体中属性的取值范围，如表3-6中描述的主轴最高转速范围为10000～80000r/min，最大进给速度范围为10～100m/min，驱动功率为10～100kW。

⑥ 联系（Relationship）。联系描述实体内部各个属性之间的联系和实体集之间的外部联系。

基本数据模型是按照计算机系统的观点来对数据和信息进行建模，主要用于数据库的实现。基本数据模型是数据库系统的核心和基础，通常由数据结构、数据操作和完整性约束三部分组成。其中，数据结构是对系统静态特性的描述，数据操作是对系统动态特性的描述，完整性约束是一组完整性规则的集合。目前已有的基本数据模型有层次模型、网状模型、关系模型和面向对象模型。

a. 层次模型。层次模型是最早出现的数据模型，由于它采用了树形结构作为数据的组织方式，在这种结构中，每一个节点可以有多个子节点，但只能有一个双亲节点。层次模型数据库系统的典型代表是IBM公司的IMS数据库管理系统，现已经被淘汰。

b. 网状模型。网状模型用有向图表示实体类型和实体之间的联系。网状模型的优点是记录之间的联系通过指针实现，多对多的联系容易实现，查询效率高；其缺点是编写应用程序比较复杂，程序员必须熟悉数据库的逻辑结构。由图和树的关系可知，层次模型是网状模型的一个特例。

c. 关系模型。关系模型用二维表格结构表达实体集，用外键表示实体之间的联系。关系模型建立在严格的数学概念基础上，概念单一，结构简单、清晰，用户易懂易用；存取路径对用户透明，从而数据独立性和安全性好，能简化数据库开发工作；其缺点主要是由于存取路径透明，查询效率往往不如非关系数据模型。

关系模型是目前应用最广泛的一种数据模型。例如，Oracle、DB2、SQL Server、Sybase和MySQL等都是关系数据库系统。

d. 面向对象模型。面向对象模型是用面向对象的观点来描述现实世界实体的逻辑组织、对象之间的限制和联系等的模型。目前，已有多种面向对象数据库产品，如 Object. Store、Versant DeveloperSuite Poet、Oracle 和 Objectivity 等，但其具体的应用并不多。

3.4.2　概念模型与 E-R 图

概念模型最常用 E-R 模型来表示，由 E-R 图进行建模。E-R 图由实体、属性和联系三个要素构成。其中，实体用矩形框表示，实体名写在框内，注意此处描述的实体实质是指实体集，如图 3-21 中的电主轴所示。

属性用椭圆框表示，一个实体一般包括多个属性，每个属性由属性名唯一标识，属性名写在椭圆框内，如图 3-21 中的主轴型号、套筒直径等所示。

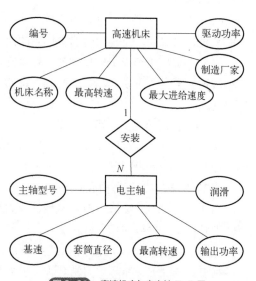

图 3-21　高速机床与电主轴 E-R 图

联系用菱形框表示，联系名写在菱形框内，并用连线将联系框与它所关联的实体连接起来。

在 E-R 图中，基数表示一个实体到另一个实体之间关联的数目，基数可以是一个取值范围，也可以是某个具体数值，基数可以将关系分为一对一（1∶1）、一对多（1∶N）和多对多（M∶N）三种关系。因此，两个实体之间的联系可分为如下三类：

一对一联系：如果实体集 A 中每一个实体（至少有一个）至多与实体集 B 中的一个实体有联系；反之，实体集 B 中的每一个实体至多与实体集 A 中的一个实体有联系，则称 A 和 B 为一对一联系，记为 1∶1。

一对多联系：如果实体集 A 中每一个实体与实体集 B 中的 n（$n \geq 0$）个实体有联系；反之，实体集 B 中的每一个实体至多与实体集 A 中的一个实体有联系，则称 A 和 B 为一对多联系，记为 1∶N。一对多的实体联系是使用最多的联系，如高速切削机床与电主轴之间是一对多的联系，如图 3-22 所示。

多对多联系：如果实体集 A 中每一个实体与实体集 B 中的 n（$n \geq 0$）个实体有联系；反之，实体集 B 中每一个实体与实体集 A 中的 m（$m \geq 0$）个实体有联系，则称 A 和 B 为多对多联系，记为 M∶N。高速切削刀具与制造厂商之间就是多对多之间的联系。

3.4.3　概念模型和逻辑模型的转换规则及实例

由于概念模型中最常用的是 E-R 模型（E-R 图），逻辑模型中最常用的是关系模型。因此，逻辑结构设计的任务就是将概念模型转换成相应的逻辑模型，即 E-R 图转换为关系模型。这种转换要符合关系数据模型的规则。E-R 图向关系模型的转换是要解决如何将实体和实体间的联系转换为关系，并确定这些关系的属性和码，转换规则如下：

① 实体类型的转换：将每个实体类型转换为一个关系模式，实体的属性就是关系的属性，实体的码就是关系模式的码。

② 联系类型的转换：根据不同的联系类型做不同的处理。

a. 一个 1∶1 联系转换，可以在两个实体类型转换成的两个关系模式中的任意一个关系模式中加入另一个关系模式的码和联系类型的属性。

b. 一个 1∶N 联系转换，可在 N 端实体类型转换成的关系模式中加 1 端实体类型的码和联系类型的属性。

c. 一个 M∶N 联系转换，可将联系类型也转换成关系模式，其属性为两端实体类型的码加上联系类型的属性，而码为两端实体码的组合。

d. 3 个或者 3 个以上实体间的一个多元联系，不管联系类型是何种方法，总是将多元联系类型转换成一个关系模式，其属性为与该联系相连的各实体码及联系本身的属性，其码为各实体码的组合。

e. 具有相同码的关系可以合并。

例 3-1 将高速刀具与刀具材料为构成的 1∶1 联系转换为关系模式。因实体间存在 1∶1 的构成联系，根据规则可转换为如下关系模式，如图 3-22 所示。

方案 1：高速刀具与构成两个关系合并，转换后的关系模式如下。

高速刀具（刀具编号，刀具名称，前刀角，后刀角，制造商，刀具长度，…，材料牌号）。

刀具材料（材料牌号，材料名称，硬度，抗拉强度，…，屈服强度）。

方案 2：刀具材料与构成两个关系合并，转换后的关系模式如下。

高速刀具（刀具编号，刀具名称，前刀角，后刀角，制造商，刀具长度）。

刀具材料（材料牌号，材料名称，硬度，抗拉强度，…，屈服强度，刀具编号）。

类似地，工件与工件材料也是 1∶1 的关系。

例 3-2 将高速机床与制造商的 M∶N 联系转换为关系模式。因实体间存在 M∶N 的构成联系，根据规则可转换为如图 3-23 所示的关系模式。

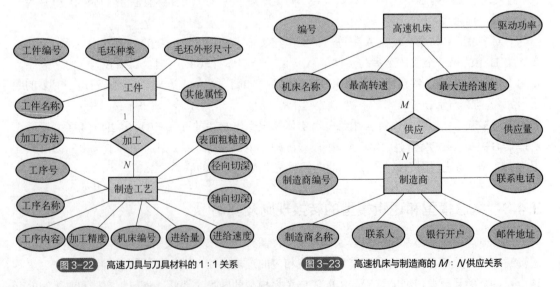

图 3-22 高速刀具与刀具材料的 1∶1 关系　　　图 3-23 高速机床与制造商的 M∶N 供应关系

根据转换规则，图 3-23 可转换为如下关系模式。

高速机床（编号，机床名称，最高转速，最大进给速度，驱动功率）。

制造商（制造商编号，制造商名称，联系人，银行开户，邮件地址，联系电话）。

供应（机床编号，制造商编号，供应量）。

3.4.4　关系模型与关系规范化理论

前面已经描述，关系模型中只有关系这个单一的数据结构，也即关系模型的逻辑结构就是一张二维表。关于数据库结构的数据称为元数据，如表名、属性名等都为元数据。

（1）关系中的基本术语

元组：元组也称为记录，关系表中的每一行对应一个元组，组成元组的元素称为分量。数据库中的一个实体或实体之间的一个联系均使用一个元组来表示。

属性：属性是关系中每个列唯一的命名，n 个关系必有 n 个属性。属性具有型和值两层含义：型是指字段名和属性值域，值是指属性具体的取值。

候选码：若关系中的某一属性或者属性组的值能唯一标识一个元组，则称该属性或属性组为候选码。

主码：若一个关系中有多个候选码，则选定其中的一个为主码（也称主键、主关键字），当包含两个或更多的键称为复合码（键）。例如，高速刀具实体的刀具编号、制造商实体的制造商编号都为主码；制造工艺实体中的工序号、工件编号为复合主键，具有主键身份的属性称为主属性。

（2）关系的完整性

关系模型的完整性规则是对关系的某种约束条件，分为实体完整性、参照完整性和用户自定义完整性三种。其中，前两种是必须满足的完整性约束条件，也称为两个不变性。

实体完整性规则：若属性 A 是基本关系 R 的主属性，则属性 A 非空唯一。

参照完整性规则：若属性（或属性组）A 是基本关系 R 的外码，它与基本关系 S 的主码 B 相对（R 和 S 可能是同一关系），则对于 R 中每个元组在 A 上的值或为空，或等于 S 中某个元组的主码值。

用户自定义完整性规则：针对某一具体关系数据库的约束条件，它反映某一具体应用所涉及的数据必须满足的语义要求，如要求某一属性值在给定的范围之内或满足一定的逻辑关系等场合。

3.4.5　数据库设计过程

数据库设计发生在系统需求分析完成后，根据数据分析的结果进行具体设计。一个完整的系统分析设计过程的阶段划分描述如图 3-24 中的阴影部分所示。

其中，数据库设计在过程上可分为概念设计、逻辑设计和物理设计三个阶段，每个阶段的任务分别为：

① 概念设计。

概念设计阶段的目标是根据目标系统需求分析阶段得到的用户需求抽象为信息结构的过程，即概念模型。

具体任务包括：选择需求分析过程中产生的数据流程图的数据流为切入点，通常选择实际系统中的子系统；设计子系统的 E-R 图，即各子模块的 E-R 图；生成初步 E-R 图，通过合并方法，做到各子系统实体、属性、联系的统一；生成全局 E-R 图，并消除命名冲突、属性冲突和结构冲突等。

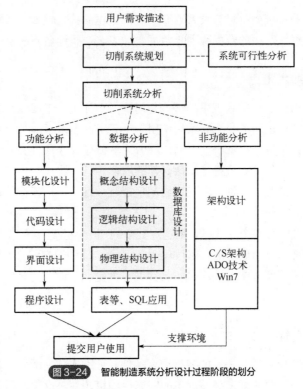

图 3-24　智能制造系统分析设计过程阶段的划分

② 逻辑设计。

逻辑设计阶段的任务是根据转换的原则将 E-R 模型转换为关系模型；进行模型优化（分析各关系模式是否存在操作异常现象，如果有，采用范式理论将其规范化）；完成数据库模式定义描述，包括各模式的逻辑结构定义、关系的完整性和安全性等内容，以表格的形式表现出来；设计用户子模式的视图设计，完成适合不同用户的子模式设计。

③ 物理设计。

物理设计阶段的任务是确定数据库的物理结构，如文件的存储结构，选取存取路径，确定数据的存放位置和确定存储分配，该阶段需要选择一个最适合应用环境的物理数据库结构。

经过以上三个阶段的设计，将进入数据库的实施阶段，该阶段将在某个具体的数据库支持下进行。目前常用的关系型数据库有 Access、Oracle、MySQL 及 DB2 等，在实施阶段主要在数据库中创建表、视图、索引、存储过程、触发器及用户等对象，在表中插入数据，使用 SQL 技术进行各个数据表的增加、删除、修改、查询及统计操作，也可以在 VB、JAVA 及 VC 中结合 SQL 语言开发数据库应用系统。

本章小结

本章主要介绍了数控加工工艺、智能加工工艺、制造加工过程的智能预测和智能制造数据库及其建模的相关知识、相应的功能。

①　数控加工工艺部分，包括数控加工的流程和步骤、数控车削加工工艺，主要介绍了工序的划分、工步顺序、切削用量和典型轴类零件的数控车削加工工艺案例分析。数控加工中心加工工艺介绍定位基准、加工方法的选择、加工顺序的安排和典型零件的加工中心加工工艺分析等。

②　智能加工工艺部分，包括智能切削技术内涵与流程、智能切削加工过程中的基础关键技术和智能加工技术在切削过程中的应用等方面知识。

③　制造加工过程的智能预测部分，介绍了智能预测系统、基于加工误差传递网络的工序质量智能预测和基于磨削的智能预测系统相关知识。

④　智能制造数据库及其建模部分，介绍了数据库基础知识，概念模型与 E-R 图，概念模型和逻辑模型的转换规则及其实例，关系模型与关系规范化理论，数据库设计过程等知识。

 思考题

（1）数控车床的主要加工对象有哪些？数控车床加工有何特点？

（2）数控车削加工工艺的主要内容有哪些？

（3）加工中心有哪些工艺特点？适合加工中心加工的对象有哪些？

（3）数控铣床与加工中心有哪些共性？有哪些区别？

（5）智能切削加工工艺过程中关键技术有哪些？

（6）简述智能加工工艺规划的主要特点。

（7）简述智能预测的基本原理。

（8）智能制造数据库设计过程分为哪几个阶段？

第 4 章

智能制造信息技术

 本章思维导图

扫描下载本书电子资源

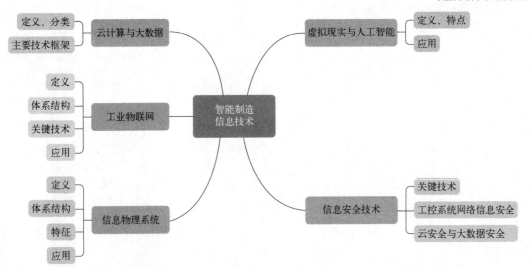

本章学习目标

（1）掌握智能制造与信息物理系统的概念。

（2）熟悉虚拟现实与人工智能技术的功能、原理。

（3）掌握大数据、云计算的概念、组成和功能。

（4）掌握工业物联网的应用。

（5）了解信息安全技术在智能制造领域中的应用。

在城市交通中，将摄像头置于交通要道上，当有违章车辆（如闯红灯）时，摄像头将车辆的牌照拍摄下来，传输给中央管理系统，系统利用图像处理技术，对拍摄的图片进行分析，提取出车牌号，存储在数据库中，可以供管理人员进行检索。你能说出这个智能交通系统包括哪些信息处理技术吗？

智能制造是利用智能科学的理论、技术、方法和云计算、物联网、移动互联、大数据、自动化、智能化等技术手段，实现工业产品研发设计、生产制造过程与机械装备、经营管理、决策和服务等全流程、全生命周期的网络化、智能化、绿色化，通过各种工业资源与信息资源整合和优化利用，实现信息流、资金流、物流、业务工作流的高度集成与融合的现代工业体系。在智能制造发展过程中，主要有工业物联网、大数据、云计算、虚拟现实技术、机器视觉等关键技术作为支撑体系。

4.1　云计算与大数据

4.1.1　云计算的定义

云计算（Cloud Computing）是基于互联网的相关服务的增加、使用和交付模式，通常涉及通过互联网来提供动态易扩展且经常是虚拟化的资源。云是网络、互联网的一种比喻说法。过去在图中往往用云来表示电信网，后来也用来表示互联网和底层基础设施的抽象。因此，云计算甚至可以让你体验每秒10万亿次的运算能力，拥有这么强大的计算能力可以模拟核爆炸、预测气候变化和市场发展趋势。用户通过台式计算机、笔记本、手机等方式接入数据中心，按自己的需求进行运算。工业云是智能工业的基础设施，通过云计算技术为工业企业提供服务，是工业企业的社会资源实现共享的一种信息化创新模式。

2019—2024年中国工业云市场规模与预测如图4-1所示。"2022年中国云计算发展指数"显示，2022年工业互联网平台发展指数同比增长17%，连续4年保持超过15%的增幅，工业上云热度持续攀升。《"十四五"数字经济发展规划》提出，到2025年工业互联网平台应用普及率提升至45%。

云制造是一种利用网络和云制造服务平台，按用户需求组织网上制造资源（制造云），为用户提供各类按需制造服务的一种网络化制造新模式。图4-2所示为某云制造服务平台。

云制造技术将现有网络化制造和服务技术同云计算、云安全、高性能计算、物联网等技术融合，如图4-3所示，实现各类制造资源（制造硬件设备、计算系统、软件、模型、数据、知识

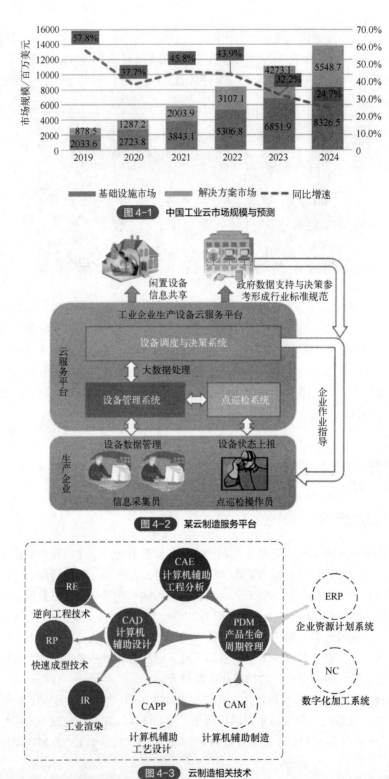

图 4-1　中国工业云市场规模与预测

图 4-2　某云制造服务平台

图 4-3　云制造相关技术

等）统一的、集中的智能化管理和经营，为制造业全生命周期过程提供可随时获取的、按需使用的、安全可靠的、优质廉价的各类制造活动服务。它是一种面向服务、高效低耗和基于知识的网络化智能制造新模式，目前在航天、汽车、模具行业已有成功的试点和示范应用，并开始推广。

云制造系统由制造资源和制造能力、制造云、制造全生命周期应用三大部分组成。它有三种用户角色，即制造资源提供者、制造云运营者、制造资源使用者。其运行部分包括一个核心支持（知识）、两个过程（接入、接出），云制造的概念模型如图 4-4 所示。制造资源提供者通过对产品全生命周期过程中的制造资源和制造能力进行感知、虚拟化接入，以服务的形式提供给第三方运营平台（制造云运营者）；制造云运营者主要实现对云服务的高效管理、运营等，根据资源使用者的应用请求，动态、灵活地为资源使用者提供服务；制造资源使用者能够在制造云运营平台的支持下，动态按需地使用各类应用服务（接出），并能实现多主体的协同交互。在制造云运行过程中，知识起着核心支撑作用，知识不仅能够为制造资源和制造能力的虚拟化接入和服务化封装提供支持，还能为实现基于云服务的高效管理和智能查找等功能提供支持。

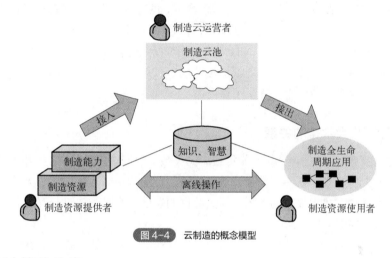

图 4-4　云制造的概念模型

4.1.2　云计算的分类

按服务商提供云服务的资源所在层次，云计算可以分为基础设施即服务（Infrastructure as a Service，IaaS）、平台即服务（Platform as a Service，PaaS）和软件即服务（Software as a Service，SaaS）三个层面。

按照运营模式，云计算可以分为公有云、私有云和混合云三种，如表 4-1 所示。公有云通常是指第三方提供商为用户提供的通过 Internet 访问使用的云，用户可以使用相应的云服务但并不拥有云计算资源；私有云是指企业自行搭建的云计算基础架构，可以为企业自身或外部客

表 4-1　不同运营模式的云计算性能

性能	公有云	私有云	混合云
可扩展性	非常高	有限	非常高
安全性	良好，取决于服务供应商所采取的安全措施	最安全，所有的存储都是内部部署	非常安全，因为集成选项添加了一个额外的安全层
性能	低等到中等	非常好	良好，活动内容都在内存缓存
可靠性	中等，取决于互联网连接特性和服务提供商供应能力	高，因为所有的设备都是内部部署	中等到高等，因为缓存内容保存在内部，而且也取决于互联网连接特性和服务商供应能力
成本	相对较低，即用即付模式，也没有对公司内部存储基础设施的要求	适中，但需要内部资源，如数据中心的空间、电力和冷却等	相对较高，但低于传统模式，因为它允许移动部分存储资源到即用即付模式

户提供独享的云计算服务，基础架构搭建方拥有云计算资源的自主权；混合云是指既有私有云的基础架构，也使用公有云服务的模式。

4.1.3 云计算与大数据的关系

（1）大数据的定义

大数据（Big Data）指无法在一定时间范围内用常规软件工具进行捕捉、管理和处理的数据集合，是需要新处理模式才能具有更强的决策力、洞察发现力和流程优化能力来适应海量、高增长率和多样化的信息资产。

工业大数据包括产品数据、运营数据、管理数据、供应链数据、研发数据等企业内部数据，以及国内外市场数据、客户数据、政策法律数据等企业外部数据，信息化、网络化带来了海量的结构化与非结构化数据。数据最基本的特征是及时性、准确性、完整性，大数据的实时采集和处理带来更高的研发生产效率以及更低的运营成本。这为更精准、更高效、更科学地进行管理、决策以及不断提升智能化水平提供了保证。

（2）云计算与大数据的关系

云计算与大数据之间是相辅相成、相得益彰的关系。大数据挖掘处理需要云计算作为平台，而大数据涵盖的价值和规律则能够使云计算更好地与行业应用结合并发挥更大的作用。云计算将计算资源作为服务支撑大数据的挖掘，而大数据的发展趋势是为实时交互的海量数据查询、分析提供了各自需要的价值信息。

大数据的信息隐私保护是云计算大数据快速发展和运用的重要前提。没有信息安全也就没有云服务的安全。产业及服务要健康、快速地发展就需要得到用户的信赖，就需要科技界和产业界更加重视云计算的安全问题，更加注意大数据挖掘中的隐私保护问题。从技术层面进行深度的研发，严防和打击病毒和黑客的攻击。同时加快立法的进度，维护良好的信息服务环境。

全球数据圈的每年规模如图 4-5 所示。

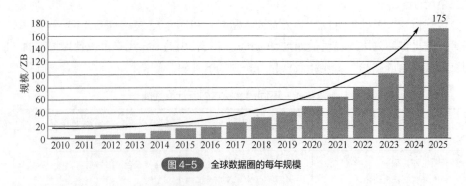

图 4-5　全球数据圈的每年规模

4.1.4 云计算大数据平台的主要技术框架

（1）Hadoop

如图 4-6 所示，Hadoop 是一个海量数据分布式处理的开源软件框架，Hadoop 能支持 PB 级海量数据，可扩展性强。可靠、高效、可扩展和开源的特性，使 Hadoop 技术得到迅猛发展，并在 2008 年成为 Apache 的顶级项目。从 2003 年 Google 公开发布 MapReduce 的思想，到 2006 年 Amazon 使用 Hadoop 成为全球最早提供成熟云计算服务的供应商之一，再到如今 IBM、微软、DELL、EMC2、阿里巴巴、腾讯各大国内外厂商，都使用了自己的 Hadoop 平台，Hadoop 已经取得辉煌的成绩，得到越来越广泛的应用。

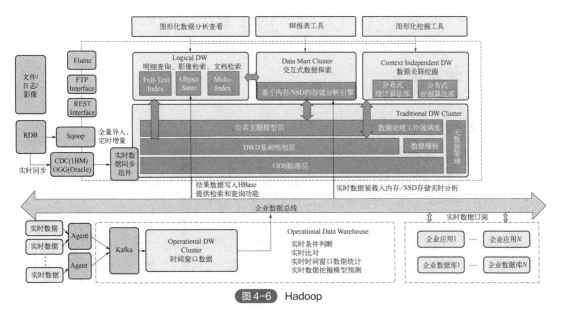

图 4-6　Hadoop

（2）Spark

Spark 是一款开源的基于内存计算的分布式计算系统，能够对大数据进行快速分析处理。2010 年，Spark 项目由加州伯克利大学 AMP 实验室开发，2014 年 2 月，Spark 成为 Apache 软件基金会的顶级开源项目，Spark 基于内存计算实现，加快了数据分析处理速度。Hadoop 以批处理方式处理数据，每个任务都需要 HDFS 的读写，耗时较大，在机器学习和数据库查询等数据计算过程中，Spark 的处理速度可以达到 Hadoop 的 100 倍以上。因此，对于实时要求较高的分析处理，Spark 较为适用；对于非实时的海量数据分析应用，Hadoop 更加合适。二者的区别如表 4-2 所示。

表 4-2　Hadoop 和 Spark 对比

项目	Hadoop	Spark
是否开源	成熟的开源项目	开源，2013 年 8 月申请成为 Apache 孵化项目
文件系统	HDFS	支持 HDFS、MESOS、S3 等文件系统，可以直接将 Spark 集成到 Hadoop 上，可以从 hdfs 读取和写入文件
中间结果存储	存储到磁盘	内存存储
Job 定义	Map-Reduce 两步计算	DAG 的 Job 定义，支持多步计算
开发语言	Java	Scala、Java、Python
易用性	Java API，无交互式界面	提供丰富的 Scala、Java、Python API 及交互式 Shell 来提高可用性
容错性	数据冗余，任务失败重计算	Checkpoint 机制，RDD 支持重计算
性能	频繁读写磁盘，性能低	数据缓存内存，性能高

续表

项目	Hadoop	Spark
应用场景	适用于大数据量，迭代次数少，无时延要求的业务	适用于中等数据量（<TB 级），需要多次操作特定数据集，且频繁迭代计算的数据业务场合
未来发展	第 2 代 Hadoop，融合的分布式计算框架	可插拔的 job 调度器/缓存管理策略 Spark 大数据栈构建——MLbase、Tachyon、GraphX

4.2 工业物联网技术

4.2.1 物联网的定义

物联网通过射频识别技术、无线传感器技术以及定位技术等自动识别、采集和感知获取物品的标识信息、物品自身的属性信息和周边环境信息，借助各种电子信息、传输技术将物品相关信息聚合到统一的信息网络中，并利用云计算、模糊识别、数据挖掘以及语义分析等各种智能计算技术对物品相关信息进行分析融合处理，最终实现对物理世界的高度认知和决策控制的智能化。

目前，物联网的传输技术非常丰富，包括：蓝牙、Zigbee、Wi-Fi、超短波数传电台、GPRS等。终端主要可以概括为以太网终端、Wi-Fi 终端、2G/3G 终端等，当然有些智能终端具有上述两种或两种以上的接口。

4.2.2 物联网的体系结构

物联网的体系结构如图 4-7 所示。

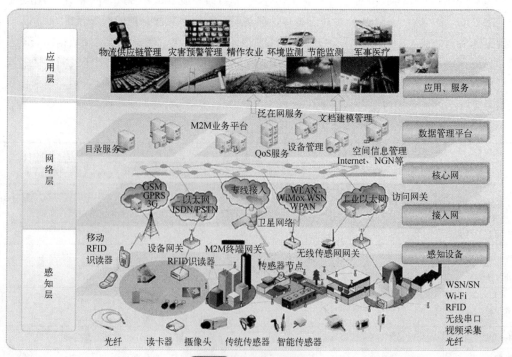

图 4-7 物联网的体系结构

感知层是物联网的皮肤和五官，用来识别物体、采集信息。感知层包括二维码标签和识读器、RFID 标签和识读器、摄像头、GPS 等，与人体结构中皮肤和五官的作用相似。

网络层是物联网的神经中枢和大脑，将感知层获取的信息进行信息传递和处理。网络层包括通信与互联网的融合网络、网络管理中心和信息处理中心等。

应用层是物联网的"社会分工"，与行业需求结合，实现广泛智能化。应用层是物联网与行业专业技术的深度融合，类似于人的社会分工，最终构成人类社会。

4.2.3　工业物联网中的关键技术

工业物联网中的关键技术如图 4-8 所示。工业物联网通过各种信息传感设备与技术，如传感器、射频识别技术、全球定位系统、红外感应器、激光扫描器、气体感应器等，实现在工业现场采集任何需要监控、连接、互动的物体或过程，采集其声、光、热、电等各种需要的信息。具有环境感知能力的各类终端、基于泛在技术的计算模式、移动通信等，不断融入工业生产的各个环节，从而大幅提高制

图4-8　工业物联网中的关键技术

造效率，改善产品质量，降低产品成本和资源消耗，将传统工业提升到智能工业的新阶段。

4.2.4　工业物联网的应用

工业物联网的应用改变了传统工业中被动的信息收集方式，实现了自动、准确、及时地收集生产过程参数，如图 4-9 所示。传统的工业生产采用 M2M（Machine to Machine）的通信模式，实现了机器与机器间的通信。而工业物联网通过 Things to Things 的通信方式实现了人、机器和系统三者之间的智能化、交互式无缝连接，从而使得企业与客户、市场的联系更为紧密，企业可以感知到市场的瞬息万变，大幅提高制造效率、改善产品质量、降低产品成本和资源消耗，将传统工业提升到智能工业的新阶段。

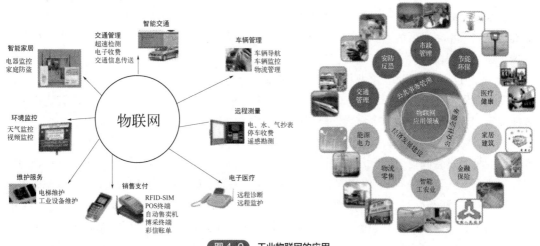

图4-9　工业物联网的应用

由于经济效益和社会效益明显，物联网在智能工厂中具有广泛的应用前景。基于物联网技

术的智能工厂至少可以实现以下五大功能，即电子工单、生产过程透明化、生产过程可控化、产能精确统计、车间电子看板。通过这些功能，不仅可以实现制造过程中资讯的视觉化，也会对生产管理和决策产生影响。

　　基于物联网的现代工业系统体系结构，可以实现生产线过程检测、实时参数采集、生产设备与产品监控管理、材料消耗监测等环节，可以大幅度提高生产智能化水平。例如，在机械产品制造行业，利用物联网技术，企业可以在生产过程中实时监控加工产品的宽度、厚度、温度等参数，提高产品质量，优化生产流程。图 4-10 所示为基于物联网的现代工业系统体系结构，可以实现以下主要功能。

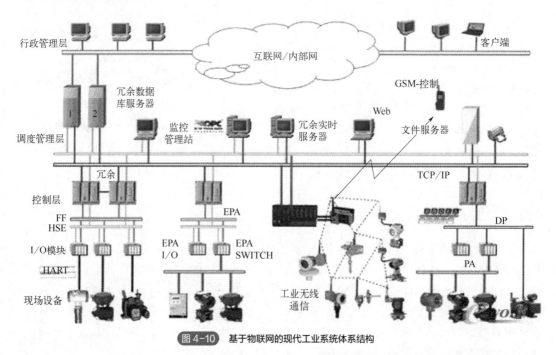

图 4-10　基于物联网的现代工业系统体系结构

　　① 制造业供应链管理。企业利用物联网技术，能及时掌握原材料采购、库存、销售等信息，通过大数据分析还能预测原材料的价格趋向、供求关系等，有助于完善和优化供应链管理体系，提高供应链效率，降低成本。例如，空中客车通过在供应链体系中应用传感网络技术，构建了全球制造业中规模最大、效率最高的供应链体系。

　　② 生产过程工艺优化。工业物联网的泛在感知特性提高了生产线过程检测、实时参数采集、材料消耗监测的能力和水平，通过对数据的分析处理可以实现智能监控、智能控制、智能诊断、智能决策、智能维护，提高生产力，降低能源消耗。

　　③ 生产设备监控管理。利用传感技术对生产设备进行健康监控，可以及时跟踪生产过程中各个工业机器设备的使用情况，通过网络把数据汇聚到设备生产商的数据分析中心进行处理，能有效地进行机器故障诊断、预测，快速、精确地定位故障原因，提高维护效率，降低维护成本。

　　④ 环保监测及能源管理。工业物联网与环保设备的融合可以实现对工业生产过程中产生的各种污染源及污染治理环节关键指标的实时监控。在化工、轻工、火电厂等企业部署传感器网络，不仅可以实时监测企业排污数据，而且可以通过智能化的数据报警及时发现排污异常并停止相应的生产过程，防止突发性环境污染事故发生。

⑤ 工业安全生产管理。工业物联网技术通过把传感器安装到矿山设备、油气管道、矿工设备等危险作业环境中，可以实时监测作业人员、设备机器以及周边环境等方面的状态信息，全方位获取生产环境中的安全要素，将现有的网络监管平台提升为系统、开放、多元的综合网络监管平台。

4.3　智能制造与信息物理系统

信息物理系统（CPS）是物联网的升级和发展，CPS 中所有的网络节点、计算、通信模块和人自身都是系统中的一份子。如图 4-11 所示，智能制造系统中的各子系统正是借助 CPS，才能摆脱信息孤岛的状态，实现系统之间的连接和沟通。CPS 能够经由通信网络，对局部物理世界发生的感知和操纵进行可靠、实时、高效的观察与控制，从而实现大规模实体控制和全局优化控制，实现资源的协调分配与动态组织。

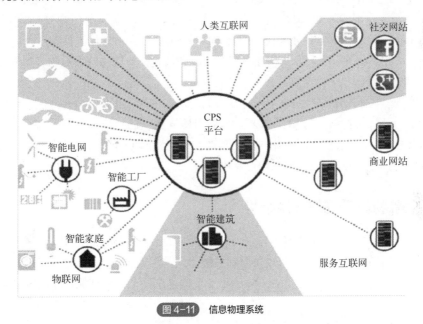

图 4-11　信息物理系统

基于设备与人互联的信息物理系统是工业互联网、物联网的核心，能极大地提升人员效率、工业效益，创造更多价值，为用户提供更好的服务。

4.3.1　信息物理系统的定义

信息物理系统是将虚拟世界与物理资源紧密结合与协调的产物。它强调物理世界与感知世界的交互，能自主感知物理世界状态，自主连接信息与物理世界对象，形成控制策略，实现虚拟信息世界和实际物理世界的互联、互感及高度协同。

信息物理系统是融合了计算（Computation）、通信（Communication）与控制（Control）技术（又叫作 3C 技术，如图 4-12 所示）的智能化系统，它从实体空间的对象、环境、活动中进行大数据的采集、存储、建模、分析、挖掘、评估、预测、优化、协同，并与对象的设计、测

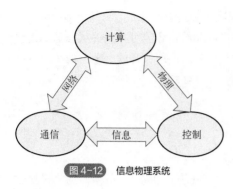

图 4-12　信息物理系统

试和运行性能表征深度有机融合，是实时交互、相互耦合、相互更新的网络空间（包括机理空间、环境空间与群体空间），进而通过自感知、自记忆、自认知、自决策、自重构和智能支持，促进工业资产的全面智能化。

具体而言，信息物理系统是在环境感知的基础上，通过计算、通信与物理系统的一体化设计，形成可控、可信、可扩展的网络化物理设备系统，通过计算进程与物理设备相互影响的反馈循环来实现深度融合与实时交互，以安全、可靠、高效和实时的方式，监测或者控制一个物理实体。

下面从不同角度对物理信息系统进行阐述：

① 在本质上，信息物理系统是以人、机、物的融合为目标的计算技术，从而实现人的控制在时间、空间等方面的延伸，因此，人们又将信息物理系统称为"人-机-物"融合系统。

② 在微观上，信息物理系统通过在物理系统中嵌入计算与通信内核，实现计算进程（Computation Processes）与物理进程（Physical Processes）的一体化。计算进程与物理进程通过反馈循环（Feedback Loops）方式相互影响，实现嵌入式计算机与网络对物理进程可靠、实时和高效的监测、协调与控制。

③ 在宏观上，信息物理系统是由运行在不同时间和空间范围的、分布式的、异构的系统组成的动态混合系统，包括感知、决策和控制等各种不同类型的资源和可编程组件。各个子系统之间通过有线或无线通信技术，依托网络基础设施相互协调工作，实现对物理与工程系统的实时感知、远程协调、精确与动态控制和信息服务。

4.3.2　信息物理系统的体系结构

CPS 体系结构的一般形式如图 4-13 所示，它由决策层、网络层和物理层组成。其中，决策层通过语义逻辑计算，实现用户、感知和控制系统之间的逻辑耦合；网络层通过网络传输计算，连接 CPS 在不同空间与时间的子系统；物理层体现的是感知与控制计算，是 CPS 与物理世界的接口。

众所周知，自然界中各种物理量的变化绝大多数是连续的，或者说是模拟的，而信息空间则是数字的，充斥着大量离散量。从物理空间到信息空间的信息流动，首先必须通过各种类型的传感器将各种物理量转变成模拟量，再通过模拟数字转化器变成数字量，从而为信息空间所接受。因此，从这个意义上说，传感器网络也可视为 CPS 中的一个重要组成部分。

在现实环境中，大量的传感器以无线通信方式自组织成网络，协同完成对物理环境或物理对象的监测感知，传感器网络对感知数据做进一步的数据融合处理，并将得到的信息通过网络基础设施传递给决策控制单元，决策控制单元与执行器通过网络分别实现协同决策与协同控制。

CPS 是运行在不同时间和空间范围的闭环（多闭环）系统，且感知、决策和控制执行子系统大多不在同一位置。逻辑上紧密耦合的基本功能单元依存于拥有强大计算资源和数据库的网络基础设施，如 Internet、数据库、知识库服务器及其他类型数据传输网络等，能够实现本地或者远程监测，并影响物理环境。

CPS 的基本组件包括传感器（Sensor）、执行器（Actuator）和决策控制单元（Decision-making

Control Unit)。其中，传感器和执行器是一种嵌入式设备；传感器能够监测、感知外界的信号、物理条件（如光、热）或化学组成（如烟雾）；执行器能够接收控制指令，并对受控对象施加控制作用；决策控制单元是一种逻辑控制设备，能够根据用户定义的语义规则生成控制逻辑。CPS的基本组件结合反馈循环控制机制如图 4-14 所示。

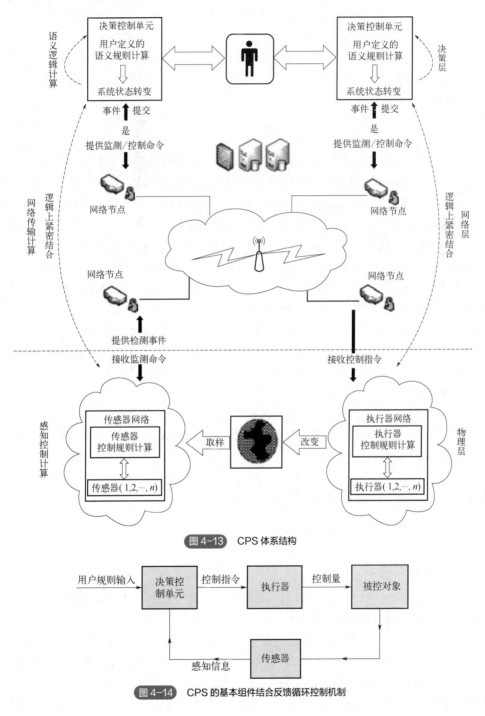

图 4-13　CPS 体系结构

图 4-14　CPS 的基本组件结合反馈循环控制机制

4.3.3 信息物理系统的特征

CPS 具有与传统的实时嵌入式系统以及监控与数据采集（Supervisory Control And Data Acquisition，SCA-DA）系统不同的特殊性质。

① 全局虚拟性、局部物理性。局部物理世界发生的感知和操纵，可以跨越整个虚拟网络，并被安全、可靠、实时地观察和控制。

② 深度嵌入性。嵌入式传感器与执行器使计算深深嵌入每一个物理组件，甚至可能嵌入进物质里，从而使物理设备具备计算、通信、精确控制、远程协调和自治等功能，更使计算变得普通，成为物理世界的一部分。

③ 事件驱动性。物理环境和对象状态的变化构成"CPS 事件"：触发事件→感知→决策→控制→事件的闭环过程，最终改变物理对象状态。

④ 以数据为中心。CPS 各个层级的组件与子系统都围绕数据融合向上层提供服务，数据沿着从物理世界接口到用户的路径一路不断提升抽象级，用户最终得到全面的、精确的事件信息。

⑤ 时间关键性。物理世界的时间是不可逆转的，因而 CPS 的应用对时间性有着严格的要求，信息获取和提交的实时性会影响用户的判断与决策精度，尤其是在重要基础设施领域。

⑥ 安全关键性。CPS 的系统规模与复杂性对信息系统安全提出了更高的要求，尤其重要的是需要理解与防范恶意攻击带来的严重威胁，以及 CPS 用户的被动隐私暴露等问题。

⑦ 异构性。CPS 包含了许多功能与结构各异的子系统，各个子系统之间需要通过有线或无线的通信方式相互协调工作，因此，CPS 也被称为混合系统或者系统的系统。

⑧ 高可信赖性。物理世界不是完全可预测和可控的，对于意想不到的情况，必须保证 CPS 的鲁棒性（Robustness，即健壮和强壮性），同时还需保证其可靠性、高效率、可扩展性和适应性。

⑨ 高度自主性。组件与子系统都具备自组织、自配置、自维护、自优化和自保护能力，可以支持 CPS 完成自感知、自决策和自控制。

⑩ 领域相关性。在诸如汽车、石油化工、航空航天、制造业、民用基础设施等工程应用领域，CPS 的研究不仅着眼于其自身，也着眼于这些系统的容错、安全、集中控制和社会等方面对它们的设计产生的影响。

4.3.4 信息物理系统与智能制造

CPS 对智能制造系统具有非常重要的意义。

（1）让地球互联

CPS 的意义在于将物理设备联网，特别是连接到互联网上，使得物理设备具有计算、通信、精确控制、远程协调和自治等五大功能。

本质上说，CPS 是一个具备控制属性的网络，但它又有别于现有的控制系统。20 世纪 40 年代，美国麻省理工学院发明了数控技术，如今，基于嵌入式计算系统的工业控制系统遍地开花，工业自动化早已成熟，日常生活中所使用的各种家电都具有控制功能。但是，这些控制系统基本上都属于封闭系统，即使其中一些工控应用网络具有联网和通信的功能，这种网络一般也仅限于工业控制总线，网络内部各个独立的子系统或者说设备则难以通过开放总线或者互联网进行互联，而且它们的通信功能普遍较弱，但 CPS 则把通信放在与计算、控制同等的地位上。在 CPS 所强调的分布式应用系统中，物理设备之间的协调是离不开通信的。CPS 对网络内部设备的远程协调能力、自制能力、所控制对象的种类和数量，特别是网络规模上都远远超过现有的工控网络。

理论上，CPS 可使整个世界互联起来，就如同互联网在人与人之间建立互动一样，CPS 也将深化人与物理世界的互动。

（2）涵盖物联网

CPS 的出现，使得物联网的定义和概念明确起来，物联网就是主要应用在物流领域的技术，物与物之间的互联无非就是"各报家门"，知道对方是"何许人也"这么简单，而相对于将物与物相连的物联网技术，CPS 要求接入网络的设备具备更加精确和复杂的计算能力。如果从计算性能的角度出发，把一些高端的 CPS 的客户机、服务器比作"身材健硕"的，那么物联网的同类应用则可视为"瘦小赢弱"的，因为物联网中的通信大都发生在物品与服务器之间，物品本身不具备控制和自治能力，也无法进行彼此之间的协同。海量运算是很多 CPS 接入设备的主要特征，以基于 CPS 的智能交通系统为例，满足 CPS 要求的汽车电子系统通常需要进行海量运算，而目前已经十分复杂的汽车电子系统根本无法胜任这一要求。

在 CPS 中，物理设备指的是自然界的一切客体，既包括设备，也包括生物。现有互联网的边界是各种终端设备，人们与互联网通过这些终端来进行信息交换。而在 CPS 中，人可以成为CPS 网络的"接入设备"，这种信息的交互可能是通过芯片与人的神经系统直接互联实现的。尽管物联网技术也能做到把无线电射频芯片嵌入人体，但其本质上还是通过无线电射频芯片与读写器进行通信，人并没有真正参与其中。然而在 CPS 中，人的感知十分重要。

以智能交通系统为例，可以做出这样的假设：当智能交通系统感知到高速行驶的汽车与即将穿越马路的行人之间存在发生碰撞的可能时，系统或许会以更直接的方法——通过"脑机接口"（Brain-Computer Interface，BCI）让人不经大脑思考地来个"立定"，避开事故的发生；而非通常的做法——由系统发出指令让汽车急刹车，或者告诉行人"让步"。

总而言之，CPS 可以促使虚拟网络与实体物理系统相整合。在制造业中，它促使企业建立全球网络，把产品设计、制造、仓储、生产设备融入 CPS 中，使信息得以在这些相互独立的制造要素间自动交换，接受动作指令，进行无人控制。CPS 能够引领制造业不断向着设备、数据、服务无缝连接的方向发展，起着推动制造业智能化的重要作用。

4.4 虚拟现实与人工智能技术

4.4.1 虚拟现实与人工智能的定义及特点

4.4.1.1 虚拟现实的特征及关键技术

虚拟现实技术是一种可以创建和体验虚拟世界的计算机仿真系统，它利用计算机生成一种模拟环境，是一种多源信息融合的交互式三维动态视景和实体行为的系统仿真，能够使用户沉浸到该环境中。

虚拟现实是一种环境，是高度现实化的虚幻。在其应用的领域中，为能达到虚拟现实这种环境而综合运用计算机图形学、图像处理与模式识别、计算机视觉、计算机网络/通信技术、语音处理与音响技术、心理/生理学、感知/认知科学、多传感器技术、人工智能技术以及高度并行的实时计算技术等多方面技术，营造出一个虚拟环境（Virtual Environment）。这些技术统称为虚拟现实技术。

（1）虚拟现实技术的特征

① 多感知性：指除具备一般计算机所具有的视觉感知外，还有听觉感知、触觉感知、运动感知，甚至还包括味觉感知、嗅觉感知等。理想的虚拟现实应该具有一切人所具有的感知功能。

② 存在感：指用户感到作为主角存在于模拟环境中的真实程度。理想的模拟环境应该达到使用户难辨真假的程度。

③ 交互性：指用户对模拟环境内物体的可操作程度和从环境得到反馈的自然程度。

④ 自主性：指虚拟环境中的物体依据现实世界物理运动定律动作的程度。

（2）虚拟现实的关键技术

虚拟现实是多种技术的综合，包括实时三维计算机图形技术，广角（宽视野）立体显示技术，对观察者头、眼和手的跟踪技术，以及触觉/力觉反馈、立体声、网络传输、语音输入/输出技术等。

① 实时三维计算机图形。相比较而言，利用计算机模型产生图形图像并不是太难的事情。如果有足够准确的模型，又有足够的时间，我们就可以生成不同光照条件下各种物体的精确图像，但是这里的关键是实时。例如，在飞行模拟系统中，图像的刷新相当重要，同时对图像质量的要求也很高，再加上非常复杂的虚拟环境，生成实时三维计算机图形就变得相当困难。

② 立体显示。在 VR 系统中，双目立体视觉起了很大作用。用户的两只眼睛看到的不同图像是分别产生的，显示在不同的显示器上。有的系统采用单个显示器，但用户带上特殊的眼镜后，一只眼睛只能看到奇数帧图像，另一只眼睛只能看到偶数帧图像，奇、偶帧之间的不同即视差就产生了立体感。

在用户与计算机的交互中，键盘和鼠标是目前最常用的工具，但对于三维空间来说，它们都不太适合。在三维空间中因为有 6 个自由度，很难找出比较直观的办法把鼠标的平面运动映射成三维空间的任意运动。现在，已经有一些设备可以提供 6 个自由度，如 3Space 数字化仪和 SpaceBall 空间球等。另外一些性能比较优异的设备是数据手套和数据衣。

③ 立体声。人能够很好地判定声源的方向。在水平方向上，我们靠声音的相位差及强度的差别来确定声音的方向，因为声音到达两只耳朵的时间或距离有所不同。常见的立体声效果就是靠左右耳听到在不同位置录制的不同声音来实现的，所以会有一种方向感。现实生活里，当头部转动时，听到的声音的方向就会改变。但目前在 VR 系统中，声音的方向与用户头部的运动无关。

④ 触觉/力觉反馈。在一个 VR 系统中，用户可以看到一个虚拟的杯子。你可以设法去抓住它，但是你的手没有真正接触杯子的感觉，并有可能穿过虚拟杯子的"表面"，而这在现实生活中是不可能的。解决这一问题的常用装置是在手套内层安装一些可以振动的触点来模拟触觉。

⑤ 语音。在 VR 系统中，语音的输入/输出也很重要。这就要求虚拟环境能听懂人的语言，并能与人实时交互。而让计算机识别人的语音是相当困难的，因为语音信号和自然语言信号有其"多边性"和复杂性。例如，连续语音中词与词之间没有明显的停顿，同一词、同一字的发音受前后词、字的影响，不仅不同人说同一词会有所不同，就是同一人发音也会受到心理、生

理和环境的影响而有所不同。

使用人的自然语言作为计算机输入，目前有两个问题：首先是效率问题，为便于计算机理解，输入的语音可能会相当啰嗦；其次是正确性问题，计算机理解语音的方法是对比匹配，而没有人的智能。

虚拟装配系统如图 4-15 所示。

图 4-15 虚拟装配系统

4.4.1.2 人工智能的特征

人工智能（Artificial Intelligence，AI）主要研究如何用人工的方法和技术，使用各种自动化机器或智能机器（主要指计算机）模仿、延伸和扩展人的智能，实现某些机器思维或脑力劳动自动化。

人工智能是那些与人的思维相关的活动，如决策、问题求解和学习等的自动化；人工智能是一种计算机能够思维，使机器具有智力的激动人心的新尝试；人工智能是研究如何让计算机做现阶段只有人才能做得好的事情；人工智能是那些使知觉、推理和行为成为可能的计算的研究。广义地讲，人工智能是关于人造物的智能行为，而智能行为包括知觉、推理、学习、交流和在复杂环境中的行为。

人工智能应用领域及微软人工智能的应用分别如图 4-16、图 4-17 所示。

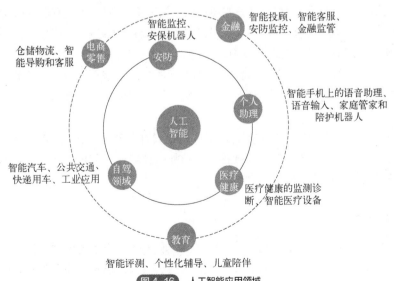

图 4-16 人工智能应用领域

图 4-17　微软人工智能的应用

4.4.2　虚拟现实在智能制造中的应用

4.4.2.1　虚拟制造的定义及关键技术

虚拟制造技术涉及面很广，如环境构成技术、过程特征抽取、元模型、集成基础结构的体系结构、制造特征数据集成、多学科交叉功能、决策支持工具、接口技术、虚拟现实技术、建模与仿真技术等。其中，后三项是虚拟制造的核心技术。

（1）建模技术

虚拟制造系统（VMS）是现实制造系统（RMS）在虚拟环境下的映射，是 RMS 的模型化、形式化和计算机化的抽象描述和表示。VMS 的建模包括生产模型、产品模型和工艺模型。

① 生产模型。生产模型可归纳为静态描述和动态描述两个方面。静态描述是指系统生产能力和生产特性的描述。动态描述是指在已知系统状态和需求特性的基础上预测产品生产的全过程。

② 产品模型。产品模型是制造过程中，各类实体对象模型的集合。目前产品模型描述的信息有产品结构、产品形状特征等静态信息。虚拟制造下的产品模型不再是单一的静态特征模型，它能通过映射、抽象等方法提取产品实施中各活动所需的模型，包括三维动态模型、干涉检查、应力分析等。

③ 工艺模型。将工艺参数与影响制造功能的产品设计属性联系起来，以反映生产模型与产品模型之间的交互作用。工艺模型必须具备以下功能：计算机工艺仿真、制造数据表、制造规划、统计模型以及物理和数学模型。

（2）仿真技术

仿真就是应用计算机对复杂的现实系统经过抽象和简化形成系统模型，然后在分析的基础上运行此模型，从而得到系统一系列的统计性能。由于仿真是以系统模型为对象的研究方法，不会干扰实际生产系统，同时利用计算机的快速运算能力，仿真可以用很短时间模拟实际生产中需要很长时间的生产周期，因而可以缩短决策时间，避免资金、人力和时间的浪费，并可重复仿真，优化实施方案。

仿真的基本步骤为：研究系统——收集数据；建立系统模型——确定仿真算法；建立仿真模型；运行仿真模型——输出结果并分析。

产品制造过程仿真，可归纳为制造系统仿真和加工过程仿真。虚拟制造系统中的产品开发涉及产品建模仿真、设计过程规划仿真、设计思维过程和设计交互行为仿真等，以便对设计结果进行评价，实现设计过程早期反馈，减少或避免产品设计错误。

加工过程仿真，包括切削过程仿真、装配过程仿真、检验过程仿真以及焊接、压力加工、铸造仿真等。

（3）虚拟现实技术（VRT）

虚拟现实技术是综合利用计算机图形系统、各种显示和控制等接口设备，在计算机上生成可交互的三维环境（称为虚拟环境）中提供沉浸感觉的技术。虚拟现实系统包括操作者、机器和人机接口三个基本要素。利用 VRS 可以对真实世界进行动态模拟，通过用户的交互输入，并及时按输出修改虚拟环境，使人产生身临其境的沉浸感觉。虚拟现实技术是 VM 的关键技术之一。

4.4.2.2　虚拟制造的分类

根据虚拟制造应用环境和对象的侧重点不同，虚拟制造分为三类：以设计为中心的虚拟制造、以生产为中心的虚拟制造和以控制为中心的虚拟制造。

① 以设计为中心的虚拟制造。为设计者提供产品设计阶段所需的制造信息，从而使设计最优。设计部门和制造部门之间在计算机网络的支持下协同工作，以统一的制造信息模型为基础，对数字化产品模型进行仿真与分析、优化，从而在设计阶段就可以对所设计的零件甚至整机进行加工工艺分析、运动学和动力学分析、可装配性分析等可制造性分析，以获得对产品的设计评估与性能预测结果。

② 以生产为中心的虚拟制造。为工艺师提供虚拟的制造车间现场环境和设备，用于分析改进生产计划和生产工艺，从而实现产品制造过程的最优。在现有的企业资源（如设备、人力、原材料等）的条件下，对产品的可生产性进行分析与评价，对制造资源和环境进行优化组合，通过提供精确的生产成本信息对生产计划与调度进行合理化决策。

③ 以控制为中心的虚拟制造。提供从设计到制造一体化的虚拟环境，对全系统的控制模型及现实加工过程进行仿真，允许评价产品的设计、生产计划和控制策略。以全局优化和控制为目标，对不同地域的产品设计、产品开发、市场营销、加工制造等通过网络加以连接和控制。

4.4.2.3　虚拟设计与虚拟装配

虚拟设计就是指在设计阶段采用了虚拟现实技术，使设计人员可以随时看到并修改三维作品，让设计人员更专注于产品功能的实现。虚拟装配实际上是在计算机上模拟设备的连续装配过程，如何有效地模拟实际装配过程是虚拟装配的目的。在广义上，虚拟设计、虚拟装配分别对应于以设计为中心和以控制为中心的虚拟制造。

4.5 智能制造的信息安全技术

随着物联网、云计算、大数据等技术的快速发展，以及新一代信息技术与传统工业的加速融合，工业控制系统越来越多采用通用协议、通用硬件和通用软件（IP 化、IT 化），以各种方式与互联网等公共网络连接，病毒、木马等威胁正在向工业控制系统扩散，工业控制系统信息安全问题日益突出，也成为企业推进智能制造的主要技术挑战。根据 2018 年 10 月发布的《国家智能制造标准体系建设指南》，智能制造系统的基础是工业控制系统（Industrial Control System，ICS）。智能制造系统信息安全主要集中在基础性的工业控制系统信息安全上，如图 4-18 所示。

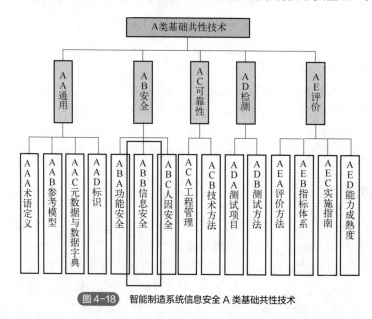

图 4-18　智能制造系统信息安全 A 类基础共性技术

信息安全标准就是用于保证智能制造领域相关信息系统及其数据不被破坏、更改、泄露，从而确保系统能连续可靠地运行，包括软件安全、设备信息安全、网络信息安全、数据安全、信息安全防护及评估等标准。

4.5.1 智能制造信息安全技术

（1）信息安全关键技术

① 安全芯片。安全芯片就是可信任平台模块，是一个可独立进行密钥生成、加解密的装置，内部拥有独立的处理器和存储单元，可存储密钥和特征数据，为电脑提供加密和安全认证服务。用安全芯片进行加密，密钥被存储在硬件中，被窃的数据无法解密，从而保护商业隐私和数据安全。

② 安全操作系统。安全操作系统是指计算机信息系统在自主访问控制、强制访问控制、标记、身份鉴别、客体重用、审计、数据完整性、隐蔽信道分析、可信路径、可信恢复等方面满足相应的安全技术要求的操作系统。

③ 密码技术。密码技术包括密码理论、新型密码算法、对称密码体制与公钥密码体制的密码体系、信息隐藏技术、公钥基础设施技术以及消息认证与数字签名技术等。

④ 信息安全总体技术。信息安全总体技术主要包括系统总体安全体系、系统安全标准、系统安全协议和系统安全策略等。信息安全体系包括体系结构、攻防、检测、控制、管理、评估技术，大流量网络数据获取与实时处理技术，网络安全监测技术，网络应急响应技术，网络安全威胁及应对技术，信息安全等级保护技术。

（2）智能制造中的信息安全技术

① 工业云安全技术。包括虚拟化安全、数据安全、应用安全、管理安全等。

② 工业物联网安全技术。包括物联网信息采集安全、物联网信息传输安全、物联网信息处理安全、物联网个人隐私保护。

③ 工控系统安全技术。包括：

a. 工控系统安全风险分析、评估技术、威胁检测技术，大数据分析、漏洞挖掘技术。

b. 工控系统信息安全体系架构及纵深防护技术。

c. 工控系统信息安全等级保护技术（构建在安全管理中心支持下的计算环境、区域边界、通信网络三重防御体系）。

d. 本质安全工控系统关键技术（安全芯片、安全实时操作系统、安全控制系统设计技术）。

e. 可信计算应用技术（可信计算平台技术、可信计算组件、可信密码模块应用技术）。

（3）智能制造信息安全特征

智能制造信息安全特征主要有：

① 颠覆了已有的互联网商业模式，网络安全威胁严重影响物质形态和特性的异化。

② 智能制造中信息物理系统成为网络安全威胁的核心目标。

③ 开放环境中智能制造存在受到攻击的风险。

④ 智能制造安全标准缺失的挑战。

4.5.2 智能制造中工控系统网络信息安全

工控系统（ICS）是智能制造中的核心环节之一。《2013年中国ICS信息安全市场研究》报告显示，据不完全统计，超过80%涉及国计民生的关键基础设施依靠工控系统实现自动化作业，工控系统已成为国家安全战略的重要组成部分。但很多工控系统尚未做好应对网络攻击的准备。随着计算机和互联网的发展，特别是信息化与工业化的深度融合以及物联网的快速发展，工控系统的安全问题越来越突出。相对安全、相对封闭的工控系统已经成为不法组织和黑客的攻击目标，黑客攻击正在从开放的互联网向封闭的工控系统蔓延。

目前，工控系统信息安全威胁主要包括黑客攻击、病毒、数据操纵、蠕虫和特洛伊木马等。统计显示，工控网络恶意软件的数量呈现大幅度增长的态势。如果没有防护措施，这些病毒会利用工控系统的安全漏洞，在网络中进行自我复制和传播，感染工业控制计算机或攻击可编程控制器，攻击手段包括直接攻击PLC控制器的病毒（Stuxnet）、间接攻击的病毒（Dragonfly/Havex）和可自我复制的恶意软件（Conficker/Kido）等。

另外，我国大多数工控企业核心产品和技术来自国外企业。据统计，我国22个行业的900套工控系统主要由外国公司提供，其中数据采集与监控系统（SCADA）国外产品占比55.12%，分布式控制系统（DCS）国外产品占比 53.78%，过程控制系统（PCS）国外产品占比 76.79%，在大型可编程控制器（PLC）中外国产品则占据了 94.34%的份额。我国的工控系统信息安全起步相对较晚，工控系统的安全防护能力比较薄弱。因此，加快工控系统信息安全的制度建设，制定工控系统信息安全的标准，提升工控系统信息安全的保障能力等，都是中国在发展智能制造过程中急需解决的课题。

4.5.3　智能制造中云安全与大数据安全

云服务是实现智能制造不可或缺的重要组成部分，是智能制造赖以发展的新的基础设施。因此，云计算安全是智能制造产业快速发展和应用的重要前提。据分析，在智能制造云计算环境中存在多种网络安全威胁，包括：

① 拒绝服务攻击：指攻击者让目标服务器停止提供服务甚至令主机死机。如攻击者频繁地向服务器发起访问请求，造成网络带宽的消耗或者应用服务器的缓冲区满溢，该攻击使服务器无法接收新的服务请求，其中包括合法客户端的访问请求。

② 中间人攻击：攻击者拦截正常的网络通信数据，并进行数据篡改和嗅探，而通信的双方却毫不知情。

③ 网络嗅探：网络嗅探本是用来查找网络漏洞和检测网络性能的一种工具，但是黑客将网络嗅探变成一种网络攻击手段，使之成为严峻的网络安全问题。

④ 端口扫描：一种常见的网络攻击方法，攻击者通过向目标服务器发送一组端口扫描消息，从而破坏云计算环境。

⑤ SQL 注入攻击：这是一种安全漏洞，攻击者利用该安全漏洞，可以向网络表格输入框中添加 SQL 代码以获得访问权。

⑥ 跨站脚本攻击：攻击者利用网络漏洞，提供缓冲溢出、DoS 攻击和恶意软件植入 Web 浏览器等方式以盗取用户信息。

⑦ 数据保护：云计算中的数据保护成为非常重要的安全问题。由于用户数据保存在云端，因此需要有效地管控云服务提供商的操作行为。

⑧ 数据删除不彻底：主要原因是数据副本已经被放置在其他服务器中，在云计算中具有极大的风险。

本章小结

在智能制造发展过程中，主要有如云计算、大数据、物联网、信息物理系统、虚拟现实技术、智能制造系统信息安全等关键技术作为支撑体系。

① 云计算是以互联网为载体，对相关服务进行增加、使用和交付的一种模式，通常涉及通过互联网来提供动态易扩展且经常是虚拟化的资源。云制造是一种利用网络和云制造服务平台，按用户需求组织网上制造资源（制造云），为用户提供各类按需制造服务的一种网络化制造新模式。

② 大数据是指无法在一定时间范围内用常规软件工具进行捕捉、管理和处理的数据集合，是需要新处理模式才能具有更强的决策力、洞察发现力和流程优化能力，来适应海量、高增长

率和多样化的信息资产。

③ 云计算与大数据之间是相辅相成、相得益彰的关系。

④ 物联网通过 RFID 技术、无线传感器技术以及定位技术等，自动识别、采集和感知获取物品的标识信息、物品自身的属性信息及周边环境信息，借助各种电子信息、传输技术将物品相关信息聚合到统一的信息网络中，并利用云计算、模糊识别、数据挖掘以及语义分析等多种智能计算技术对物品相关信息进行分析融合处理，最终实现对物理世界的高度认知和决策控制的智能化。

⑤ 信息物理系统是将虚拟世界与物理资源紧密结合与协调的产物。它强调物理世界与感知世界的交互，能自主感知物理世界状态，自主连接信息与物理世界对象，形成控制策略，实现虚拟信息世界和实际物理世界的互联、互感及高度协同。

⑥ 虚拟现实技术是一种可以创建和体验虚拟世界的计算机仿真系统，它利用计算机生成一种模拟环境，是一种多源信息融合的交互式三维动态视景和实体行为的系统仿真，能够使用户沉浸到该环境中。

⑦ 智能制造系统信息安全主要集中在基础性的工控系统信息安全上。信息安全总体技术主要包括系统总体安全体系、系统安全标准、系统安全协议和系统安全策略等。

 思考题

（1）什么是云计算？什么是大数据？两者是什么关系？

（2）什么是工业物联网？工业物联网的关键技术有哪些？

（3）工业物联网的应用主要集中在哪几个方面？

（4）什么是信息物理系统？

（5）虚拟现实技术有哪些应用场景？试举例分析。

（6）智能制造系统信息安全技术有哪些？

（7）智能制造系统信息安全威胁有哪些？

（8）在智能制造云计算环境中存在哪些网络安全威胁？

第 5 章

智能监测、诊断与控制

 本章思维导图

扫描下载本书电子资源

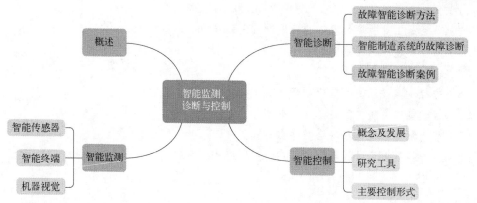

本章学习目标

（1）掌握智能监测的概念与作用。

（2）掌握故障智能诊断的方法以及具体应用。

（3）熟悉智能控制的方法。

（4）了解智能控制的关键技术有哪些。

（5）了解智能控制技术在机械制造领域中的应用。

　　智能手环是生活中常用的可穿戴智能监测设备。它主要是为了记录人体的运动情况、健康状况，培养良好而科学的运动习惯。随着解决方案的升级，其已延伸到活动反馈、锻炼、睡眠监测等持续性监测功能。请问：智能手环所监测的数据准确吗？如何提高准确度？你知道智能手环里有哪些传感器吗？

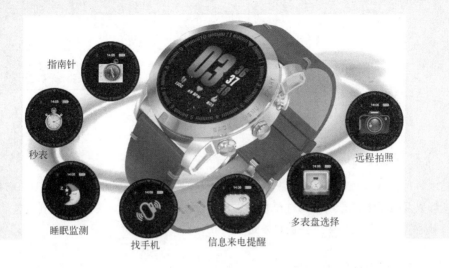

5.1　概述

随着大数据、云计算、人工智能技术的发展，现代制造加工过程的监视与控制系统，正在向智能化方向发展。所谓智能，是指能随外界条件的变化具有确定正确行动的能力，也即具有人的思维能力及推理、作出决策的能力。而智能化的传感器或系统，可以在个别的部件上，也可以在局部或整体系统上使之具有智能的特征，如智能手环。手环本来应该是一种装饰品，但若赋予了智能，就可以记录用户的健身效果、睡眠质量、饮食安排和习惯等一系列相关的数据，并且可以将这些数据同步到用户的移动终端设备中，终端设备可能会根据自己的"分析功能"给出相关建议，起到通过数据指导健康生活的作用。

智能制造过程是集多种高新技术于一体的现代化制造系统，为确保其可靠高效地运行，必须对其运行过程进行实时监视，以及时发现运行中的故障，并对其进行诊断和处理。系统智能化水平的高低将直接关系到制造过程的运行效率。因而，智能监测、诊断与控制系统已成为智能制造过程中不可缺少的重要环节之一。图 5-1 是对车间生产线上的加工中心实现加工过程的典型智能监测与控制流程。

监测、控制与故障诊断系统可以采集传感器与检测系统的信号，对加工过程的参数（如切削振动、变形、温度等）进行分析和判断，一旦出现故障，做进一步诊断，保证设备良好的运行状态，从而控制加工质量。同时，该系统还具有与制造执行系统（MES）进行通信等功能。

（1）加工过程仿真与优化

针对不同零件的加工工艺、切削参数、进给速度等加工过程中影响零件加工质量的各种参数，通过基于加工过程模型的仿真，进行参数的预测和优化选取，生成优化的加工过程控制指令。

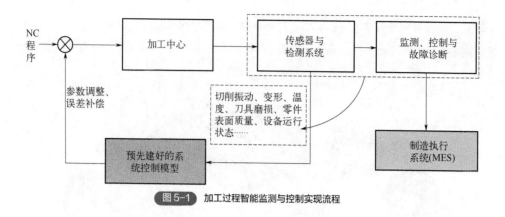

图 5-1 加工过程智能监测与控制实现流程

（2）过程监控与误差补偿

利用各种传感器、远程监控与故障诊断技术，对加工过程中的振动、切削温度、刀具磨损、加工变形以及设备的运行状态与健康状况进行监测；根据预先建立的系统控制模型，实时调整加工参数，并对加工过程中产生的误差进行实时补偿。

（3）通信等其他辅助智能

将实时信息传递给远程监控与故障诊断系统，以及制造执行系统（MES）。例如，可将设备的健康状态信息通过通信系统传送至车间管理层（维护部门、采购部门等），根据健康状态进行及时维护，保障加工质量，减少停工时间。

智能监控技术已是现代高端制造装备的主要技术特征与国家战略重要发展方向，目前已在部分领域取得较大进展。为实现生产制造向更高层次的自动化、科学化、智能化方向发展，智能监控技术的研究将有下列发展趋势：

① 加工过程监控更适合于精密加工和自适应控制的要求。

② 由单一信号的监控向多传感器、多信号监控发展，充分利用多传感器的功能来消除外界干扰，避免漏报误报情况。

③ 智能技术与加工过程监控结合更加紧密；充分利用智能技术的优点，突出监控的智能性和柔性；提高监控系统的可靠性和实用性。

5.2 智能监测

制造过程中的状态监测主要是为了保障自动化加工设备的安全和加工质量，实现高效低成本加工，将来自制造系统的多传感器在空间或时间上的冗余或互补信息通过一定的准则进行组合，挖掘更深层次、有效的状态信息，最终实现对制造系统的一些关键参数进行有效的测量和评估。

5.2.1 智能传感器

（1）传感器与组成

传感器位于被测对象之中，在测试设备的前端位置，是构成系统的主要窗口，为系统提供赖以进行处理和决策控制所必需的原始信息。传感器用来直接感知被测物理量，把它们转换成便于在通道间传输或处理的电信号。更明确地说，传感器应具有三方面的能力：一是要能感知被测量（大多数是非电量）；二是变换，仅把被测量转换为电气参数，而同时存在的其他物理量的变化将不受影响或影响极微，即只转换被测参数；三是要能形成便于通道接收和传输的电信号。因此，一个完整的传感器应由敏感元件、转换元件和检测电路三部分构成。对于有源传感器，还需加上电源，其结构框图如图 5-2 所示。

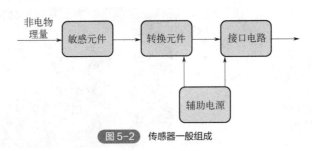

图 5-2　传感器一般组成

① 敏感元件：直接感受被测量，并输出与被测量呈确定关系的某一物理量的元件。
② 转换元件：以敏感元件的输出为输入，把输入转换成电路参数。
③ 接口电路：上述电路参数接入接口电路，便可转换成电量输出。

这种组成形式带有普遍性。但也不是所有的传感器结构都要由三个部件联合构成，在所谓直接变换的情况下，敏感元件和变换元件合为一体。例如，热敏电阻，它可以直接感知温度并变换成相应电阻的变化，通过检测电路就可以产生电压信号输出。

（2）智能传感器的概念

智能传感器（Intelligent Sensor）是具有信息处理功能的传感器。智能传感器带有微处理机，具有采集、处理、交换信息的能力，是传感器集成化与微处理机相结合的产物。有的智能传感器甚至还包括了参数的调整过程控制和过程优化等更加复杂的检测控制系统。智能传感器的智能作用可归纳为以下几个方面：

① 提高传感器的性能。通过微机信息处理和集成工艺技术，可以实现自动校正和补偿。例如，对传感器的线性度、重复性、分散性及老化效应自动校正；对集成于一片的多个传感元件零位自动补偿；自动选择合适的滤波参数，消除干扰与噪声；自动计算期望值、平均值和相关值；还可以根据传感器模型做动态校正，以实现高精度、高速度、高灵敏度宽范围的检测，甚至可实现无差测量。

如图 5-3 所示是电荷耦合器件（Charge Coupled Device，CCD）图像传感器在具体装备上的应用。CCD 使用一种高感光度的半导体材料制成，能把光线转变成电荷，通过模数转换器芯片转换成数字信号，数字信号经过压缩以后由相机内部的闪速存储器或内置硬盘卡保存，因而可以轻而易举地把数据传输给计算机，并借助计算机的处理手段，根据需要和想象来修改图像。

② 自检与自诊断。自检是通过合适的测试信号或监测程序来确定传感器是否完成自身的任务。自诊断即在传感器损坏前，通过检测一些特征量，并将其与被保护存储起来的状态、参数及期望值进行对比，以判断与分析其是否接近损坏。可按照一定顺序对关键部件进行检测，以确保测量的高可靠性。

③ 多功能化。智能传感器为了对工况做出优化处理，需要同时检测多个量以便做出相关分

析与处理。因此，将多个传感元件甚至相应的检测与信息处理电路都集成在一块芯片上，使功能大大超过仅检测某一个物理量的普通传感器。因此，智能传感器扩大功能的一个方面是形成多元传感系统，另一方面是使智能传感器可对多个测量值做静动态处理、运算，进而实现简单的调节与控制算法，使各智能传感器成为一个测量的前端机，能直接与上层机（或协调主机）通过数据通信联系，实现集散式分级控制。

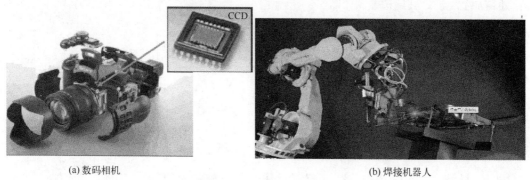

(a) 数码相机　　　　　　　　　　　　　　(b) 焊接机器人

图 5-3　使用 CCD 智能传感器的装备

综上所述，较完善的智能传感器实际上也就是目前研究的智能检测与控制系统。只不过它不是分散的部件，而是集成于某一芯片或联系在一个管壳内的统一整体，是高度集成化的产品。这样把各个环节集中于同一基片上，不但使传感器处于相同温度下，有利于做温度补偿或修正，而且必将大大便利于用户，节省新产品的开发时间和调试校验时间，促进系统向更高级的智能化、网络化、小型化发展。

（3）智能传感器的结构

智能传感器中的微处理器可以对传感器的测量数据进行计算、存储和处理，也可以通过反馈回路对传感器进行调节。不仅如此，微处理器还可以使智能传感器具有双向通信功能，能通过工业以太网接口或无线接口，将测量的数据上传至传感器网络或现场工业网络中，从而实现数据的远端监控和校准等功能。

智能传感器的基本结构框图如图 5-4 所示。

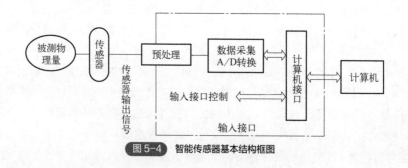

图 5-4　智能传感器基本结构框图

（4）智能传感器的特点

智能传感器与传统传感器相比较具有如下特点：

① 自动补偿能力：通过微处理器的软件计算，对传感器的非线性、温度漂移、时间漂移、

响应时间等方面的不足进行自动补偿。

② 在线校准：操作者输入零值或某一标准量值后，自动校准软件可以自动对传感器进行在线校准。

③ 自诊断：接通电源后，可对传感器进行自检，检查传感器各部分是否正常，并可诊断发生故障的部件。

④ 数值处理：可以利用内部程序自动处理数据，如进行统计处理、剔除异常值等。

⑤ 双向通信：微处理器与传统传感器之间构成闭环，微处理器不但接收、处理传感器的数据，还可将信息反馈至传感器，对测量过程进行调节和控制。

⑥ 信息存储和记忆：存储传感器的特征数据和组态信息。

⑦ 数字量输出：输出数字通信信号，可方便地和计算机或现场线路相连。

（5）智能传感器的应用

近年来，智能传感器已经广泛应用在航天、航空、国防、科技和工农业生产等各个领域中。高科技的发展使智能传感器备受青睐。例如，智能传感器在智能机器人领域就有着广阔的应用前景，因为智能传感器如同人的五官，可以使机器人具备各种人类感知功能。相对于传统制造业，以智能工厂为代表的未来制造业是一种理想的生产系统，能够智能地编辑产品特性、成本、物流管理、安全、时间以及可持续性等要素。

图 5-5 所示为汽车称重系统中的智能传感器。该传感器内有差压、静压、温度三类敏感元件并集成在同一 N 型硅片上，还带有多路转换、传感脉冲宽度调制器、微处理器和模拟输出及数字输出等部件，并具有对信号远距离传输和调整的能力，也具备智能传感器一些基本的智能特征，如自诊断、自补偿、自校准等。

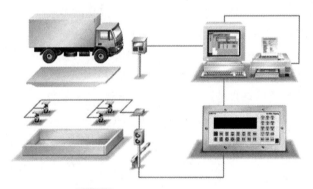

图 5-5　汽车称重系统中智能传感器

将智能传感器应用于智能生产线和工业机器人，并将其采集到的实时生产数据、生产设备状态等上传至智能制造系统，可以有效监控生产线正常运作，减少人工干预，提高生产效率。作为现代信息技术重要支柱之一的智能传感器技术，必将成为工业领域在高新技术发展方面争夺的一个制高点。

5.2.2　智能终端

智能终端是一类智能化和网络化的嵌入式计算机系统设备。它能够感知环境信息，对采集的数据进行初步处理和加密,并通过网络将数据传输至服务器或数据平台。不仅如此,为了向用户提供最佳的使用体验,智能终端还应当具有一定的判断能力,为用户选择最佳的服务通道。

(1)智能终端的体系结构

智能终端体系结构分为硬件系统和软件结构。从硬件上看,智能终端普遍采用的还是计算机的经典体系结构——冯·诺依曼结构,即由运算器(Calculator,也叫算术逻辑部件 ALU)、控制器(Controller)、存储器(Memory)、输入设备(Input Device)和输出设备(Output Device)五大部件组成,其中的运算器和控制器构成了计算机的核心部件——中央处理器(Center Process Unit,CPU),如图 5-6 所示。

由于目前通信协议栈不断增多,多媒体与信息处理任务也越来越复杂,某些通用的应用往往被放在独立的处理单元中去处理,从而形成一种松耦合的主从式多计算机系统,如图 5-7 所示。

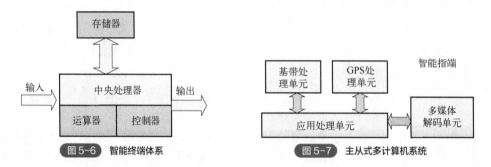

图 5-6　智能终端体系　　　　　　图 5-7　主从式多计算机系统

每个处理单元都可以看作一个单独的计算机系统,运行着不同的程序。按照其在智能终端硬件中的作用,可分为主处理单元和从处理单元。每个从处理单元(如基带处理单元、GPS 单元和多媒体解码单元等)通过一定的方式与主处理单元通信,接收主处理单元的指令,进行相应的操作,并向主处理单元返回结果。这些特定的处理单元芯片往往是以 ASIC(专用集成电路)的形式出现的,但实际上仍然是片上计算机系统。例如,常用的 2.5G 基带处理芯片实际上就是依靠内置的 ARM946 内核执行程序来实现 GSM、GPRS 等协议的处理。

计算机软件结构分为系统软件和应用软件。在智能终端的软件结构中,系统软件主要是操作系统和中间件。操作系统的功能是管理智能终端的所有资源(包括硬件和软件),同时也是智能终端系统的内核与基石。操作系统是一个庞大的管理控制程序,大致包括 5 个方面的管理功能:进程与处理机管理、作业管理、存储管理、设备管理、文件管理。常见的智能终端操作系统有 Linux、Windows CE、iPhone OS 等。中间件一般包括函数库和虚拟机,使得上层的应用程序能在一定程度脱离下层的硬件和操作系统。应用软件则提供用户直接使用的功能,满足用户需求。

从提供功能的层次来看,操作系统提供底层 API(应用程序编程接口),中间件提供高层 API,而应用程序提供与用户交互的接口。在某些软件结构中,应用程序可以跳过中间件,直接调用部分底层 API 来使用操作系统提供的底层服务。以 Google 公司主导的 Android 智能终端软件平台为例,在操作系统层次上为 Linux。在中间件层次上还可以细分为两层,下层为函数库和 Dalvik 虚拟机,上层为应用程序框架,通过该框架,可以使某个应用发布的服务能为其他应用所使用。最上层的应用程序使用下层提供的服务,来最终为用户提供应用功能。

（2）智能终端的硬件系统

智能终端硬件系统以主处理器内核为核心，可分为三个层次进行描述，分别是主处理器内核、SoC（片上系统）级设备和板级设备。主处理器内核与 SoC 级设备使用片内总线互连，板级设备则一般通过 SoC 级设备与系统连接。

CPU 和内部总线构成了一个一般的计算机处理器内核，提供核心的运算和控制功能。考虑到系统的成本和可靠性，一般会把一些常用的设备和处理器内核集成在一个芯片上，如 Flash 控制器、Mobile DDR 控制器、UART（通用异步收发器）控制器、存储卡控制器、LCD（液晶显示器）控制器等。板级设备一般通过通信接口与主 CPU 连接，通常是一些功能独立的处理单元（如移动通信处理单元、GPS 接收器）或者交互设备（如 LCD 显示屏、键盘等）。

板级设备是不与处理器内核在同一芯片上的其他设备，主要是从与主处理器内核关系的角度出发的，从架构上看，其本身可能也是一个完整的计算机系统，如 GPS 接收器中也集成了 ARM 内核来通过接收的卫星信号计算当前的位置。板级设备通常使用数据接口与主处理器连接，例如，GPS 接收器一般使用 UART 接口与主处理器交换数据。板级设备非常丰富，主要有以下几类：

① 存储类：如内存芯片、Flash 芯片等。

② 移动通信处理部分：主要提供对移动通信的支持，包括基带处理芯片和射频芯片。基带处理芯片用来合成即将发射的基带信号，或对接收到的基带信号进行解码，一般是微处理器+数字信号处理器的结构，使用 UART 接口与主处理器相连接。射频芯片则负责发送和接收基带信号。

③ 通信接口类：如蓝牙控制器、红外控制器、Wi-Fi 网卡等。

④ 交互类：如扬声器、麦克风、键盘、LCD 显示屏等。

⑤ 传感器类：如摄像头、加速度传感器、GPS 等。

（3）智能终端的发展趋势

① 智能设备形式多样化，向更多行业渗透。随着移动芯片技术、传感器技术、软件技术的快速进步，以及操作系统向车载系统、企业/行业平板、可穿戴设备、M2M（机器与机器）设备、智能机器人、电子书等的扩展，智能终端的行业范围和规模将进一步扩大，相关技术和市场将获得更大发展空间。同时，更多的行业将进入智能化升级阶段，通过移动智能终端和云计算，家庭、企业、物流、能源、服务之间将实现信息交换和共享，提高社会经济的运行效率。可穿戴的智能设备、智能汽车等将深刻影响人们的生活方式，相关行业也将迎来新的发展机遇。

② 从智能终端到智能硬件和机器智能，开启智能化时代。智能化浪潮正由智能终端向智能硬件和机器智能发展，一个智能化新时代即将开启。智能手机的爆发式增长已经过去，将逐步迈入结构调整期。而同时，可穿戴设备等泛智能终端正在改变人机协同方式，成为下一个市场爆发点。未来，智能终端在新工业革命的大背景下，将加速向制造业等传统领域扩展，无所不在并且彼此互联的智能终端将推动基础工业机器的智能化。

智能终端作为最终下沉至用户端的主要连接硬件，正成为构建智能制造体系的重要入口。在未来，将会有更多的行业凭借配套的智能终端产品彻底改变自身的生产经营模式，有效提高生产经营效率，减少运行成本，提升用户体验。以智能终端为切入点，构建垂直细分领域的智能制造产业体系，将机器、服务、人、产品连接起来，是制造业企业下一步的重要发展方向。

5.2.3　机器视觉

（1）机器视觉的组成

机器视觉（Machine Vision，MV）也称为计算机视觉，是一种以机器视觉产品代替人眼的视觉功能，利用计算机对机器视觉产品采集的图像或者视频进行处理，从而实现对客观世界的三维场景的感知、识别和理解的技术。机器视觉技术涉及人工智能、神经生物学、心理物理学、计算机科学、图像处理和模式识别等多个技术领域。它主要利用计算机来模拟人或者再现与人类视觉有关的某些智能行为，从客观事物的图像中提取信息，分析特征，最终用于工业检测、工业探伤、精密测控、自动生产线及各种危险场合工作的机器人等。

机器视觉系统是一种非接触式的光学传感器，它同时集成软硬件，能够自动地从所采集的图像中获取信息或者产生控制动作。一般一个典型的机器视觉系统应该包括光源、光学成像系统、图像捕捉系统、图像采集与数字化、智能图像处理与决策和控制执行器等，如图5-8所示。典型机器视觉系统如图5-9所示。

图 5-8　机器视觉的组成

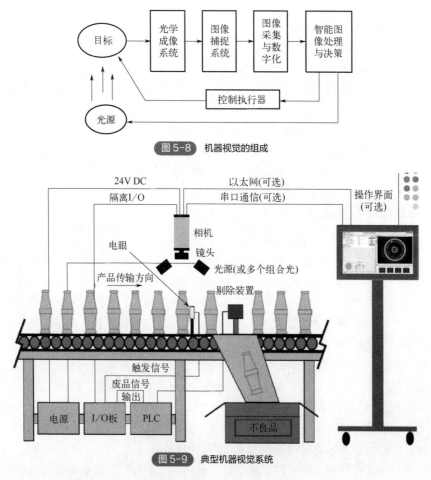

图 5-9　典型机器视觉系统

① 光源。光源照明技术对机器视觉系统性能的好坏有着至关重要的作用。光源一般应具备以下特征：尽可能突出目标的特征，在物体需要检测的部分与非检测的部分之间尽可能产生明显的区别，增加对比度；保证足够的亮度和稳定性；物体位置的变化不影响成像质量。在机器

视觉系统应用中多采用透射光和反射光。光源设备的选择必须符合所需的几何形状，同时，照明亮度、均匀度、发光的光谱特性也需符合实际要求。常用的光源类型有卤素灯、荧光灯和 LED 光源灯。

② 光学镜头。光学镜头成像质量的优劣程度可用像差的大小来衡量，常见的像差有球差、彗差、像散、场区、畸变和色差 6 种。为此，在选用镜头时需要考虑：

成像面积大小：成像面积是入射光通过镜头后所成像的平面，该平面是一个圆形。一般使用 CCD 相机，其芯片大小有 1/3in❶、1/2in、2/3in 及 1in，在选用镜头时要考虑该镜头的成像面与所用的 CCD 相机是否匹配。

焦距、视角、工作距离、视野：焦距是镜头到成像面的距离；视角是视线的角度，也就是镜头能看到的宽度；工作距离是镜头的最下端到景物之间的距离；视野是镜头所能够覆盖的有效工作区域。上述 4 个概念之间是关联的，其关系是：焦距越小，视角越大，最小工作距离越短，视野越大。

③ CCD 相机。CCD 相机具有光电转换、信息存储和延时等功能，并且集成度高、能耗小，在固体图像传感、信息存储和处理等方面得到广泛应用。CCD 按照其使用的器件分为线阵式和面阵式两大类，其中线阵 CCD 一次只能获得图像的一行信息，被拍摄的物体必须以直线形式从相机前移过，才能获得完整的图像，而面阵 CCD 可以一次获得整幅图像的信息。目前，在机器视觉系统中以面阵 CCD 应用较多。

④ 图像采集卡。图像采集卡是机器视觉系统中的一个重要部件，它是图像采集部分和图像处理部分的接口。一般具有以下功能模块：

a. 图像信号的接收与 A/D 转换模块，负责图像信号的放大与数字化。有用于彩色或黑白图像的采集卡，彩色输入信号可分为复合信号或 RGB 分量信号。同时，不同的采集卡具有不同的采集精度，一般有 8bit、16bit、24bit、32bit。

b. 相机控制输入/输出接口，主要负责协调相机进行同步或实现异步重置拍照、定时拍照等。

c. 总线接口，负责通过 PC 内部总线高速输出数字数据，一般是 PCI 接口，传输速率可高达 130Mbit/s，完全能胜任高精度图像的实时传输，且占用较少的 CPU 时间。在选择图像采集卡时，主要应考虑到系统的功能需求、图像的采集精度和相机输出信号的匹配等因素。

⑤ 图像信号处理。图像信号处理是机器视觉系统的核心。视觉信息处理技术主要依赖于图像处理方法，包括图像增强、数据编码和传输、平滑、边缘锐化、分割、特征抽取、图像识别等内容。经过这些处理后，输出图像的质量得到相当程度的改善，既优化了图像的视觉效果，又便于计算机对图像进行分析、处理和识别。随着计算机技术、微电子技术以及大规模集成电路技术的发展，为了提高系统的实时性，图像处理的很多工作都可以借助于硬件完成，如 DSP 芯片、专用的图像信号处理卡等，而软件则主要完成算法中非常复杂、不太成熟或需要改进的部分。

⑥ 执行机构。机器视觉系统最终功能的实现还依靠执行机构来实现。根据应用场合不同，执行机构可以是机电系统、液压系统或气动系统中的一种，无论采用何种执行机构，除了要严格保证其加工制造和装配的精度外，在设计时还需要对动态特性，尤其是快速性和稳定性加以重视。

视觉系统的输出并非视频信号，而是经过运算处理后的检测结果，采用 CCD 相机将被摄取

---

❶ 1in = 25.4mm。

目标转换成图像信号，传送给专用的图像处理系统，根据像素分布和亮度、颜色等信息，通过 A/D 转换模块转换成数字信号；图像系统对这些信号进行各种运算来提取目标的特征（面积、长度、数量和位置等）；根据预设的容许度和其他条件输出结果（尺寸、角度、偏移量、个数、合格/不合格等）；上位机实时获得检测结果后，指挥运动系统或 I/O 系统执行相应的控制动作。

（2）机器视觉测量原理和工作过程

如图 5-10 所示，O_1 和 O_r 是双目系统的两个相机，P 是待测目标点，左右两光轴平行，间距是 T，焦距是 f。对于空间任意一点 P，通过相机 O_1 观察，看到它在相机 O_1 上的成像点为 P_1，X 轴上的坐标为 X_1，但无法由 P 的位置得到 P_1 的位置。实际上 O_1P 连线上任意一点均是 P_1。所以如果同时用 O_1 和 O_r 这两个相机观察 P 点，由于空间 P 既在直线 O_1P_1 上，又在 O_rP_2 上，所以 P 点是两直线 O_1P_1 和 O_rP_2 交点，即 P 点的三维位置是唯一确定的。

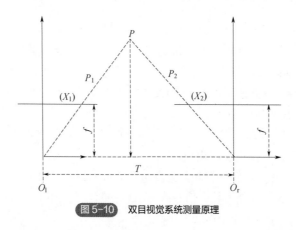

图 5-10　双目视觉系统测量原理

图像采集是图像信息处理的第一个步骤，此步骤为图像分割、图像匹配和深度计算提供分析和处理的对象。

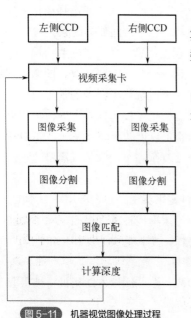

图 5-11　机器视觉图像处理过程

视觉图像是模拟量，要对视觉图像进行数字化才能输入计算机。视频图像采集卡可以将相机摄取的模拟图像信号转换成数字图像信号，使得计算机得到需要的数字图像信号。

图像分割：目的是将图像划分成若干个有意义的互补交互的小区域，或者是将目标区域从背景中分离出来，小区域是具有共同属性并且在空间上相互连接的像素的集合。

图像匹配：图像分割后，对多幅图片进行同名点匹配，从匹配结果中可以获得同一目标在多幅图片上的视差，最后计算出该目标的实际坐标。

机器视觉图像处理过程如图 5-11 所示。

（3）机器视觉技术的应用

案例 5-1　刀具磨损检测系统总体架构及检测原理

基于机器视觉的刀具磨损检测系统主要包括 CCD 相机、镜头、光源、支架等，如图 5-12 所示。

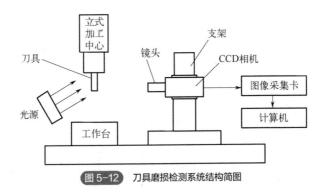

图 5-12 刀具磨损检测系统结构简图

其检测原理包括以下几点：

① 在光学镜头放大比一定的条件下，选择适当的光照方向。

② 调整被测刀具位置，以便清楚地看到刀具磨损区域大小。

③ 采用 CCD 相机获取刀具图像。

④ 由图像采集卡将刀具影像的模拟信号变为数字信号传输到计算机中。

⑤ 由图像处理软件对刀具图像进行处理，得到刀具的轮廓信息。

⑥ 结合光学系统的放大倍率与实际像素的对应关系，最终求得磨损区域几何尺寸的特征值。

检测系统的总体架构可分为刀具状态检测和刀具状态识别两个阶段（图 5-13），其磨损检测整体流程包括刀具图像的离线训练和识别检测两大模块，如图 5-14 所示。

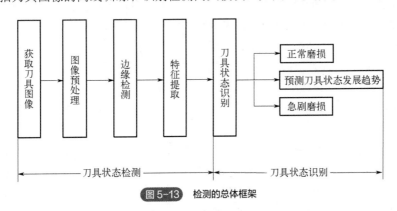

图 5-13 检测的总体框架

刀具状态检测阶段主要包括获取刀具图像、图像预处理（包括灰度化、滤波去噪及二值化）、边缘检测及特征提取过程，这一阶段主要是为了提取刀具磨损的特征数据，通过磨损区域的几何尺寸测量，获取特征训练样本，建立刀具磨损数据知识库，该阶段属于离线训练阶段。

刀具状态识别阶段主要是通过一定的规则选择适当的刀具磨损表征方式和分类策略，表征方式通过特征提取实现，分类策略的选择则需对刀具图像进行训练，构造合适的分类器，基于获取的刀具相关信息进行分类识别，从而识别出刀具所处的状态，如正常磨损或急剧磨损，并预测刀具状态的发展趋势，当刀具磨损严重时发出预警信号，提示机床操作者需要更换刀具，以免继续使用磨损严重的刀具加工工件而造成工件表面质量受损。该阶段属于识别检测阶段。

基于机器视觉的刀具磨损检测可以测量刀具的磨损量，其检测精度取决于刀具磨损图像的处理。刀具磨损检测中的图像处理过程主要包括图像的灰度化、自适应中值滤波、二值化及边缘检测，如图 5-15 所示。

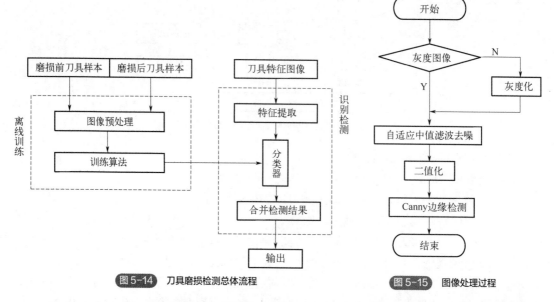

| 图 5-14 | 刀具磨损检测总体流程 | 图 5-15 | 图像处理过程 |

预处理阶段：机器视觉测量建立在图像灰度信息处理基础上，在测量前，首先判断获取的刀具图像是否为灰度图像，如果系统输入图像为彩色图像，则先进行灰度化处理转换成灰度图像。

刀具图像成像过程不可避免地产生或多或少的噪声，必须对刀具图像进行滤波去噪。本例中采用自适应中值滤波方法对刀具图像进行滤波处理。

图像的二值化是将灰度图像转换为表达物体和背景的黑白图像，其目的是从图像中把目标区域和背景区域分开。二值化处理的关键是阈值的选取，以便进一步对二值化后的黑白图像进行边缘检测，提取被测对象的正确边缘轮廓。本节示例采用自适应二值化的方法将刀具从背景区域中分割出来。

Canny 边缘检测：边缘是图像局部灰度不连续的部分，图像中的边缘是图像的重要结构属性，这是图像分割、纹理特征和形状特征提取等图像识别与理解的重要基础。本示例采用 Canny 边缘检测算法提取刀具轮廓。

采用图像处理技术可以提取出刀具的轮廓信息，方便后续对磨损区域尺寸的测量和分类识别，如图 5-16 所示。

| 图 5-16 | 铣刀片照片进行图像处理结果 |

在不同刀具材料、切削参数、冷却方式及加工要求情况下，分别获取加工前的刀具和加工 Δt 时段以后的刀具图像，并提取刀具磨损区域数据特征量，如后刀面磨损量、刀具前角和后角、刀尖距离等。将不同工况、不同刀具磨损区域的数据特征向量作为样本，输入人工神经网络模

型。基于人工神经网络的刀具磨损检测示意图如图 5-17 所示。

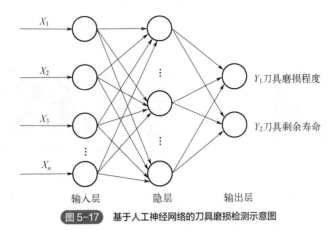

X_1　X_2　X_3　X_n

Y_1刀具磨损程度

Y_2刀具剩余寿命

输入层　　　隐层　　　输出层

图 5-17　基于人工神经网络的刀具磨损检测示意图

基于机器视觉的刀具磨损检测方案，将图像处理技术应用于刀具磨损检测，克服了传统方法的不足，具有简单快捷、无接触、无变形、判断精度高等优点。通过边缘检测提取出刀具的边缘，为进一步提取刀具磨损区域数据特征，识别刀具磨损程度，提供了快捷和可靠的手段。最后，建立了识别刀具磨损程度和预测刀具剩余寿命的人工神经网络模型，为进一步提高高性能件的加工精度与质量控制提供了途径。

人工智能算法流程如图 5-18 所示。

案例 5-2　基于机器视觉的零件表面缺陷检测

机器视觉的检测方法可以在很大程度上克服人工检测方法的抽检率低、准确性不高、实时性差、效率低、劳动强度大等弊端，在现代工业中得到越来越广泛的研究和应用。基于机器视觉的零件表面缺陷检测如图 5-19 所示。

图像读入模块：将采集到的图像读入该检测系统中，通过"刷新"按钮可以对输入图像进行更换。

图像处理模块：包括图像背景的分割、图像增强和缺陷的提取。

缺陷后处理模块：该模块是对提取出来的零件缺陷进行一些必要的后处理，包括形态学处理和边缘检测。

缺陷识别和零件质量等级判定模块：主要包括缺陷识别模块和零件质量等级评定模块。缺陷识别模块是对处理后的缺陷图像进行特征提取，并且建立相应的参数库来训练缺陷分类器的一种模块。

通过质量等级模块处理后，得到的阈值为

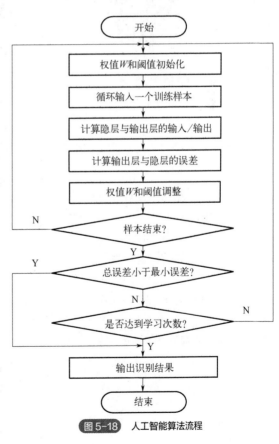

开始

权值 W 和阈值初始化

循环输入一个训练样本

计算隐层与输出层的输入/输出

计算输出层与隐层的误差

权值 W 和阈值调整

样本结束？　N

总误差小于最小误差？　Y

是否达到学习次数？　N

输出识别结果

结束

图 5-18　人工智能算法流程

（180，370），质量等级为四级零件，如图 5-20 所示。

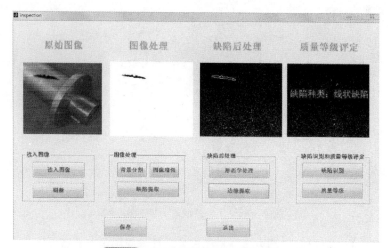

图 5-19　基于机器视觉的零件表面缺陷检测

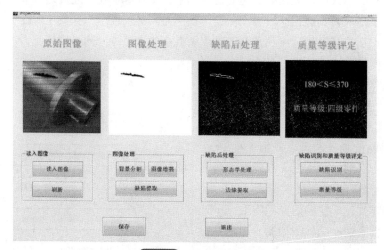

图 5-20　质量等级评定

表面缺陷检测图像处理和分析算法有：

① 图像预处理算法。工业现场采集的图像通常包含噪声，图像预处理的主要目的是减少噪声，改善图像的质量，使之更适合人眼的观察或机器的处理。图像的预处理通常包括空域方法和频域方法，其算法有灰度变换、直方图均衡、基于空域和频域的各种滤波算法等，其中直观的方法是根据噪声能量一般集中于高频，而图像频谱则分布于一个有限区间这一特点，采用低通滤波方式进行去噪，如滑动平均窗滤波器、Wiener 线性滤噪器等。近年来，数学形态学方法、小波方法用于图像的去噪，取得了较好的效果。

② 图像分割算法。图像分割是把图像阵列分解成若干个互不交叠的区域，每个区域内部的某种特性或特征相同或接近，而不同区域间的图像特征则有明显差别。现有的图像分割方法主要分为基于阈值的分割方法、基于区域的分割方法、基于边缘的分割方法以及基于特定理论的分割方法等。

③ 特征提取及其选择算法。图像的特征提取可理解为从高维图像空间到低维特征空间的映

射，其有效性对后续缺陷目标识别精度、计算复杂度、鲁棒性等均有重大影响。特征提取的基本思想是使目标在得到的子空间中具有较小的类内聚散度和较大的类间聚散度。目前常用的图像特征主要有纹理特征、颜色特征、形状特征等。

a. 纹理特征提取。主要包括以下几种方法：

统计法。统计方法将纹理看作随机现象，从统计学的角度来分析随机变量的分布，从而实现对图像纹理的描述。直方图特征是最简单的统计特征；灰度共生矩（GLCM）是基于像素的空间分布信息的常用统计方法；局部二值模式（LBP）具有旋转不变性和多尺度性，计算简单。

信号处理法。将图像当作二维分布的信号，从而可从信号滤波器设计的角度对纹理进行分析。信号处理方法也称滤波方法，即用某种线性变换、滤波器（组）将纹理转到变换域，然后应用相应的能量准则提取纹理特征。基于信号处理的方法主要有傅里叶变换、Gabor 滤波器、小波变换、Laws 纹理、LBP 纹理等。

b. 形状特征提取。主要包括以下两类：

基于区域的形状特征。基于区域的形状特征是将区域内的所有像素集合起来获得用以描述目标轮廓所包围的区域性质的参数。基于区域的形状特征主要有几何特征、拓扑结构特征和矩特征等。

基于轮廓的形状特征。基于轮廓的形状描述符是对包围目标区域的轮廓的描述，主要有边界特征法（边界形状数、边界矩等）、简单几何特征法（如周长、半径、曲率、边缘夹角）、基于变换域（如傅里叶描述符、小波描述符）、曲率尺度空间（CSS）、数学形态学、霍夫变换、小波描述符等方法。基于轮廓的特征有如下优点：轮廓更能反映人类区分事物的形状差异，且轮廓特征所包含的信息较多，能减少计算的复杂度。但是轮廓特征对于噪声和形变比较敏感，有些形状应用中无法提取轮廓信息。

c. 颜色特征提取。

颜色特征是人类感知和区分不同物体的一种基本视觉特征，是一种全局特征，描述了图像或图像区域所对应的景物的表面性质。颜色特征对于图像的旋转、平移、尺度变化都不敏感，表现出较强的鲁棒性。颜色模型主要有 HSV、RGB、HSI、CHL、LAB、CMY 等。常用的特征提取与匹配方法是颜色直方图。

颜色直方图（Color Histogram）是最常用的表达颜色特征的方法，它能简单描述一幅图像中颜色的全局分布，即不同色彩在整幅图像中所占的比例，特别适用于描述那些难以自动分割的图像和不需要考虑物体空间位置的图像，且计算简单，对图像中对象的平移和旋转变化不敏感；但它无法描述图像中颜色的局部分布及每种色彩所处的空间位置。

案例 5-3　机器视觉在商用车生产线的应用

目前，机器视觉已被广泛应用于乘用车生产线，而在商用车领域则刚刚大规模应用，其主要集中于发动机、变速器和车桥等总成车间，而整车产线由于其生产的复杂性和多样性，进展缓慢。在机器视觉的垂直细分领域，主要集中于视觉检测及视觉定位引导方面，2D 视觉也逐步往 3D 视觉拓展，3D 视觉的广泛应用将成为行业的发展趋势。

机器视觉作为现代工厂的眼睛，在商用车制造中主要有以下两点作用：一是引导机器人完成工件的精准装配；二是提升上下料装配及整车生产质量。下面将结合视觉技术与商用车工艺特点，从视觉引导、视觉检测及扫码测量几个垂直细分领域对机器视觉在商用车制造中的应用进行剖析。

① 视觉引导。

视觉引导主要通过拍照或测量，引导机器人准确到达下一工艺，以弥补工装器具定位或加工制造误差带来的实时位置变化量，实现工位的自动装配或定位。其典型应用如图 5-21 所示。

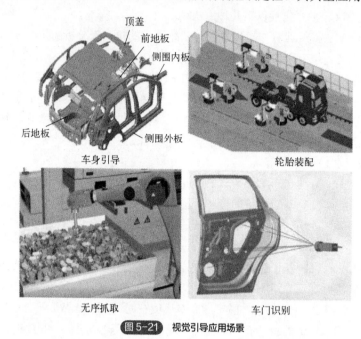

顶盖
前地板
侧围内板
后地板
侧围外板
车身引导

轮胎装配

无序抓取

车门识别

图 5-21　视觉引导应用场景

视觉引导的应用较为广泛，在商用车冲焊涂总及各总成生产过程中均有涉足，并以此为基础提升产线自动装配能力及智能化水平。视觉引导的主要特性有：一是参与装配生产，需具备相机快速恢复、替换功能；二是要求引导精度高，需与工位器具、机器人及 AGV 紧密配合；三是依赖工艺及料件形状特性来设计机器人抓取方式，从而设计整体视觉方案。

② 视觉检测。

视觉检测指的是在固定工位环境或光照背景下，通过视觉算法对相机获取的工位图像进行轮廓、颜色和滤波等一系列特征分析，最终得出类别、缺陷或质量的检测结果，为质检及后续的工序提供协助。其典型应用如图 5-22 所示。

视觉检测的主要特性有：一是不直接参与生产节拍；二是主要以 2D 视觉算法为主，根据场景个性化开发，关注质量问题。

③ 扫码测量。

扫码追溯主要对各铸造件和部件的 OCR 字符码、条码及直接部件标识码（DPM）进行扫描识别，以此来匹配物料信息，完善整车装配的可追溯体系。在线测量主要使用激光方式，快速、精准地对白车身或分总成等检测工位进行尺寸、形状或间隙面差的测量，实现对产品生产误差的测量。其具体应用场景如图 5-23 所示。

扫码测量的主要特性有：一是扫码技术成熟，多样且广泛；二是测量主要用于比对生产的一致性，提升制造精度，进一步提高整车质量。

案例 5-4　车辆检测与参数识别应用

① 车型识别。

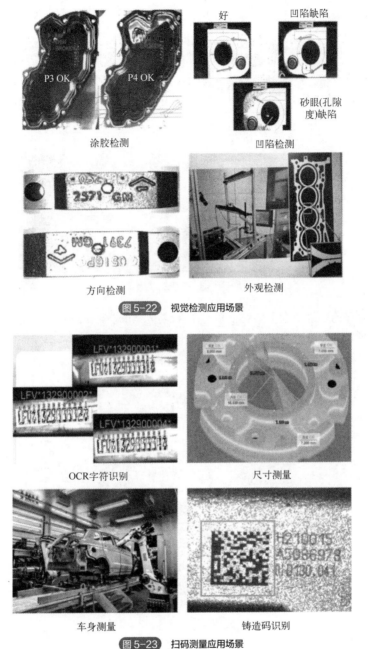

图 5-22　视觉检测应用场景

图 5-23　扫码测量应用场景

车型是指车辆的外观型式，可以划分为小轿车、货车、客车、挂车等多种单独类型。车型识别是通过提取车辆的特征，计算车辆的不变量特征来判断车辆所属类型。早期大部分学者通过匹配车辆边缘特征来实现车型的分类识别。目前主流方法是通过深度学习自动提取车辆的有效特征，将车辆分成事先定义的车型。利用深度学习自适应提取目标的本质特征，可以实现稳健、适用范围广的精细车型分类。车型分类与检测如图 5-24 所示。

② 车牌识别。

车牌号是标识车辆身份唯一性的号码，通过车牌号可以查到车辆的所属地区、车主以及更多登记信息，甚至通过车牌颜色和编号也可以推算车辆类型。目前车牌识别的主流方法包括基于图像处理的识别方法、基于深度学习的识别方法以及两者相结合的方法。

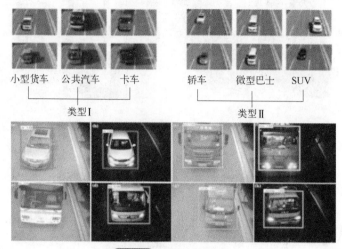

图 5-24　车型分类与检测

基于图像处理的车牌识别主要包括采用图像滤波、形态学和边缘检测等方法。基于深度学习的车牌识别具有良好的泛化能力，可以更加准确、自动地实现车牌识别，更有效地应用于行车记录仪、手机等动态摄像头采集的复杂场景。车牌识别示例如图 5-25 所示。

图 5-25　车牌识别

③ 车道检测。

车道检测包括传统的图像处理方法和基于深度学习的识别方法。其中，传统的图像处理方法包括根据车道线的颜色、边缘、消隐点、纹理等特征信息检测和利用数学几何模型（直线、抛物线、双曲线等）的检测。随着神经网络在图像检测领域的盛行，基于深度学习的车道检测精度可由传统方法的 80% 提高到 90% 以上。基于深度学习的车道检测法相比传统方法能更好地提取车道线特征，且不需要道路结构形式的任何假设。但深度学习需要依赖大量的车道数据集和标定的样本数据，且算法复杂。车道检测示例如图 5-26 所示。

④ 车辆多参数识别。

在实际应用中，往往需要同时检测识别车辆的多个参数信息，而不仅仅是上述的单个参数识别，才能满足智能交通和桥梁健康监测等系统的需求。例如，桥上车辆的类型、长度、轴数、速度、轨迹、间距、轴重和总重等信息对于桥梁荷载统计、状态监测和安全评估都有重要意义。车辆多参数识别系统如图5-27所示。

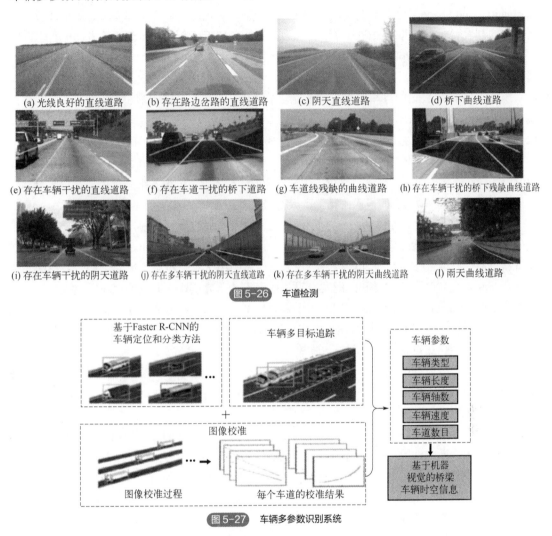

(a) 光线良好的直线道路　(b) 存在路边岔路的直线道路　(c) 阴天直线道路　(d) 桥下曲线道路

(e) 存在车辆干扰的直线道路　(f) 存在车道干扰的桥下道路　(g) 车道线残缺的曲线道路　(h) 存在车辆干扰的桥下残缺曲线道路

(i) 存在车辆干扰的阴天道路　(j) 存在多车辆干扰的阴天直线道路　(k) 存在多车辆干扰的阴天曲线道路　(l) 雨天曲线道路

图 5-26　车道检测

图 5-27　车辆多参数识别系统

5.3　智能诊断

　　故障诊断就是对设备运行状态和异常情况作出判断，也就是说，在设备没有发生故障之前，要对设备的运行状态进行预测和预报；在设备发生故障后，对故障的原因、部位、类型、程度等作出判断，并进行维修决策。故障诊断的任务包括故障检测、故障识别、故障分离与估计、故障评价和决策等。

5.3.1　故障智能诊断的发展

　　故障智能诊断是故障诊断领域的前沿学科之一，它是在计算机和人工智能的基础上发展起来的。智能诊断技术在知识层次上实现了辩证逻辑与数理逻辑的集成、符号逻辑与数值处理的统一、推理过程与算法过程的统一、知识库与数据库的交互等功能。

故障诊断是 20 世纪 60 年代发展起来的一门新技术。1967 年，在美国航空航天局（National Aeronautics and Space Administration，NASA）倡导下，美国海军研究室率先开始了机械故障诊断技术的开发和研究，并在故障机理研究和故障检测、故障诊断和故障预测等方面取得了许多实用性的研究成果。如 Johns Mitchel 公司的超低温水泵和空压机检测诊断系统，Spire 公司用于军用机械轴与轴承的诊断系统，Iedeco 公司的润滑油分析诊断系统，De 公司的内燃机车故障诊断系统，Delte 西屋公司的汽车发电机组智能化故障诊断专家系统等，都在国际上具有特色。在航空方面，波音 747、DC9 等大型客机上的故障诊断系统，能利用大量飞行中的信息来分析飞机各部位的故障原因并发出故障的命令，大大提高了飞行的安全性。英国和日本相继在 20 世纪 70 年代初开始了故障诊断的开发研究，并在锅炉、压力容器核发电站、核反应堆、铁路机车等方面取得了许多研究成果。根据资料报道，国外采用故障诊断技术，设备维修费用平均降低 15%～20%，美国对故障诊断技术的投入占其生产成本的 7.2%，日本为 5.6%，德国为 9.4%。

国内诊断技术从 20 世纪 80 年代中期开始进入迅速发展时期。目前，在理论研究方面，已形成具有我国特点的故障诊断理论，并出版了一系列相关论著，研制出了可与国际接轨的大型设备状态监测与故障诊断系统，如华中科技大学研制的用于汽轮机组工况监测和故障诊断的智能系统 dest，哈尔滨工业大学和上海发电设备成套设计研究所联合研制的汽轮发电机组故障诊断专家系统 mmmd-2，清华大学研制的用于锅炉设备故障诊断的专家系统，山东电力科学研究院同清华大学联合研制的"大型汽轮机发电机组远程在线振动监测分析与诊断网络系统"，重庆大学研制的"便携式设备状态监测与故障诊断系统"等。

当前，故障智能诊断系统无论是在理论上还是在系统开发方面都已取得很大进步，能够使生产安全、高效地运行，减少了一些生产事故的发生，提高了现代化制造业水平。故障智能诊断系统的发展方向主要有：

① 多技术融合的故障智能诊断。例如，基于多尺度融合估计的故障诊断方法、基于智能诊断技术的故障诊断方法等，由于多传感器信息融合技术涉及多学科、多领域，且具有多信息量、多层次、多手段等特点，因此，利用信息融合技术可得到比单一信息源更精确、更完全的判断。

② 虚拟现实技术。由于虚拟现实技术可以解决智能系统中许多无法解决的困难问题，因此它也会对故障智能诊断体系带来一次技术性的革命。

③ 人工智能与数据库技术是计算机科学的两大重要领域，越来越多的研究成果表明，这两种技术的相互渗透将会给故障智能诊断系统带来更为广阔的应用前景。

5.3.2　故障智能诊断方法

目前，智能诊断的理论与方法主要有：基于专家系统的方法、基于神经网络的方法、基于模糊逻辑的方法、基于遗传算法的方法、基于信息融合的方法。

（1）基于专家系统的故障诊断方法

专家控制又称专家智能控制，一般分为直接型专家控制和间接型专家控制两种类型。专家系统故障诊断方法就是综合运用各种规则对计算机采集到的被诊断对象的信息进行一系列推理后，同时在必要时还可以随时调用各种应用程序并在运行过程中向用户索取必要的信息，然后能够快速找到最终故障或最有可能的故障，由用户来确认的一种方法。专家系统获得巨大成功的原因在于，它将模仿人类思维规律的解题策略与大量的专业知识结合在一起。

专家系统主要由知识库、推理机、控制算法库、知识获取模块、解释程序和人机接口等部分组成，如图5-28所示。其内部具有某个领域专家的知识和经验，能够利用人类专家的知识和解决问题的方法来解决问题。专家系统解决的问题一般没有算法解，且往往在不完全信息的基础上进行推理、做出结论，故速度快、实时性强。该方法是人工智能理论在故障诊断领域中最成功的应用，也是目前故障诊断领域最常用的方法。

（2）基于神经网络的故障诊断方法

神经网络结构如图5-29所示，其在控制系统中往往应用于以下几种情况：

① 建立被控对象模型，结合其他控制器对系统进行控制。

② 直接作为控制器替代其他控制器，实现系统控制。

③ 在传统控制系统中起优化计算作用。

④ 与其他智能控制算法相结合，实现参数优化、模型推理及故障诊断等功能。

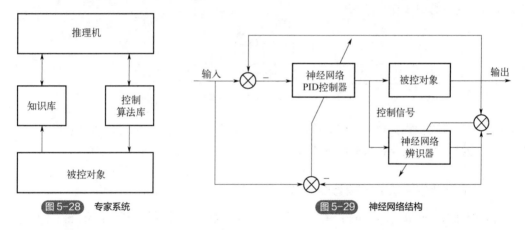

图 5-28　专家系统　　　　　　　图 5-29　神经网络结构

神经网络用于设备故障诊断是近十几年来迅速发展起来的一个新的研究领域。神经网络具有并行分布处理、联想记忆、自组织及其自学习能力和极强的非线性映射特性，能对复杂的信息进行识别处理并给予准确的分类，因此可以用来对系统设备由于故障而引起的状态变化进行识别和判断，从而为故障诊断与状态监控提供了新的技术手段。

神经网络应用于故障诊断具有很多优点：

① 并行结构和并行处理方式。

② 具有高度的自适应性。

③ 具有很强的自学习能力。

④ 具有很强的容错性。

⑤ 实现了将知识表示、存储和推理三者融为一体。

然而，神经网络也存在固有的弱点。首先，系统性能受到所选择的训练样本集的限制；其次，神经网络没有能力解释自己的推理过程和推理依据及其存储知识的意义；再次，神经网络利用知识和表达知识的方式单一，通常的神经网络只能采用数值化的知识；最后，神经网络只能模拟人类感觉层次上的智能活动，在模拟人类复杂层次的思维方面，如基于目标的管理、综合判断与因果分析等方面还远远不及传统的基于符号的专家系统。

（3）基于模糊逻辑的故障诊断方法

设备运行过程本身的不确定性、不精确性以及噪声为处理复杂系统的大时滞、时变及非线性等方面带来了许多困难，而模糊逻辑在此显示了优越性。目前用于故障智能诊断的思路主要有三种：

① 基于模糊关系及合成算法的诊断。先建立征兆与故障类型之间的因果关系矩阵，再建立故障与征兆的模糊关系方程，最后进行模糊诊断。

② 基于模糊知识处理技术的诊断。先建立故障与征兆的模糊规则库，再进行模糊逻辑推理的诊断过程。

③ 基于模糊聚类算法的诊断。先对原始采样数据进行模糊 c 均值聚类处理，再通过模糊传递闭包法和绝对值指数法得到模糊 c 均值法的初始迭代矩阵，最后用划分系数、划分熵和分离系数等来评价聚类的结果是否最佳。

模糊故障诊断系统的基本结构如图 5-30 所示，主要包括模糊化接口、模糊规则库、模糊推理机和解模糊化接口 4 部分。

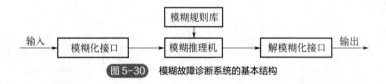

图 5-30　模糊故障诊断系统的基本结构

模糊控制是将模糊集理论、模糊逻辑推理和模糊语言变量与控制理论和方法相结合的一种智能控制方法，目的是模仿人的模糊推理和决策过程，实现智能控制。

（4）基于遗传算法的故障诊断方法

遗传算法（Genetic Algorithm，GA）是一类借鉴生物界自然选择和自然遗传机制的随机化搜索算法。它模拟达尔文的"适者生存，优胜劣汰"的自然进化论与孟德尔的遗传变异理论，具有坚实的生物学基础。遗传算法是由密歇根大学 Holland 教授于 1975 年在他的专著《自然界和人工系统的适应性》中首次提出的。由于该算法不依赖传统的梯度信息，不存在求导和函数连续性的限定，而是利用选择、交叉和变异等遗传操作来进行全局搜索，具有算法简单、通用性强和鲁棒性强的特点，适用于全局性并行处理，已广泛应用于优化组合问题的求解、机器学习、软件学习、软件技术、图像处理、模式识别、神经网络、工业优化控制、故障诊断、人工生命、社会科学等方面，并且在遗传算法应用中取得了巨大成功。

遗传算法的具体方法是：

① 对每一个假设的每一条路径进行编码，在每一个假设中随机地选择一条路径作为个体，它们的集合作为初始种群。

② 计算每个个体结论的可信度模糊区间值，并计算其差值作为每个个体的适应度，它们的和作为该基因串的适应度。

③ 利用遗传算子，对当前一代的个体进行繁衍，产生其后代，并淘汰父代中适应度低的个

体，同时计算后代的适应度，将适应度高的个体与父代中保留的个体合成新的一代。

④ 新的一代如果达到设定的繁衍代数或算法已收敛，则返回基因串，并将该基因串适应度值的个体进行解码，输出的即为结论，否则继续繁衍。

基于遗传算法的智能故障诊断的主要思想是利用遗传算法的寻优特性，搜索故障判别的最佳特征参数的组合方式，采用树状结构对原始特征参数进行再组织，以产生最佳特征参数组合，利用特征参数的不同最佳组合进行设备故障的准确识别，其识别精度有了很大提高，如图 5-31 所示。其基本点是将信号特征参数的公式转化为遗传算法的遗传子，采用树图来表示特征参数，得到优化的故障特征参数表达式。

（5）基于信息融合的故障诊断方法

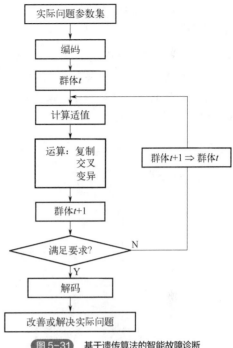

图 5-31　基于遗传算法的智能故障诊断

目前，信息融合在大多数情况下采用多传感器融合的方式，其原理是通过有效利用不同时间、空间的多个传感器信息资源，最大限度地获得被测目标和环境的信息量，采用计算机技术对获得的信息在一定准则下加以自动处理，获得被测对象的一致性解释和描述，以完成所需的决策。多传感器信息融合技术应用于故障诊断主要是由于信息融合能够为故障诊断提供更多的信息。既可以对多传感器形成的不同信道的信号进行融合，也可以对同一信号的不同特征进行融合，从而获得可靠的信息。此外，故障诊断系统也具有与信息融合系统类似的特征，例如，对不同诊断方法得出的结论进行融合。融合诊断的最终目标就是利用各种信息提高诊断的准确率。

5.3.3　智能制造系统的故障诊断

智能制造系统使多品种、中小批量生产实现了高度自动化，但在系统高度自动化的同时也造成系统结构的复杂性，这给故障的诊断和排除带来很大困难，它已成为智能制造技术发展的关键问题之一。智能化综合诊断系统如图 5-32 所示。

一般来说，智能制造系统的故障有以下几个特点：

① 运行时，其系统行为、状态及部件之间存在着复杂的关联性，某一设备的故障可能会影响到其他设备的运行。

② 多种故障可能并发，需要判别故障的影响程度，优先处理最紧急的故障。

③ 系统故障要求在线自动采集信息，实行实时诊断和处理。

从上述特点可以看出，智能制造系统的故障诊断要比一般单一设备的故障诊断复杂得多，其故障诊断与处理涉及多种学科知识，是一种复杂的人类智能活动。传统的诊断方法已很难满足系统的实时性要求，采用以知识为基础的专家系统，可以比较好地解决这一问题。

在智能制造系统的故障诊断系统中，知识按内容可分为以下三类：

第一类是故障描述知识，其主要内容是信号的格式与含义说明。系统的故障信息可由故障信号检测装置直接提供，并对这些故障信息规定了具体的表达格式，该表达格式包含的故障信息主要有：

　　① 故障检测装置编号，它表明故障信号的来源地。

　　② 故障级别号，用来表明故障类别，即故障要求处理的优先等级；

　　③ 故障编号，对应一种实际故障。

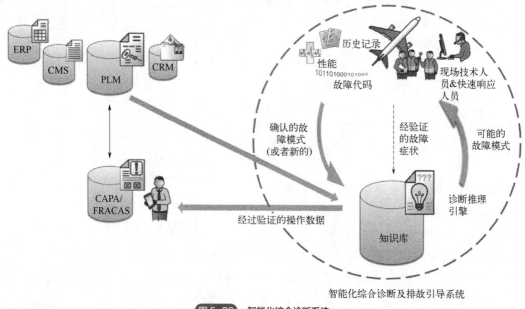

智能化综合诊断及排故引导系统

图 5-32　智能化综合诊断系统

　　第二类为故障的监控与诊断知识，其主要内容是从领域专家那里得到的关于系统的监控与诊断知识。

　　第三类为故障处理知识，该部分是领域专家关于故障处理以及 FMS 的运行和控制等有关方面的知识。

　　故障诊断系统如图 5-33 所示。

　　在故障诊断系统中，其数据库中的内容可以是故障发生时检测到的数据存储，也可以是人为检测的一些特征数据。知识库中存放的一般知识可以是故障的各种现象，故障产生的原因，故障产生时所对应的子系统、设备和部件。规则集是一组规则，反映系统的因果关系，如故障现象与部件的对应关系、故障部件与故障模式的对应关系等。人机接口主要用来为数据库和知识库提供故障前和故障发生时观测到的新现象、故障的新原因、故障发生的新规则等，它提供了知识获取、修改、扩充和完善的维护手段。推理机控制并执行故障原因的求解过程。

5.3.4　故障智能诊断案例

　　旋转类设备振动监测技术应用行业非常广泛。智能振动监测系统就是针对旋转设备的运行状态进行智能化监测与故障诊断的系统。它实现了机电设备运行状态实时监测及故障预警可视化等功能。

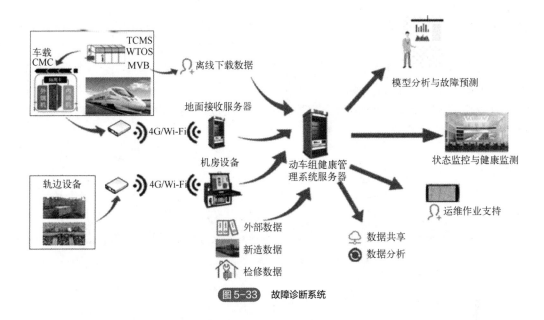

图 5-33 故障诊断系统

（1）故障智能诊断系统的组成

智能振动监测系统主要由无线振动传感器（无线单轴温度振动传感器、无线三轴温度振动传感器、无线单轴温度加速度传感器、无线三轴温度加速度传感器等）、智能无线采集仪、智能振动监测系统云平台和手机小程序组成，如图 5-34 所示。系统可以通过无线振动传感器将采集

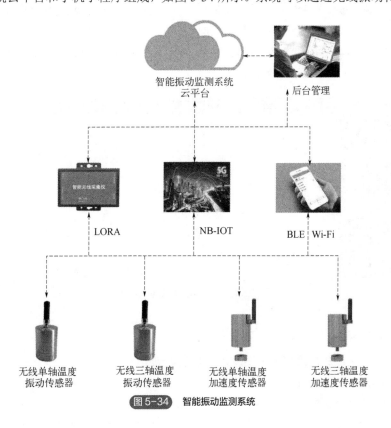

图 5-34 智能振动监测系统

到的终端设备的温度、振动幅度、加速度等信息，通过 LORA/BLE/Wi-Fi/NB-IOT（任选）等无线方式，利用智能无线采集仪或运营商基站，将相关信息传输到智能终端。

① 无线振动传感器。无线振动传感器主要分为：无线单轴振动传感器、无线单轴温度振动传感器、无线三轴振动传感器、无线三轴温度振动传感器、无线单轴加速度传感器、无线单轴温度加速度传感器、无线三轴加速度传感器、无线三轴温度加速度传感器等。无线振动传感器采集信号如图 5-35 所示。

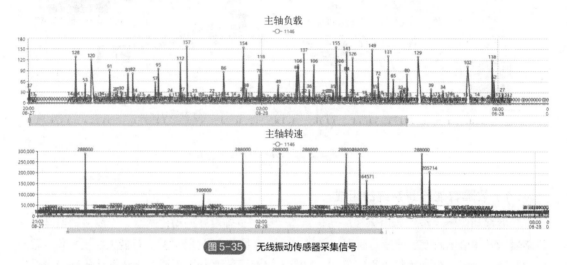

图 5-35　无线振动传感器采集信号

② 智能无线采集仪。智能无线采集仪是一款智能化、专业化的无线电子装置，用以采集传感器的温度、振动、加速度等数据信息。它集成了 RS232、RS485、以太网、4G 等丰富接口，具有数据采集、处理、存储与发送等功能，能够可靠地把设备数据传输到云平台。

③ 智能振动监测系统云平台如图 5-36 所示。

图 5-36　智能振动监测系统云平台

（2）智能振动监测系统的应用场景

案例 5-5　某大型车厂冲压车间飞轮轴承状态监测

冲压车间 AB 线采用飞轮结构，飞轮轴承安装隐蔽，无法观察到其磨损状态，更换此轴承需要 6 个班次，每个班次至少需要 8 人。如果不能提前判断其损坏程度，待其突然故障停机，还会连带造成离合制动器和主轴的损坏，将会造成重大经济损失。轴承状态监测如图 5-37 所示。

图 5-37　轴承状态监测

案例 5-6　无锡某半导体厂厂务设备智能监控系统

无锡某半导体厂，厂务设施风机、水泵、电机必须确保可靠稳定工作，如有异常停机，损失巨大，对设备的运行和维护要求较高，成本也很高，通过对设备的智能监控可以有效提前监测到设备的异常，做到预防性维护。设备监测如图 5-38 所示。

(a) 复杂庞大的厂务设施　　　　(b) 风机安装现场　　　　(c) 水泵安装现场

图 5-38　设备监测

案例 5-7　天津某煤炭分选振动筛机智能监控项目

此应用场景环境恶劣，室外有粉尘、水和高温，分选机振动幅度大，噪声大，设备状态无有效监测手段，采用 Zigbee 组网的无线振动监测传感器后可以对筛机的运行状态做到在线监控，提前发现故障征兆，做到预防性维护。智能监测如图 5-39 所示。

(a) 振动筛　　　　　　(b) 煤炭分选系统　　　　　　(c) 传感器安装现场

图 5-39　智能监测

案例 5-8　承德某钢厂轧机故障报警与预测项目

轧钢厂轧钢设备必须确保可靠稳定工作，如有异常停机，损失巨大，对设备的运行和维护要求较高，成本也很高，目前靠人员经验点检，费时、费力，设备故障也无法提前进行预警，通过智能化在线监控可以有效提前监测到设备的异常，做到预防性维护。故障报警与预测如图 5-40 所示。

(a) 轧钢车间现场　　　　　(b) 安装位置

图 5-40　故障报警与预测

案例 5-9　上海某集团地铁轴箱智能监测

地铁的行车安全几乎关系到我们每一个人，轮毂的监测、保养和维修是非常重要的安全保证。该系统通过对轴箱系统设置检测装置，可以实现对轴箱体内的轴承温升和振动监测，实现分级报警，所有监测结果都能在司机室显示，并可将报警信息通过列车控制系统发送至设备管理中心。地铁轴箱智能监测如图 5-41 所示。

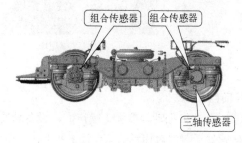

(a) 地铁走行部轴箱振动监测　　　　　(b) 监测系统

图 5-41　地铁轴箱智能监测

案例 5-10　某电力公司对电厂辅机智能监测

通过温振一体传感器进行设备运行数据的实时采集，同时通过远程智能监测系统整合已有监测系统数据，并根据电力机组和相关辅机的运行特性配置针对性的数据采集策略，抓取对分析定位机组故障有效的振动、温度数据，并借助智能报警策略，及时发现设备的运行异常状态，并实现异常状态的自动推送短信和移动 APP 报警推送。远程诊断工程师对数据进行精密分析，出具设备诊断结论以及检维修建议，并提交诊断报告，从而为现场提供针对性的检修指导建议。电厂辅机智能监测如图 5-42 所示。

案例 5-11　某机床设备公司的刀具寿命智能监控

数控机床的刀具为易损部件，刀具的磨损状态直接决定了加工成品的良率。目前的刀具检测方法存在监测不准确、建模复杂等问题，无法适应智能制造的要求。通过开发智能刀具磨损监测传感器，监测刀把（刀具夹持装置）的振动信号，更加精确地监测刀具的磨损状态。该系统安装实施后，降低了 60% 的意外停机，质量缺陷率从 6‰ 降至 3‰，节约了 16% 的成本。某机床设备公司的刀具寿命智能监控如图 5-43 所示。

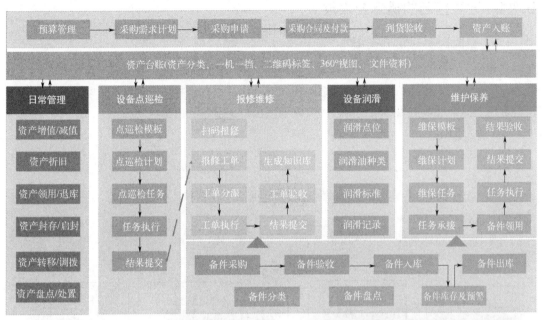

(a) 无线振动传感器

(b) 采集+传输最小硬件套装

(c) 数据上云

图5-42 电厂辅机智能监测

(a) 车间　　　　　　　(b) 智能刀把　　　　　　　(c) 检测系统

图5-43 某机床设备公司的刀具寿命智能监控

5.4　智能控制

5.4.1　智能控制的概念及发展

（1）智能控制问题的提出

近年来，由于航空、航天、机器人、高精度加工等技术的发展，一方面系统的复杂度越来越高，另一方面对控制的要求也日趋多样化和精确化，原有控制理论难以解决复杂系统的控制问题，尤其是面对具有以下特征的被控对象时，传统控制方法往往难以奏效：

① 模型不确定。

② 非线性程度高。

③ 任务要求极为复杂。

CPU、GPU、FPGA 等硬件平台的发展极大地提高了计算和数据处理能力，进一步推动了智能控制技术的应用和进步。

智能控制技术流程如图 5-44 所示。

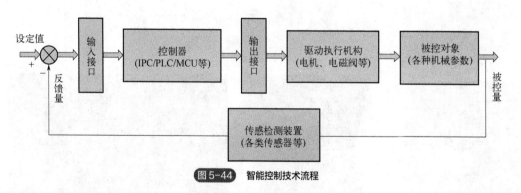

图 5-44　智能控制技术流程

（2）智能控制的概念

傅京逊教授于 1971 年首先提出智能控制是人工智能与自动控制的交叉，即二元论。G. N. Saridis 于 1977 年在此基础上引入运筹学，提出了三元论的智能控制概念。三元论除了"智能"与"控制"外还强调了更高层次控制中调度、规划和管理的作用，为递阶智能控制提供了理论依据。

所谓智能控制，即设计一个控制器（或系统），使之具有学习、抽象、推理、决策等功能，并能根据环境（包括被控对象或被控过程）信息的变化做出适应性反应，从而实现由人来完成的任务。

IEEE 对智能控制的定义为：智能控制必须具有模拟人类学习和自适应的能力。一般来说，一个智能控制系统要具有对环境的敏感，进行决策和控制的功能，根据其性能要求的不同，可以有各种人工智能水平。

智能控制的概念如图 5-45 所示。

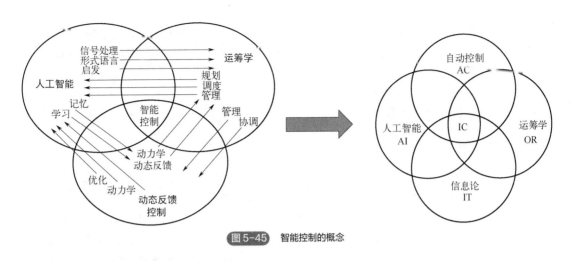

图 5-45　智能控制的概念

5.4.2　智能控制的研究工具

控制科学的研究不断由简单向高级方向进展，如图 5-46 所示。智能控制算法，实际上是各种方法的综合集成，如模糊神经网络控制、模糊专家控制、模糊 PID 控制、神经网络鲁棒控制、神经网络自适应控制等，如图 5-47 所示。

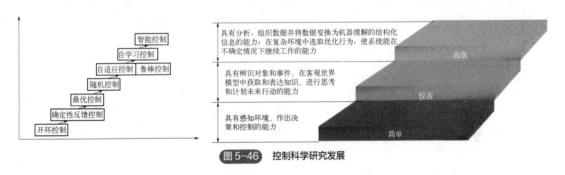

图 5-46　控制科学研究发展

这些研究方法的研究工具主要依赖于：

① 符号推理与数值计算的结合。例如，专家控制，它的上层是专家系统，采用人工智能中的符号推理方法；下层是传统意义上的控制系统，采用数值计算方法。

② 模糊集理论。模糊集理论是模糊控制的基础，其核心是采用模糊规则进行逻辑推理，其逻辑取值可在 0 与 1 之间连续变化，其处理的方法是基于数值的而不是基于符号的。

③ 神经网络理论。神经网络通过许多简单的关系来实现复杂的函数，其本质是一个非线性动力学系统，但它不依赖数学模型，是一种介于逻辑推理和数值计算之间的工具和方法。

④ 遗传算法。遗传算法根据适者生存、优胜劣汰等自然进化规则来进行搜索计算和问题求解。对许多传统数学难以解决或明显失效的复杂问题，特别是优化问题，遗传算法提供了一个行之有效的途径。

⑤ 离散事件与连续时间系统的结合。主要用

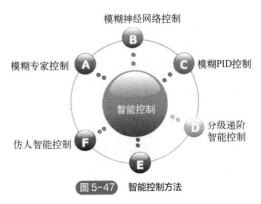

图 5-47　智能控制方法

于计算机集成制造系统（CIMS）和智能机器人的智能控制。以 CIMS 为例，上层任务的分配和调度、零件的加工和传输等可用离散事件系统理论进行分析和设计；下层的控制，如机床及机器人的控制，则采用常规的连续时间系统方法。

5.4.3　智能控制的主要控制形式

（1）反馈控制

在常规的自动控制系统中，最基本的控制系统是简单的反馈控制系统。在这种反馈系统中，测量元件对被控对象的被控参数（如温度、压力、流量、转速、位移等）进行测量，变送单元将被测参数变换成一定形式的信号，反馈给控制装置，变送单元反馈回来的信号与给定信号进行比较，如有误差，控制装置就产生控制信号驱动执行机构工作，使被控参数的值与给定值保持一致。这种控制，由于被控变量是控制系统的输出，被控变量的变化值又反馈到控制系统的输入端，与作为系统输入量的给定值相减，所以就称为闭环负反馈控制系统，它是自动控制的基本形式。

由数字计算机直接对过程进行控制是实现直接数字控制最有效的办法。在 DDC 控制系统中，微机不仅能完全取代模拟式 PID 控制器实现多回路 PID 分时控制，而且无须改变硬件，只要改变算法程序，就能有效地实现较为复杂的控制算法。微机型直接数字控制系统又常是分级分布式控制系统底层的现场生产控制机，它是向现代最优化控制发展的阶梯之一。

（2）直接数字控制

在直接数字控制系统中，所有的信号处理、显示和控制功能都由一台计算机用数字方式来完成。由于 DDC 系统的计算机必须执行多种功能，因此，对中央处理器的速度和存储器的要求很高。这些功能包括：多路切换器输入/输出扫描、输入信号预处理、数据库的生成、控制算法的执行、工艺及报警画面显示、报表制作、记录和过程优化。

中央处理器还必须支持各种后台软件系统，如编译程序、文件系统、文本编辑、数据库建立以及供系统程序员使用的多种实用程序。计算机还必须为它的外部设备（打印机、控制台和外部存储设备等）服务。尽管其他计算机系统也对中央处理器有上述各种要求，但 DDC 系统的要求则是全面和大量的。由于 DDC 系统需要几乎全部组件来维持对过程实行控制，所以任何单个组件的故障都会引起系统失控，其结果导致了系统可靠性和性能下降。系统的复杂性使得故障的修理工作比常规控制系统困难得多。

（3）最优控制

当前由于计算机控制及自动控制理论的发展，在自动化程度、控制规律及控制品质上均得到很大发展。许多过去难以实现控制的对象，也有针对性地产生了相应的控制方法。现介绍最优控制方法。

所谓最优化控制，是指在制造过程客观允许的范围内，力求获得制造过程最好的产品质量和最高产量，而能耗又最低的一种控制方法。它的范围可以是一个参数、机组，或者是一个工段、车间和工厂。最优化控制有静态最优化控制和动态最优化控制两种。下面介绍动态最优化控制的若干方法。

① 线性规划。

线性规划研究的问题基本上有两类：一类是在已知原材料及客观限制条件的前提下研究如何完成最多的工作，或使产品达到最好的质量；另一类要完成的任务是预先计划好的，研究如何根据客观所允许的条件，利用最少的能源消耗及最少的原料去完成任务。线性规划不能直接用来求解非线性问题，但可通过"分段线性规划"的方法得到推广。

动态规划和线性规划虽然名称相似，但两种方法并不相同。动态规划属于动态最优化方法。由贝尔曼所建立的动态规划基本上是多级决策过程最优化的一种方法，故又称为多级决策方法。动态规划在制造工业颇受重视，这是因为大多数制造过程的单元都是由前后相连而成的缘故。动态规划对于这些单元的最优化是将高维最优化问题化为一系列低维最优化问题来处理。

动态规划的基本方法是利用递推关系得出数值解。用动态规划求解一个多单元的实际问题时，由于求数值解需进行的计算次数太多，很烦琐，故要采用解析逼近法，以便在某种程度上减少计算次数。随着新一代计算机的出现，动态规划法会得到更广泛的应用。

② 多变量搜索法（登山法）。

线性规划和动态规划是在有限条件下求最大（或最小）目标函数，而且在绝大多数情况下都能得到确定的解答。而登山法则是经过多次反复计算，最后得到的只是一个近似答案。所谓登山法，是一种形象的说法，正如一个人处在山腰上，现在试图爬到顶峰，应如何爬才能以最快的速度到达山顶呢？很显然，要达到山顶，首先必须确定山顶的方向，否则永远到不了山顶；其次必须选择路线，以最短的路线走到顶峰。

搜索法可分为梯度法和模型搜索法。梯度法即根据梯度来确定搜索方向；模型搜索法总的目的是在若干选定的方向上去寻找改进试验的步骤。

（4）自适应控制

由于自适应控制的研究所涉及的知识领域较广，从事该理论研究的学者很多，加之其本身仍处在不断地发展完善中，所以其定义及分类有很多种，这里选择了两类被广泛认可的类型。

自适应系统能利用可调系统的输入量、输出量或状态变量来度量某个性能指标。根据测得性能指标与给定性能指标的差异，由自适应机构来调整可调系统的参数或综合一个辅助的控制信号，从而使系统的性能指标接近给定指标。这里可调系统应理解为能通过调整其控制信号来调节其性能的、包含被控对象的系统。这个定义适用于模型参考自适应系统。

自适应控制系统必须提供被控对象当前状态的连续信息，也就是能辨识对象。它必须将当前系统性能与期望的或者最优的性能相比较，从而得出系统趋向最优的决策或控制。这一定义适用于自校正控制系统。以上定义中涉及自适应控制的三大要素：一是对象信息的在线积累；二是综合有效控制量的可调控制器；三是对性能指标实行闭环控制。

图 5-48 所示为模型参考自适应控制框图，它由参考模型、被控对象、常规反馈控制器和自适应控制回路（自适应律）4 部分组成。参考模型是在已知系统输入的前提下为达到理想输出而设计的过程模型；自适应律是为使系统的实际输出趋近理想输出所设计的算法，这一算法要求在系统参数未知或变化时由偏差来调节系统的控制器（或直接给出辅助控制量），以尽可

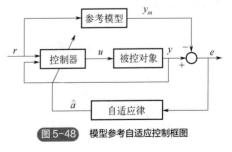

图 5-48　模型参考自适应控制框图

能地减小这个偏差 $e(t)$。

设计这类自适应控制系统的核心问题是如何综合自适应律。自适应律的设计目前有两种不同的方法：一种称为参数最优化的方法，即利用最优技术搜索到一组控制器参数，使得某个预定的性能指标达到最小；另一种是基于稳定理论的设计方法，其基本思想是保证控制器参数的自适应调整过程是稳定的，然后再使这个过程尽可能地收敛得快一点。由于自适应控制系统一般是本质非线性的，因此这种自适应律的设计自然采用非线性系统的稳定理论，李雅普诺夫稳定性理论和波波夫超稳定理论都是设计自适应控制系统的有效工具。

第二类自适应控制是以对被控对象模型参数进行在线辨识的自校正控制，如图 5-49 所示。自校正调节系统由被控对象、辨识器和控制器组成。辨识器对被控对象的参数、状态变量进行在线辨识、估计，并交给控制器，由预先指定的性能指标来综合出系统的最优控制律，以适应不断变化的系统和环境。由于辨识和综合都是在线实时递推进行的，所以可以适应系统的变化。

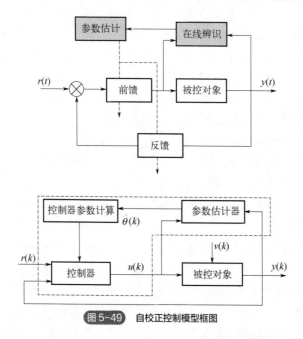

图 5-49 自校正控制模型框图

这样做是将系统的辨识与控制分开，理论上辨识和控制可以分别采用不同的方法，如辨识采用卡尔曼滤波器、最小二乘、最大似然、辅助变量法，控制采用极点配置法、最小方差法和无振荡控制算法。不同的控制与辨识方法的结合可以组成不同的自适应控制方案。

本章小结

本章主要介绍了智能监测的概念与作用，故障智能诊断的方法以及具体应用，智能控制的方法。

① 智能监测包括智能传感器和智能终端，分别描述了它们的组成、结构和特点。机器视觉是一种非接触式光学传感器，一个典型的机器视觉系统应该包括光源、光学系统、图像捕捉系统、图像数字化模块、数字图像处理模块、智能判断决策模块和机械控制执行模块。

② 智能诊断的理论与方法主要有：基于专家系统的方法、基于神经网络的方法、基于模糊逻辑的方法、基于遗传算法的方法、基于信息融合的方法。

③ 智能控制，即设计一个控制器（或系统），使之具有学习、抽象、推理、决策等功能，并能根据环境（包括被控对象或被控过程）信息的变化做出适应性反应，从而实现由人来完成的任务。智能控制的方法主要有：模糊神经网络控制、模糊专家控制、模糊 PID 控制、神经网络鲁棒控制、神经网络自适应控制等。主要控制形式有：反馈控制、直接数字控制、最优控制、自适应控制等。

思考题

（1）什么是智能传感器？

（2）请说明机器视觉的原理，并举例说明典型机器视觉系统的组成。

（3）什么是故障智能诊断？为什么要发展故障智能诊断？

（4）智能控制的关键技术有哪些？不同技术如何交叉？

（5）智能控制能被应用于哪些领域？

（6）给智能控制的发展提一些建议。

第 6 章

智能制造系统

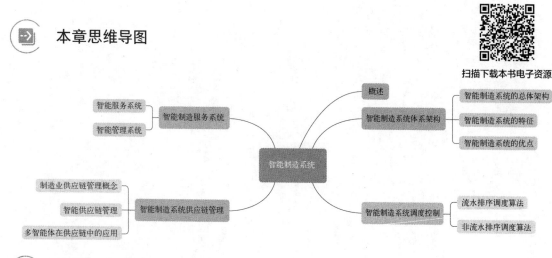

扫描下载本书电子资源

本章思维导图

本章学习目标

（1）了解智能制造系统的背景、定义、支撑技术、研究热点。

（2）掌握智能制造系统体系架构的三个维度和智能制造系统的特征。

（3）掌握约翰逊算法、流水排序调度算法。

（4）熟悉供应链管理的定义、特征。

（5）熟悉智能供应链与智能经营系统集成的总体架构。

（6）掌握多智能体供应链的协同申请机制。

（7）了解智能服务系统和智能管理系统的概念。

随着"工业 4.0"和"中国制造 2025"的相继提出和不断深化，全球制造业正在向着自动化、集成化、智能化及绿色化方向发展。智能制造是源于人工智能的研究，智能是知识和智力的总和，知识是智能的基础，智力是指获取和运用知识求解的能力。智能制造包含用计算机模拟、分析，对制造业智能信息收集、存储、完善、共享、继承、发展而诞生的先进制造技术，同时也需要在实践中不断充实知识库，而且还具有自学习功能，还有搜集与理解环境信息和自身信息，并进行分析判断和规划自身行为的能力，这个能力是什么呢？

6.1　概述

（1）智能制造系统的产生背景

智能制造系统（Intelligent Manufacturing System，IMS）是适应传统制造领域以下几方面情况需要而发展起来的：一是制造信息的爆炸性增长，以及处理信息的工作量猛增，这些要求制造系统表现出更强的智能；二是专业人才的缺乏和专门知识的短缺，严重制约了制造工业的发展，在发展中国家是如此，而在发达国家，由于制造企业向第三世界转移，同样也造成本国技术力量的空虚；三是多变的激烈的市场竞争要求制造企业在生产活动中表现出更高的敏捷性和智能化；四是 CIMS、ERP 及 PDM 的实施和制造业的全球化发展，遇到"自动化孤岛"的连接和全局优化问题，以及各国、各地区的标准、数据和人机接口的统一问题，这些问题的解决依赖于智能制造系统的发展。

（2）智能制造系统的定义

智能制造系统的定义是：在制造过程中，采用高度集成且柔性的方式，并利用计算机对人脑的分析、判断、思考和决策等行为进行模拟，以实现对制造环境中部分脑力劳动的延伸或取代。据此定义，智能制造系统由智能产品、智能生产和智能制造模式组成。其中，智能产品可在产品生产和使用中展现出自我感知、诊断、适应和决策等一系列智能特征，且其实现了产品的主动配合制造；智能生产是组成智能制造系统最为核心的内容，其是指产品设计、制造工艺和生产的智能化；智能制造模式通过将智能技术和管理方法引入制造车间，以优化生产资源配置、优化调度生产任务与物流、精细化管理生产过程和实现智慧决策。

加快推进智能制造，是实施"中国制造2025"的主攻方向，是落实工业化和信息化深度融合，打造制造强国的战略举措，更是我国制造业紧跟世界发展趋势，实现转型升级的关键所在。为解决标准缺失、滞后及交叉重复等问题，指导当前和未来一段时间内智能制造标准化工作，根据"中国制造2025"的战略部署，工业和信息化部、国家标准化管理委员会共同组织制定了《国家智能制造标准体系建设指南》。该指南重点研究了智能制造在两个领域的幅度与界定：一方面是指基于装备的硬件智能制造，即智能制造技术；另一方面是基于管理系统的软件智能制造管理系统，即智能制造系统。

新的智能制造研究背景，更多地强调大数据对智能制造带来的新应用与智能制造本身的智能化，基于产品、系统和装备的统一智能化水平有机结合，最终形成基于数据应用的全过程价值链的智能化集成系统。

（3）智能制造系统研究的支撑技术

① 人工智能技术。IMS 的目标是用计算机模拟制造业人类专家的智能活动，取代或延伸人的部分脑力劳动，而这些正是人工智能技术研究的内容。因此，IMS 离不开人工智能技术（包括专家系统、人工神经网络、模糊逻辑等），IMS 智能水平的提高依赖于人工智能技术的发展。

② 并行工程。对制造业而言，并行工程作为一种重要的技术方法学，应用于 IMS 中，将最大限度地减少产品设计的盲目性和重复性。

③ 虚拟制造技术。用虚拟制造技术在产品设计阶段就模拟出该产品的整个制造过程，进而更有效、更经济、更灵活地组织生产，达到产品开发周期最短、产品成本最低、产品质量最优、生产效率最高的目的。虚拟制造技术应用于 IMS，为并行工程的实施提供了必要的保证。

④ 信息网络技术。信息网络技术是制造过程中系统和各个环节"智能集成"化的支撑技术，也是制造信息及知识流动的通道。

⑤ 人机一体化。IMS 不单纯是"人工智能"系统，而是人机一体化智能系统，是一种混合智能。人机一体化一方面突出人在制造系统中的核心地位，另一方面在智能机器的配合下，更好地发挥出人的潜能，使人机之间表现出一种平等共事、相互理解、相互协作的关系。

⑥ 自组织与超柔性。IMS 中的各组成单元能够依据工作任务的需要，自行组成一种最佳结构，使其柔性不仅表现在运行方式上，而且表现在结构形式上，所以称这种柔性为超柔性，如同一群人类专家组成的群体，具有生物特征。

（4）智能制造系统涉及的研究热点

① 制造知识的结构及其表达。大型制造领域知识库，适用于制造领域的形式语言、语义学。

② 计算智能在设计与制造领域中的应用。计算智能是一门新兴的与符号化人工智能相对的人工智能技术，主要包括人工神经网络、模糊逻辑、遗传算法等。

③ 制造信息模型（产品模型、资源模型、过程模型）。

④ 特征分析、特征空间的数学结构。

⑤ 智能设计、并行设计。

⑥ 制造工程中的计量信息学。

⑦ 具有自律能力的智能制造设备。

⑧ 新的信息处理及网络通信技术，如大数据、互联网+、先进的通信设备、通信协议等。

⑨ 推理、论证、预测及高级决策支持系统，面向加工车间的分布式决策支持系统。

⑩ 生产过程的智能监视、智能诊断、智能调度、智能规划、仿真、控制与优化等。

⑪ 智能制造管理与服务体系的建设。

6.2 智能制造系统体系架构

6.2.1 智能制造系统体系的总体架构

目前，国内制造业紧跟世界发展趋势，实现转型升级的关键时期，存在自主创新能力薄弱、智能制造基础理论和技术体系建设滞后、高端制造装备对外依存度较高、关键智能控制技术及核心基础部件主要依赖进口、智能制造标准规范体系尚不完善、完整的智能制造顶层参考框架尚没有建立、智能制造框架逐层逻辑递进关系尚不清晰等问题。

《国家智能制造标准体系建设指南（2021版）》指出，智能制造系统架构主要从生命周期、系统层级和智能特征三个维度对智能制造所涉及的要素、装备、活动等内容进行构建（图6-1），主要用于明确智能制造的标准化对象和范围。

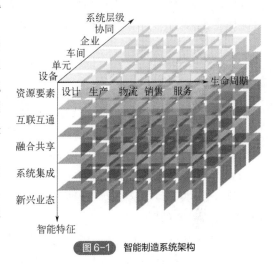

图6-1 智能制造系统架构

（1）生命周期

生命周期涵盖从产品原型研发到产品回收再制造的各个阶段，包括设计、生产、物流、销售、服务等一系列相互联系的价值创造活动。生命周期的各项活动可进行迭代优化，具有可持续性发展等特点，不同行业的生命周期构成和时间顺序不尽相同。

① 设计是指根据企业的所有约束条件以及所选择的技术来对需求进行实现和优化的过程。

② 生产是指将物料进行加工、运送、装配、检验等活动创造产品的过程。

③ 物流是指物品从供应地向接收地的实体流动过程。

④ 销售是指产品或商品等从企业转移到客户手中的经营活动。

⑤ 服务是指产品提供者与客户接触过程中所产生的一系列活动的过程及其结果。

（2）系统层级

系统层级指与企业生产活动相关的组织结构的层级划分，包括设备层、单元层、车间层、企业层和协同层。

① 设备层，是指企业利用传感器、仪器仪表、机器、装置等，实现实际物理流程并感知和操控物理流程的层级。该层可以由多个制造车间或制造场景的智能设备构成，如 AGV 小车、智能搬运机器人、货架、缓存站、堆垛机器人、智能制造设备等，这些设备提供标准的对外读写接口，将设备自身的状态通过感知层设备传递至网络层，也可以将上层的指令通过感知层传递至设备进行操作控制。

② 单元层，是指用于企业内处理信息、实现监测和控制物理流程的层级，如现场总线、DCS、PLC、APC 等。

③ 车间层，是实现面向工厂或车间的生产管理的层级，包括生产调度、操作管理、能源管理、物料管理、设备管理、工程管理、安检环管理等系统或模块。

④ 企业层，是实现面向企业经营管理的层级，包括企业人财物管理、产供销管理、综合办公等模块。

⑤ 协同层，是企业实现其内部和外部信息互联和共享，实现跨企业间业务协同的层级。涉及计划预算管理的上报、下达和执行跟踪，工厂内部生产经营情况和生产绩效分析，工厂外部（集团企业总部、上下游合作伙伴）的信息共享、协调调度指挥。

（3）智能特征

智能特征是指制造活动具有的自感知、自决策、自执行、自学习、自适应之类功能的表征，包括资源要素、互联互通、融合共享、系统集成和新兴业态等 5 层智能化要求。

① 资源要素，是指企业从事生产时所需要使用的资源或工具以及数字化模型所在的层级。

② 互联互通，是指通过有线或无线网络、通信协议与接口，实现资源要素之间的数据传递与参数语义交换的层级。

③ 融合共享，是指在互联互通的基础上，利用云计算、大数据等新一代信息通信技术，实现信息协同共享的层级。

④ 系统集成，是指企业实现智能制造过程中的装备、生产单元、生产线、数字化车间、智能工厂之间，以及智能制造系统之间的数据交换和功能互连的层级。

⑤ 新兴业态，是指基于物理空间不同层级资源要素和数字空间集成与融合的数据、模型及系统，涵盖了认知、诊断、预测及决策等功能，且支持虚实迭代优化的层级。

6.2.2　智能制造系统的特征

智能制造是智能技术与制造技术不断融合、发展和应用的结果。数据挖掘、机器学习、物联网、云计算等智能方法与产品设计、产品加工、产品装配等制造技术融合，就形成了知识库构建与检索技术、实时定位技术、无线传感技术、自主推理技术、自主预警技术等各种形式的智能制造技术。

通过将智能制造技术应用于各个制造子系统，实现制造过程的智能感知、智能推理、智能决策和智能控制，可显著提高整个制造系统的自动化和柔性化程度。在智能制造技术基础上构建的智能制造系统，其主要特征如下：

① 智能感知。智能制造系统中的制造装备具有对自身状态与环境的感知能力，通过对自身工况的实时感知分析，支撑智能分析和决策。

② 智能决策。智能制造系统具有基于感知搜集信息进行分析判断和决策的能力，强大的知识库是智能决策能力的重要支撑。

③ 智能学习。智能制造系统能基于制造运行数据或用户使用数据进行数据分析与挖掘，通过学习不断完善知识库。

④ 智能诊断。智能制造系统能基于对运行数据的实时监控，自动进行故障诊断和预测，进而实现故障的智能排除与修复。

⑤ 智能优化。智能制造系统能根据感知的信息自适应地调整组织结构和运行模式，使系统性能和效率始终处于最优状态。

6.2.3 智能制造系统的优点

智能制造系统中架构分层的优点如下：

① 智能制造系统是一个十分复杂的计算机系统，采取分层策略能将复杂的系统分解为小而简单的分系统，便于系统的实现。

② 随着业务的发展及新功能的集成进来，便于在各个层次上进行水平扩展，以减少整体修改的成本。

③ 各层之间应尽量保持独立，减少各个分系统之间的依赖，系统层与层之间可采用接口进行隔离，达到高内聚、低耦合的设计目的。

④ 各个分系统独立设计，还可以提高各个分系统的重用性及安全性。

6.3 智能制造系统调度控制

调度问题实际上就是"如何把有限的资源在合理的时间内分配给若干个任务，以满足或优化一个或多个目标"。调度不只是排序，还需要根据得到的排序确定各个任务的开始时间和结束时间。调度问题广泛存在于各种领域，如企业管理、生产管理、交通运输、航空航天、医疗卫生和网络通信等，同时它也是智能制造领域的关键核心问题之一。

从控制理论的角度看，调度控制系统的基本结构如图6-2所示。智能制造系统的调度控制是一个基于状态反馈的自动控制系统。智能制造系统涉及调度的场合一般都具备动态性、实时性、离散事件性和强烈的随机扰动性，因此调度控制问题一直在寻找最优解决方案的路上。

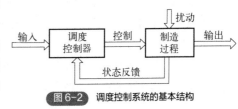

图6-2 调度控制系统的基本结构

通过国内外学者的大量学术研究和生产实践过程中的总结，对于一般性的调度控制问题已找到许多求可行解的方法，如基于排序理论的调度方法、基于规则的调度方法、基于离散事件系统仿真的调度方法、基于人工智能的调度方法等。下面对几种流行的调度方法从简单性、智能性、实用性、准确性和可实现性等方面进行比较，见表6-1。

综合比较，约翰逊算法最简单、实用、准确性好且易实现流水排序算法。但是约翰逊算法只适用于机器数为2的生产车间设备调度情况，因此需要在约翰逊算法的基础上找到一种新的调度算法，对约翰逊算法进行扩展优化，这种算法可用于多台设备生产调度，并且便于调度系统的实现。

表6-1 几种调度方法综合比较

综合	约翰逊算法	遗传算法	模拟退火方法	神经网络方法	禁忌搜索方法
简单性	√				
智能性	√	√	√	√	√
实用性	√				
准确性	√	√	√		
可实现性	√	√		√	

基于规则的调度方法是按照一定的原则进行调度,如作业时间最短原则、交货期最早原则、最小临界比原则[临界比=(交货期−当前期)/剩余加工时间]、先来先服务原则、剩余加工时间最大原则、剩余加工时间最小原则、剩余工序数最多原则、加权优先原则、启发式原则等,这些原则也可以进行组合,形成组合优先规则。

基于人工智能的调度方法则包括遗传算法、蚁群算法和蜂群算法等。

本节将以简单实用的约翰逊及约翰逊改进算法为例,介绍智能调度系统的实现过程。

6.3.1 流水排序调度算法

关于流水排序调度问题的排序调度算法有很多,但这类问题至今还没有可以求得最优解的算法,权威的算法是约翰逊算法。虽然约翰逊算法只适应于机器数 $m=2$ 的特殊情况,但是却给很多新算法的提出奠定了基础。

约翰逊算法专门用于解决以最大完工时间为目标的若干零件在两台机器上加工的排序问题。约翰逊算法问题描述如下:

假设有几个零件,每个零件有两道工序,分别在机器 M_1 和 M_2 上加工,且规定每个零件都先在 M_1 上加工第一道工序,后在 M_2 上加工第二道工序。用约翰逊算法求解最优调度的步骤为:

步骤1:在零件的所有工序中找加工时间最少的零件。

步骤2:若加工时间最少的工序为零件的第一道工序,则将该零件安排在最前面加工;若加工时间最少的零件工序为第二道工序,则将该零件安排在最后加工。若两个零件的某道工序加工时间相同,则安排在前面或后面均可。

步骤3:将剩下的零件按照步骤1和步骤2继续排序,直到所有零件排序完毕。

例6-1 设有6个零件在两台机器上加工,M_1 为车床,M_2 为铣床,加工时间见表6-2。

表6-2 6个零件在两台机床上的加工时间

专件	车床加工时间/min	铣床加工时间/min	专件	车床加工时间/min	铣床加工时间/min
J_1	10	4	J_4	3	8
J_2	5	7	J_5	7	10
J_3	11	9	J_6	9	15

解 从表6-2中可以看出,在铣床上加工的时间比在车床上加工时间长的零件有(J_2,J_4,

J_5，J_6），其余的零件有（J_1，J_3）。将第一组零件按照在第一台机器上加工时间递增排列为（J_4，J_2，J_5，J_6），将第二组零件按照在第二台机器上加工时间递减排列为（J_3，J_1）。最后将两组零件连接起来，得 J_4，J_2，J_5，J_6，J_3，J_1。以该顺序分别进行两种机器上的加工，即约翰逊算法排序结果，如图 6-3 所示。

从图 6-3 中得知，6 个零件总的完工时间需要 56min。使用约翰逊算法相对来说简单，但是也存在许多不足之处，具体表现在：

① 只适用于 $m=2$ 时的特殊情况，在机器数 $m>2$ 的情况下不适用。

② 零件加工工序必须是相同的。而现实生产中很多时候零件的加工工序是不相同的。

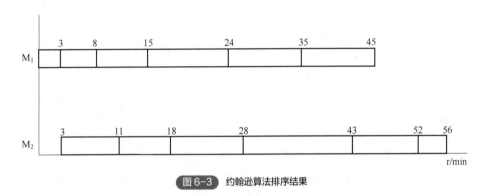

图 6-3　约翰逊算法排序结果

③ 由于约翰逊算法的局限性，该算法只能给新算法的提出建立一个理论基础，不能直接应用于实际的生产环境中。

6.3.2　非流水排序调度算法

非流水排序调度算法的基本原理与流水排序调度算法相同，亦是先通过作业排序得到调度表，然后按调度表控制生产过程运行，如果运行过程中出现异常情况，则需重新排序，再按新排出的调度表继续控制生产过程运行。因此，实现非流水排序调度的关键是求解非流水排序问题。

非流水排序问题可描述为：给定 n 个工件，每个工件以不同的顺序和时间通过 m 台机器进行加工。要求以某种性能指标最优（如制造总工期最短等）为目标，求出这些工件在 m 台机床上的最优加工顺序。

非流水排序问题的求解比流水排序的难度大大增加，到目前为止还没有找到一种普遍适用的最优化求解方法。本节将介绍一种两作业 m 机非流水排序的图解方法，然后对非流水排序问题存在的困难进行讨论。

（1）两作业 m 机非流水排序（图解法）

① 基本原理。

两作业在 m 台机器上的加工过程中，每一作业都需按照自己的工艺路线进行，每一工序使用 m 台机器中的某一台完成该工序的加工任务。如果没有出现两作业在同一时间段需使用同一机器的情况，即没有资源竞争情况出现，两作业将沿各自的路线顺利进行，其作业进程的推进轨迹将是无停顿的直线轨迹。这种情况下，如果将两作业的推进轨迹合成起来，即二维空间中一条与水平线成夹角的直线轨迹，如图 6-4 所示。

图中,轨迹线后有一段水平直线,是因为作业 J_2 结束后作业 J_1 仍在继续所形成的合成轨迹。

在作业推进过程中,如果出现在同一时间段两作业需使用同一机器的情况,两作业之一必须让步,即让自己的推进过程停下来,让另一作业先使用该机器。于是停顿作业的推进轨迹上将出现停顿点,如图 6-5 中横轴上的圆点就是作业 J_1 出现折线。显然,含有折线的合成轨迹的总长度比不含折线的合成轨迹要长。这意味着作业推进的总时间将延长。由此可知,为使完成两作业的总工期最短,应使合成轨迹的总长度最短。因此,为求出最优排序,应先找出所有可能的合成轨迹(如图 6-5 中的实线轨迹和虚线轨迹),然后计算每条轨迹的总长度,最后以总长度最短为目标选出最优合成轨迹。该轨迹对应的排序即最优排序。

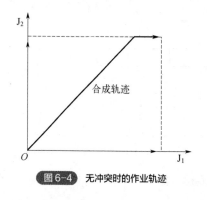

图6-4 无冲突时的作业轨迹

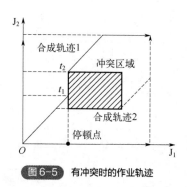

图6-5 有冲突时的作业轨迹

② 求解步骤。

根据上述原理,可将两作业 m 机非流水排序图解法的求解步骤归纳如下。

a. 画直角坐标系,其横轴表示 J_1 的加工工序和时间,纵轴表示 J_2 的加工工序和时间。

b. 将两作业需占用同一机器的时间用方框标出,表示不可行区。

c. 用水平线、垂直线和 45° 线三种线段表示两作业推进过程的合成轨迹。水平线表示 J_1 加工、J_2 等待,垂直线表示 J_2 加工、J_1 等待,45° 线表示 J_1、J_2 同时加工。为使制造总工期最短,应使 45° 线段占的比例最大。通过本步应找出所有可能的合成轨迹,如图 6-5 中就存在两条合成轨迹,分别以实线和虚线表示。

d. 以轨迹总长度最短为目标,通过直观对比和计算,从第三步确定的候选合成轨迹中找出最优合成轨迹。

e. 求解最优合成轨迹上的时间转折点,得到调度表。

③ 应用举例。

例 6-2 已知两作业在 6 台机器上加工的工序、工时数据如表 6-3 所示,求使制造总工期最短的最优排序。

表6-3 加工工序、工时数据

作业 J_1	工序	M_3	M_1	M_5	M_4	M_6	M_2
	工时	10	16	20	26	25	8
作业 J_2	工序	M_2	M_1	M_5	M_6	M_3	M_4
	工时	15	11	26	14	10	12

解 图解排序过程如下:

首先按照上述求解步骤的第一、二、三步,找出有可能成为最优合成轨迹的候选轨迹,如

图 6-6 所示。然后，以轨迹总长度最短为目标，通过直观对比和计算，从候选轨迹中找出最优合成轨迹，如图 6-7 所示。最后，求解最优轨迹上的时间转折点，结果如图 6-7 和表 6-4 所示，据此生成调度表，如表 6-5 所示。

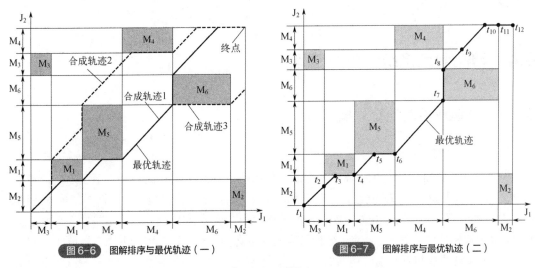

图6-6　图解排序与最优轨迹（一）　　　　图6-7　图解排序与最优轨迹（二）

表6-4　时间表

时间	t_1	t_2	t_3	t_4	t_5	t_6	t_7	t_8	t_9	t_{10}	t_{11}	t_{12}
计算	0	t_1+T_{13} 0+10	t_1+T_{22} 0+15	t_2+T_{11} 10+16	t_4+T_{21} 26+11	t_4+T_{15} 26+20	t_6+T_{25} 46+26	t_7+T_{26} 72+14	t_8+T_{23} 86+10	t_9+T_{24} 96+12	t_8+T_{16} 86+25	$t_{11}+T_{12}$ 111+8
结果	0	10	15	26	37	46	72	86	96	108	111	119

注：T_{ij} 表示作业 i 在机器 j 的加工时间，可从表 6-3 中获取。

表6-5　调度表

作业 J_1	工序	M_3	M_1	M_5	M_4	M_6	M_2
	工时	$t_1\sim t_2$	$t_2\sim t_4$	$t_4\sim t_6$	$t_6\sim t_7$	$t_8\sim t_{11}$	$t_{11}\sim t_{12}$
作业 J_2	工序	M_2	M_1	M_5	M_6	M_3	M_4
	工时	$t_1\sim t_3$	$t_4\sim t_5$	$t_6\sim t_7$	$t_7\sim t_8$	$t_8\sim t_9$	$t_9\sim t_{10}$

（2）n 作业 m 机非流水排序存在的问题

以上仅给出了两作业 m 机排序的图解法，对于更复杂的非流水排序问题，目前还没有求其最优解的有效方法。枚举法虽然能找出最优解，但由于计算量巨大而难以实现。

用枚举法确定最佳作业排序看似容易，只要列出所有的排序，然后再从中挑出最好的就可以了，但实际上这个问题相当困难，主要是由于随着作业数量和机器数量的增加，排序的计算量将非常大。对于作业数 n 和机器数 m 较少排序问题，借助于计算机利用一定的数学算法编制程序勉强能求解。但对于 n 和 m 较大的非流水排序，即使用超级计算机求解，也往往会因计算量太大而难以实现。这是因为 n 作业 m 机非流水排序有 $(n!)^m$ 个方案，计算量是惊人的。例如，以 $n=10$，$m=5$ 为例，共有 $(10!)^5=6.29\times10^{32}$ 个排序方案，即便是使用高速计算机进行计算，全部检查完每一个排序，所用时间也是相当长的。如果再考虑其他约束条件，如机器状态、人力资源、厂房场地等，所需时间就无法想象了。

因此，在实际应用中，对于较大规模的以 $n \times m$ 排序问题，要求其最优解是不可能的。到目前为止，几乎所有的研究都是应用仿真技术、启发式算法或人工智能方法等进行的。

除了上面介绍的排序方法，还有基于规则的调度方法、基于仿真的调度方法、基于人工智能的调度方法，此处不再赘述。

6.4 智能制造系统供应链管理

6.4.1 制造业供应链管理概念

（1）供应链的定义

制造业供应链是一种将供应商、制造商、分销商、零售商直至最终客户（消费者）连成一个整体的功能网链模式，在满足一定的客户服务水平条件下，为使整个供应链系统成本达到最低，而将供应商、制造商、仓库、配送中心和渠道商有效地组织在一起，共同进行产品制造、转运、分销及销售的管理方法。通过分析供应链的定义，供应链主要包括以下三个方面的内容：

① 供应链的参与者：主要包括供应商、制造商、分销商、零售商、最终客户（消费者）。

② 供应链的活动：原材料采购、运输，加工在制品，装配成品，销售商品，进入客户市场。

③ 供应链的 4 种流：物流、信息流、资金流及商品流。

供应链不仅是一条资金链、信息链、物料链，还是一条增值链。物料因在供应链上加工、运输等活动而增值，给供应链上的全体成员都带来了收益。制造业供应链原理描述如图6-8所示。

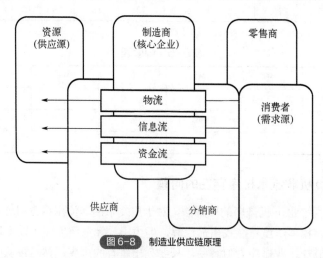

图6-8 制造业供应链原理

（2）制造业供应链的特征

供应链定义的结构决定了它具有以下主要特征：

① 动态性。因核心企业或成员企业的战略及快速适应市场需求变化的需要，供应链网链结构中的节点企业经常进行动态调整（新加入、退出或调整层次），因而供应链具有明显的动态特性。

② 复杂性。供应链上的节点往往由多个不同类型、不同层次的企业构成，因而结构比较复杂。

③ 面向用户性。供应链的形成、运作都是以用户为中心而发生的。用户的需求拉动是供应链中物流、资金流及信息流流动的动力源。

④ 跨地域性。供应链网链结构中的节点成员超越了空间的限制，在业务上紧密合作，在信息流和物流的推动下，可进一步扩展为全球供应链体系。

⑤ 结构交叉性。某一节点企业可能分属为多个不同供应链的成员，多个供应链形成交叉结构，这无疑增加了协调管理的复杂度。

⑥ 借助于互联网、物联网、信息化等技术，供应链正向敏捷化、智能化方向快速发展。

（3）制造业供应链管理现状及存在的问题

随着新一轮科技革命和产业变革的到来，制造业供应链管理信息化主要存在的问题如下：

① 供应环节管理水平较低，企业仍处于"重下游，轻上游"的传统观念。目前，我国制造业供应链管理在理念上比较落后。企业只关注下游客户，往往与供应链的下游合作伙伴保持密切的关系。但是，他们对供应链的上游合作伙伴不够重视，不愿与供应商形成双赢的合作关系，导致上游采购成本增加，原材料库存成本增加，供货不及时，很难快速响应客户需求的变化，这将对下游营销和客户服务产生很大影响。

② 企业之间竞争意识较重，合作意识淡薄。在制造业供应链中，各节点企业是一个相互联系、相互合作、相互竞争的复杂混合系统。然而，许多企业将供应链上下游环节的各个企业之间的关系视为贸易伙伴，而不是合作伙伴。例如，在采购谈判中，许多企业将彼此视为竞争对手，买方和卖方以价格为中心相互竞争，迫使对方实现利润最大化。实际上，供应链节点企业之间的有效管理是建立在供应与共赢的基础上的。如果失去了合作的基础，再去讨论竞争，就会损害企业自身。

③ 供应链运作效率较低。目前，我国对供应链的研究还处于起步阶段。企业的组织结构和业务流程已经不能满足供应链管理发展的要求，制造业不能根据不同企业的特点制定不同的供应链管理模式。因此，许多问题出现在供应链的实现过程中。例如，准时交货率的相对短缺、高比例的成品库存和供应周期长，导致高成本；企业从接到订单到组织生产，再到实施配送，最后到将产品交付给客户的整体响应能力较弱，时间较长。

④ 缺乏高素质的供应链管理人才。我国对供应链管理的研究起步较晚，制造业的供应链管理人才紧缺。这直接影响了我国制造业供应链管理的发展。

然而，中国制造业仍有一些独特的优势，这使得中国在未来全球产业分工格局重构中处于有利地位。首先，制造业门类齐全，产业链完整，具有规模经济和效率优势；其次，中国不仅是世界上最大的制造业国家，也是世界上最大的消费市场，居民消费升级成为吸引国外高端制造业投资的重要因素；此外，近年来，中国制造业转型升级持续加快，在全球价值链中的地位稳步上升，人才红利和技术红利逐步释放，这也为进一步形成开放合作中更具创新性、附加值更高的产业链创造了有利条件。中国制造企业要加快自身转型升级，积极参与全球产业链分工重组，不断寻求新的发展机遇。

6.4.2　智能供应链管理

针对制造业供应链的现状及问题，企业必须对自身的组织机构、业务流程、数据、信息系统进行优化设计，在互联网及物联网的技术基础上，建立供应链科学的管控体系及协同商务系统，并建立全价值链的集成平台。

智能供应链管理是一种以多种信息技术、人工智能为支撑和手段的先进管理软件和技术，它将先进的电子商务、数据挖掘、协同技术等紧密集成在一起，为企业产品策略性设计、资源的策略性获取、合同的有效洽谈以及产品内容的统一管理等过程提供了一个优化的实现双赢的解决方案。智能供应链系统（包括 ERP、CRM、SCM、SRM、PM）与协同商务及全价值链集成平台组成智能经营系统的总体架构，如图 6-9 所示。

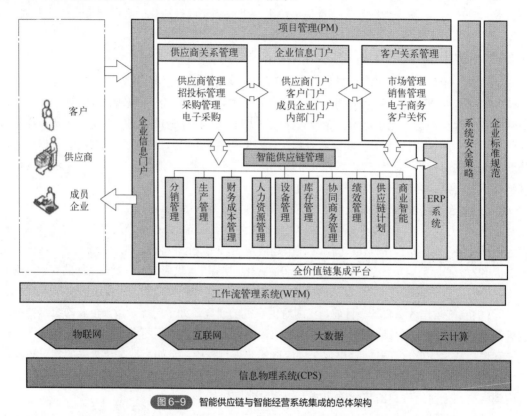

图6-9　智能供应链与智能经营系统集成的总体架构

在智能制造系统的环境下，智能供应链系统以客户为中心，将供应链上的客户、供应商、协作配套厂商、合作伙伴从战略高度进行策划和组织，使其共享利益，共担风险，共享信息。通过信息化手段，实现 SRM、ERP、CRM、PM 以及整个供应链管理的优化和信息化。这些模块包括供应链计划管理、协同商务管理、库存管理、采购管理、销售管理、生产管理、分销管理、财务成本管理、人力资源管理、设备管理、绩效管理及商业智能等。

其中，SRM 围绕企业采购、外协业务相关领域，目标是通过与供应商建立长期、紧密的业务关系，并通过对双方资源和竞争优势的整合来共同开拓市场，扩大市场需求和份额，降低产品前期的高额成本，实现双赢的企业管理模式，其具体的功能包括供应商管理（包括供应商准入管理、供应商评价管理、供应商退出管理）、招投标管理（包括招标管理、投标管理、开标管理）、采购管理（包括采购组织管理、采购业务管理、采购业务分析）、工程管理（包括物料管理、BOM 管理、加工中心管理、工艺管理等）及电子商务采购（包括供应商业务管理、采购计划下达、采购订单确认、订单查询、订单变更、发货状态、网上支付、外协供应商管理等）等。

供应链管理系统中较重要、应用较困难、成功率较低的是供应链计划与控制及协同商务。

（1）供应链计划与控制

供应链的计划与控制是供应链管理系统的核心，也是智能制造系统中智能经营分支的核心。它由客户的需求计划、项目计划、供应链网络计划、MPS、MRP、JIT、运输计划等构成适应不同生产类型要求的计划控制体系。目的是在有限资源（库存、在途、在制、计划政策、储备政策、批量政策、提前期、加工能力等）条件下，根据客户的需求，对企业内外供应链上的成员（供应商、协作配套厂商、合作伙伴、企业内部上下工序车间之间）需求做出合理的安排，最大限度地缩短采购和生产周期，降低库存和在制品资金的占用，提高生产率，降低生产成本，准时供货，快速响应客户需求。

通常情况下，将计划与控制模块分为内部（企业）和外部（合作伙伴）计划两个类型。其中，内部计划包括财务计划、销售计划、营销计划、采购计划、生产计划、物流计划、库存计划等；外部计划则包括客户的采购计划、供应商的销售计划、第三方的运输配送计划等。这些不同类型的计划，其拆解和转换涉及不同的职能部门、不同的合作伙伴，还会涉及大量的计算，涉及对每个模块业务的充分理解，如果只由供应链计划部门来完成，将是一件不可能完成的任务，因此，做好供应链计划的步骤如下：

① 需要构建计划之间的"连接器"。内部计划与外部计划之间都是相互关联、密切配合的，这种关联有可能是不同层级的，有上一层计划才会有下一层计划，如财务计划和销售计划；也有可能是同层级的，如需求计划和供应计划。如果忽视这种关联性，计划之间将缺乏协调，计划数据之间将产生矛盾。因此，需要重点关注内部协同计划、外部协同计划两个协同计划，它是内外协同的主线。通过内外协同计划，可以把前述计划串起来，形成一个有机的整体，形成唯一的共识计划数据，并让信息在这个有机体里顺畅地流动。

② 需要构建计划之间的"转换器"。每个计划职能都有其对应的输入和输出，上游计划的输出是下游计划的输入，下游计划的输出又是下下游计划的输入。

③ 需要构建计划之间的"调节器"。计划的调节器，是通过实时的数据监控，对计划执行的效果进行转换、汇总、分析、调整和重新分拆，以适应动态变化。

优秀的"调节器"具备实时监控、周期调整的能力。实时监控确保了对计划执行效果的掌控，而周期性调整避免了频繁变动对计划体系所造成的不必要的冲击，能够将计划本身所产生的波动降到最低。

计划制订工作是供应链管理中最复杂、最细致也是最有技术含量的工作之一，需要确保数据的一致性、计划的准确性、供应链的协调性、计划变动的灵活性，只有通过构建合适的"连接器""转换器"和"调节器"，才能将供应链上复杂的计划模块连接起来，形成一个有机的整体，最终让所有人都能够以各自不同的视角面对统一的计划体系。

供应链计划随着生产类型的不同而不同。制造业的生产类型分为离散型制造和流程型制造两类，其中，离散型制造又分为订单生产、多品种小批量生产、大批量生产、大规模定制及再制造生产5种方式。多品种小批量生产将是机械制造业的主要生产模式，适合使用ERP系统制订供应链计划，其他生产类型是在多品种小批量生产模式的基础之上制订供应链计划的。多品种小批量生产模式的供应链计划制订流程如图6-10所示。

（2）协同商务

产品协同商务是建立在网络化制造、互联网基础之上的系统平台。其组织视图是一个复杂的网状结构，在该网络中，每个节点实质是一个企业，各个企业必须在核心企业或盟主的统一领导下，彼此协同合作才能完成产品的开发。

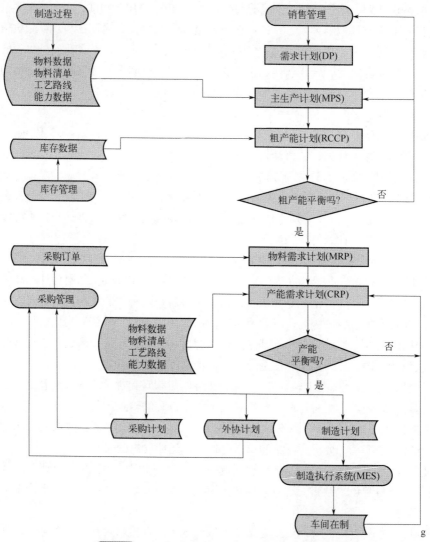

图6-10　多品种小批量生产模式的供应链计划制订流程

产品协同商务可以与 ERP 进行集成，在产品协同商务网络平台的统一调度下，各个合作企业的 ERP 系统的信息能够按照规定的要求提取至系统商务平台的协同数据库中进行集成，从而实现协同企业高效交互，增强供应链的核心竞争力，其集成原理如图6-11所示。

产品协同商务具有如下特点：

① 动态性。参与协同的成员企业数量实时编号，考虑到合作企业的选择、确定协作关系，在产品的全生命周期会调用不同的协作实体。

② 组织结构优化。为实现资源的快速重组，要求合作体更具有灵活性、开放性和自主性的组织结构，不适合使用传统的树形金字塔结构，而采用扁平化的组织结构。

③ 业务类型以市场订单或者市场机遇为驱动力，保证组建的协同网络中合作体的资源满足市场机遇产品的生产要求。

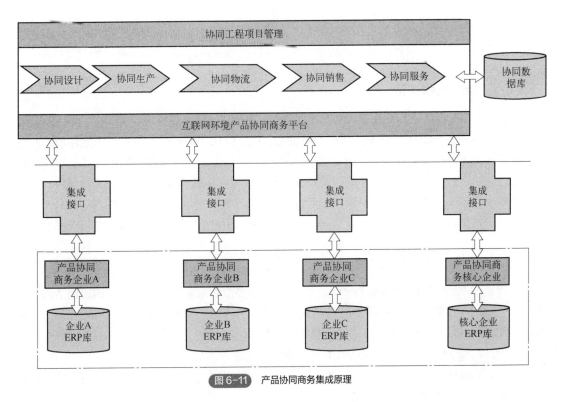

图 6-11 产品协同商务集成原理

④ 分散性。参与合作体的实体群在地理位置上是分散的，需要互联网环境的支撑及数据交换标准的制定。

⑤ 协同性。协同关系反映在企业内部的协同、企业之间的协同以及企业与其他组织的协同。

⑥ 竞争性。合作体成员之间既合作又竞争，合作体与其他合作体之间也存在群体之间的竞争，合作体内部也存在类似资源的竞争。

⑦ 知识性。协同商务链是协同商务发展的方向，其特征是具有知识流、物流、信息流、资金流。其中，知识流是指协同商务企业可以与知识机构，如科研院所等进行协同。协同的内容包括知识的描述、知识的建模、知识的存储、知识的使用及知识的优化等。

（3）系统商务集成平台的技术架构

系统商务集成平台是将具有共同利益的实体通过网络进行协同的分布式服务平台。显然，平台的构建需要分布式计算技术。目前，适用于分布式计算的方式较多，如中间件（CORBA、EJB、DCOM 等）和 Web Service 等，可以根据实际需要选择合适的分布式计算技术或者进行组合。

6.4.3 多智能体在供应链中的应用

随着企业信息化和业务数字化应用的日益深入，特别是线上业务和网络经营范围的不断扩大，信息的处理规模、关系网络的复杂性以及供需的动态特征等因素已经成为供应链管理的难题。

多智能体（Multi Agent，MA）技术具有分布性、自治性、移动性、智能性和自主学习性等优点，比较适用于跨越企业边界的、处于复杂环境的供应链管理，进而满足企业间可整合、可扩展的需求，集成供应链上各个节点企业的核心能力和价值创造能力，强化供应链的整体管理水平和竞争力。因此，基于 MA 技术构建的供应链管理系统，能充分发挥其在链网式组织模式中的经营管理、辅助决策和协同优化功效，具有智能化效用。

（1）Agent 结构类型

Agent 的结构由环境感知模块、执行模块、通信模块、信息处理模块、决策与智能控制模块以及知识库和任务表组成。其中，环境感知模块、执行模块和通信模块负责与系统环境和其他 Agent 进行交互，任务表为该 Agent 所要完成的功能和任务；信息处理模块负责对感知和接收的信息进行初步的加工、处理和存储；决策与智能控制模块是赋予 Agent 智能的关键部件。它运用知识库中的知识，对信息处理模块处理所得到的外部环境信息和其他 Agent 的通信信息进行进一步分析、推理，为进一步通信或从任务表中选择适当的任务供执行模块执行做出合理的决策。

（2）多智能体系统及其特征

多智能体系统（Multi Agent System，MAS）是由多个相互联系、相互作用的自治 Agent 组成的一个较为松散的多 Agent 联盟，多个 Agent 能够相互协同、相互服务、共同完成某一全局性目标，因此，MAS 是一种分布式自主系统。MAS 具有的特征如下：

① 每个 Agent 都拥有解决问题的不完全的信息或能力。

② 每个 Agent 之间相互通信、相互学习、协同工作，构成一个多层次、多群体的协作结构，使整个系统的能力大大超过单个 Agent。

③ MAS 中各 Agent 成员自身目标和行为不受其他 Agent 成员的限制。

④ MAS 中的计算是分布并行、异步处理的，因此性能较好。

⑤ MAS 把复杂系统划分成相对独立的 Agent 子系统，通过 Agent 之间的合作与协作来完成对复杂问题的求解，简化了系统的开发。

（3）多 Agent 供应链管理系统概述及构成

多 Agent 供应链管理系统是在传统供应链管理系统中嵌入多 Agent 技术，赋予供应链管理智能，使企业主体的业务建模、量化分析、知识管理和决策支持等任务由 Agent 承担，实现动态的合作体与信息共享。其核心策略是根据优势互补的原则建立多个企业的可重构、可重用的动态组织集成方式以支持供应链管理的智能化，并满足顾客需求的多样化与个性化，实现敏捷供应链管理智能集成体系。

供应链管理系统中的供应商、制造单位、客户、销售和产品管理等均具备独立的 Agent 的特征，因此制造企业供应链网络中的人、组织、设备间的合作交互、共同完成任务的各种活动可以描述为 Agent 之间的自主作业活动。基于 MAS 的供应链管理系统的结构有两种 Agent 类型，一种是业务 Agent，另一种是中介 Agent，并且中介 Agent 作为系统的协调器，不仅可以将各个业务 Agent 相互联系起来进行协同工作，还具有一定的学习能力，即它可以通过 Agent 的协同工作来获取经验和知识。

根据多 Agent 供应链各节点的功能，可将这些节点划分为供应商 Agent、采购 Agent、原材料库存 Agent、生产计划 Agent、制造 Agent、产品库存 Agent、订单处理 Agent、运输 Agent 及分销商 Agent 等。

（4）多 Agent 供应链管理系统架构

MAS 供应链管理系统架构的组成包括以客户为中心的 Agent、以产品为中心的 Agent、以供应商为中心的 Agent、以物流为中心的 Agent 4 个部分。其中，以客户为中心的 Agent 主要负责处理客户信息管理；以产品为中心的 Agent 负责利用客户信息分析客户在什么时候需要何种产品；以供应商为中心的 Agent 负责为原材料和组件选择更好的供应商；以物流为中心的 Agent 负责为制造商调度材料和产品。每个 Agent 在整个供应链中都独立地承担一个或多个职能，同时每个 Agent 都要协调自己与其他 Agent 的活动。

（5）多 Agent 供应链管理系统的协同机制

在一个具有动态性、交互性和分布性的供应链中，各合作体之间的协同机制十分重要，一般采用合同网协议实现。基于合同网的协议是一种协同机制，供应链中各合作体使用它进行合作，完成任务的计划、谈判、生产和分配等，整个申请过程可以在互联网平台上完成。图 6-12 描述了多 Agent 供应链的协同申请机制。图中的数字 1～8 代表了供应链合作伙伴之间的通信顺序。

① 生产商通过供应商 Agent 向所有潜在供应商提供外部订单。

② 接收外部订单后，潜在供应商做出投标决策。

③ 如果供应商决定投标，实施投标申请。

④ 供应商投标在供应商接口代理平台上进行。

⑤ 接受投标申请之后，制造商将会通过供应商管理 Agent 对参与投标的供应商给出一个综合评估。评估的指标包括产品质量、价格、交货期、服务水平等。根据评估结果选择较合适的供应商。

⑥ 生产商通过供应商接口的 Agent 宣布中标者，同时回复所有未中标的供应商。

⑦ 中标供应商对收到的订单实施生产。

⑧ 供应商将其生产的最终原料发送给生产商。

因此，为了实施生产，供应商也会将它的外部物料订单告知供应商的供应商，这个周期

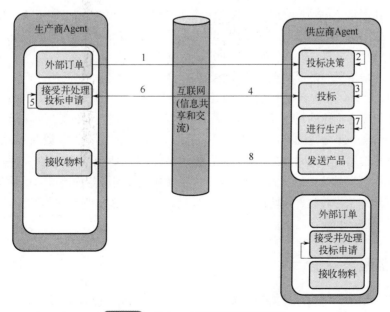

图 6-12　多 Agent 供应链的协同申请机制

将会一直持续到供应链的最终端，最终完成整个流程。

此外，MAS 在供应链管理系统中还具有协调契约机制、协商机制、谈判机制、通信机制及多个 Agent 之间的信息交互机制等；还包括供应链的多 Agent 建模与仿真应用、计划调度与优化求解应用以及多 Agent 的运行和实施方面的应用。

6.5 智能制造服务系统

"中国制造 2025"的提出与推进为制造业信息化带来了新的机遇，其中的生产性服务、服务型制造、智能制造等内容强化了制造业服务化的发展趋势。为了解决制造与服务的融合，需要在"工业 4.0"环境中基于智能制造研究制造服务的智能化，从而更好地在制造企业、服务企业和终端用户之间实现制造服务资源的智能化应用。"工业 4.0"理论可以较好地支持制造服务的智能运作，服务企业、制造企业和终端用户在制造服务活动中产生了千丝万缕的服务关系。总体来看，服务企业与制造企业之间形成了生产性服务关系，制造企业和终端用户之间形成了制造服务化关系。

在全球经济一体化的今天，客户对产品及服务的要求越来越高。中国已经是制造业大国，但仍然不是制造业强国。制造业强国掌握着产品研发设计技术、工艺设计技术及核心零部件的制造技术并提供相应的服务，依靠强大的营销网络和服务体系，占领着价值链的高端，位于价值链高端的制造业企业，其服务型收入已经远超产品的销售收入。在这个全球化的价值链中，我国处于价值链的低端，因此，要想实现制造业强国梦，必须从传统的生产型制造向服务型制造转型，提升制造业核心竞争力。

服务型制造是制造与服务融合发展的新型产业形态，是制造业转型升级的重要方向。制造业企业通过创新优化生产组织形式、运营管理方式和商业发展模式，不断增加服务要素在投入和产出中的比例，从以加工组装为主向"制造+服务"转型，从单纯出售产品向出售"产品+服务"转变，有利于延伸和提升价值链，提高全要素生产率、产品附加值和市场占有率。该指南中提出的服务型制造主要体现在产品设计的增值服务、提高产品效能的增值服务、产品交易便捷化的增值服务及产品集成的增值服务 4 种形式。

产品设计的增值服务是提高从附件价值，提高产品品牌价值的重要手段，内容包括产品功能设计、外观设计、以消费者为中心的个性化定制设计服务、基于互联网的协同设计等。提高产品效能的增值服务描述的是通过互联网、物联网的连接，实现远程诊断服务、远程在线服务，通过维修知识库实现预防性维护，从而提升产品的效能，延长产品的服务周期，降低维修成本。产品交易便捷化的增值服务则包括智能供应链管理服务、产品协同商务服务、便捷的电子商务服务等，从而提高交易效率，降低交易成本。产品集成的增值服务描述了从提供单机的服务向系统集成、交钥匙工程转型，按照用户要求，提供设计、规划、制造、施工、培训、维护、运营一体化的集成服务和解决方案。

6.5.1 智能服务系统

以提高产品效能的增值服务为例，提出在线智能服务系统的建设思路。在线智能服务系统的设计目标是在互联网及物联网的支撑下，将远程终端设备通过感知设备进行物物互联，并通过互联网将客户、服务提供商及供应商集成在一起，使用维修服务知识库、数据库和专家系统，构建在线服务体系，提供远程监测、诊断、在线、及时、周到的高质量服务。

在线智能服务系统的总体架构从下到上分为设备层、网络层、企业信息系统层、云服务平台层及应用层 5 个部分，其中设备层、网络层及企业信息系统层三层属于制造商内部的物联网平台，制造商内部的各种设备首先经传感器、RFID 及嵌入式系统等感知设备获取设备运行的数据，再通过内部的网络层传输至企业内部的管理信息系统中，并经过云平台筛选，提炼出有用的数据存储到数据库中。

在线云服务平台由数据基础设施（IssA）、云计算平台（PaaS）和云计算应用系统层（SaaS）组成，云平台具有快速开发应用、计算资源共享、管理方便、降低初始投资、满足不同的业务需求、降低风险等优势。应用系统层的功能则包括设备及性能管理、诊断模型及数据分析、数据清洗、抽取、存储及计算处理、数据及系统安全以及决策输出等。其中，设备及性能管理是在线服务平台的核心，功能包括设备（产品）技术档案的创建、存储，管理资产的属性。例如，基于产品出厂编号的产品物料清单、质量追溯记录（零部件供应商及质量记录），产品全生命周期的维修记录，维修知识库等。对各类设备进行在线远程监控、诊断、在线维护，实现预防性维修、预见性维修、环境健康和安全管理、设备运行绩效的管理等；诊断模型及数据分析功能描述的是在线云服务系统通过物联网与设备连接，获取设备大量的实时运行数据，检测设备运行状态，进行故障诊断，对设备的运行状态进行预测，在维修知识库和专家系统的支持下做出维修决策；数据处理功能描述为通过传感器、嵌入式系统，获取设备运行数据、状态监测数据，从企业的研发设计系统和企业经营管理系统获取产品设计数据、生产数据、质量跟踪数据、历史数据、供应商数据。这些数据有的是结构化的，有的是非结构化或半结构化的，要经过特殊工具的处理使其变成可识别、易管理的数据，按照数据获取的策略，去除冗余数据，经过数据清洗，放置在云数据库中供分析利用。

在线服务平台的使用对象是客户、供应商和设备制造商。客户使用范围是除企业数据外，授权使用全部在线服务平台的功能，在线监测设备运行状态、故障检测、预测性维修、维修记录，向设备制造商、供应商提出服务请求等。

设备制造商：使用在线服务平台全部功能。

供应商：向客户提供所供应的零部件、系统使用状况、故障、质量信息、备品备件库存，向设备制造商发出维修请求、备件供应、质量问题索赔等。

6.5.2　智能管理系统

智能管理（Intelligent Management，IM）是人工智能与管理科学、知识工程与系统工程、计算技术与通信技术、软件工程与信息工程等多学科、多技术相互结合、相互渗透而产生的一门新技术、新学科。它研究如何提高计算机管理系统的智能水平及应用智能管理系统的设计理论、方法与实现技术。该定义是从管理科学与工程角度出发，以智能管理系统的设计与实现为核心内容。

智能管理是现代管理科学技术发展的新动向。智能管理系统是在管理信息系统（Management Information System，MIS）、办公自动化系统（Office Automation System，OAS）、决策支持系统（Decision Support System，DSS）的功能集成、技术集成的基础上，应用人工智能专家系统、知识工程、模式识别、人工神经网络等方法和技术，进行智能化、集成化、协调化设计和实现的新一代计算机管理系统，智能管理正逐步在企业管理中发挥应有的作用，如制造企业车间级的制造生产管理系统、智能化产品设计系统、车间智能调度系统、智能物流管理系统、商务智能系统等，智能管理的核心是智能决策。智能管理强调"人的因素"和"机的因素"的高效整合和实现"人机协调"。

智能化物料管理系统，是对从原材料上线到成品入库的生产过程进行实时数据采集、控制和跟踪的信息系统，需要在生产现场布置专用设备，如 LED 生产看板、条码采集器、PLC、传感器、I/O、DCS、RFID、计算机等。该系统通过控制包括物料、仓库设备、人员、品质、工艺、流程指令和设备在内的所有工厂资源来提高制造竞争力，它提供了一种在统一平台上集成工艺派工单、质量控制、NC 代码、智能调度、设备管理等功能的模式，从而实现企业实时化的信息系统。

下面介绍智能仓储物料管理系统中智能管理系统的实现过程。

（1）智能仓储物料管理系统的功能描述

智能仓储物料管理主要表现在物料采购入库、库存管理、领料出库等过程，相比于由手工登记物料出入库信息的传统出入库管理模式，智能管理系统将 RFID 技术应用于物料管理，能做到物料信息采集的及时性、准确性和可追溯性，根据物料管理的特点，可选用无源、中高频、具有读写功能的 RFID 射频卡。物料管理的功能描述如下：

① 物料初始化。供应商或车间来料后，仓库管理员根据物料检验结果使用发卡器对等待入库的物料进行初始化，将卡编号与物料号对应信息记录至物料表中，并将射频卡附着在物料上。

② 入库处理。物料入库时，安装在入口处的阅读器读取射频卡中的物料号，并将入库单号与卡进行绑定，将物料号、货位号、数量等信息记录至入库明细表及库存表中，物料状态设为"入库"，完成入库过程。

③ 出库处理。物料出库时，安装在出口处的阅读器读取射频卡中的物料号，并将出库单号与卡进行绑定，将物料号、数量等信息记录至出库明细表，更新库存表，物料状态设为"出库"，完成出库过程。

④ 库存盘点。每隔一定时间，员工就会启动安装在仓库各个货架上的 RFID 设备，对每个货位实际物料进行清点，可通过电子标签拣货系统完成，统计各物料实际数量，与库中的库存量进行比对，产生物料盘点表，为补货及缺货登记服务。

⑤ 查询与统计。按照查询统计条件对入库、出库、库存、盘点等信息进行查询与统计，为制订需求计划服务。

物料管理的功能结构如图 6-13 所示。

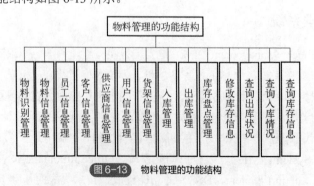

图 6-13　物料管理的功能结构

⑥ 根据上述功能结构图及规范化理论，去掉不合理的函数依赖，满足 3NF 的关系模式（主码用下划线，外码用波浪线表示）如下：

员工（<u>工号</u>、姓名、部门等）、物料（<u>物料号</u>、名称、价格、<u>供应商</u>、状态等）、入库单（<u>单号</u>、<u>经手人</u>、入库时间等）、入库单明细（<u>入库单号</u>、<u>物料号</u>、数量等）、供应商（<u>编号</u>、名称、信誉等）、出库单（<u>单号</u>、<u>客户号</u>、出口时间等）、出库单明细（<u>出库单号</u>、<u>物料号</u>、数量等）、库存（<u>货位号</u>、<u>物料号</u>、数量等）、货架信息（<u>货位号</u>、容量等）。

（2）智能物料的硬件架构设计

根据 RFID 的工作原理及物料系统功能需求，设计一个典型的硬件组成架构，如图 6-14 所示。该系统自下向上分为设备层、感知层、通信层及服务层，各层的作用描述如下。

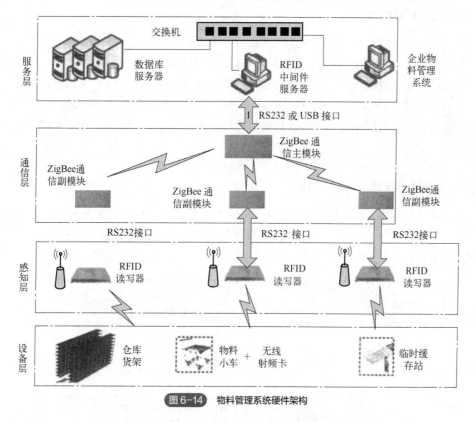

图6-14 物料管理系统硬件架构

① 设备层。与物料管理有关的设备，如物料、货架、物料小车、缓存站及堆垛机等，射频卡或标签一般安装或附在物料等识别对象上，随识别对象移动而移动。

② 感知层。该层主要由 RFID 读写器、条码扫描仪等智能感知设备构成，用来识别设备层的物料对象，将获取的射频信息传送至通信模块端，也可将上层的控制信息写入卡中。阅读器与卡一般采用半双工通信方式进行读写，既可以单卡读写，又可以多卡读写；还可以实现对卡的加密读写操作，防止卡信息被兼容读写器获取，以保证信息的安全性，提升 MMIS 系统的安全性。

③ 通信层。该层主要由 ZigBee 通信主副模块构成。主模块用于接收副模块的读结果，而副模块用于接收主模块的写操作，目前对卡的识别方式主要有防碰撞、单标签、单步等。由于若干 RFID 读写设备间存在的干涉冲突以及对射频卡的读写冲突，可采用碰撞算法解决此类问题。

④ 服务层。该层主要由组成局域网的 RFID 控制器、数据库服务器及 MMIS 若干终端构成，其中控制器封装了读写射频卡信息的详细功能。

（3）智能物料系统的软件架构设计

智能物料系统的软件架构自下向上分为 3 层：
① 数据库层。按照数据结构来组织、存储和管理数据的仓库。
② 数据访问层。它是系统的核心，采用 ADO（ActiveX Data Object）组件技术访问数据库操作。
③ 用户表示层。用户表示层是用户与系统交互的人机界面。

系统有 14 个模块，其中物料识别模块运行在 RFID 控制器上，其他模块主要完成对相应数据表的增加、删除、更改与查询统计功能，运行在管理终端上。

（4）相关关键技术描述

物料系统涉及射频卡数据格式及读写方式等关键技术。

射频卡采用 IS018000-6C 标准 RFID 认证协议，具有伪随机数产生器和 CRC 校验功能，卡的安全性较好。根据协议规定，将射频卡存储空间分为保留内存区、EPC 存储区、TID 存储区和用户存储区 4 种。其中，TID 区存储卡的 ID 是唯一不可更改的；用户区存储量较大（96 位），用来存储物料的相关数据；保留内存区存储杀死口令和访问口令；EPC 区用来存储自定义可改变的卡号，该卡号与用户区存储的信息对应。

（5）库存盘点功能模块的实现

以库存盘点模块为例，描述盘点实现的过程，物料在库存中按照物料 ABC 分类，存储在不同的区间。盘点时采用手持或固定的 RFID 阅读器读取货架上每个物料库存中的数量，与实际盘点数量进行对比，消除差值，确保库存的准确可靠。库存盘点流程如图 6-15 所示。

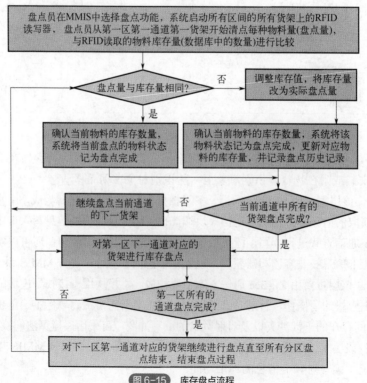

图6-15 库存盘点流程

（6）智能管理系统的应用总结

随着 RFID 技术在生产制造领域的广泛深入应用，产生了许多新的应用平台，如智慧车间、智慧仓库等。将 RFID 技术应用于物料仓储管理系统，实现物料的实时识别与信息采集，物料入库、出库及库存盘点等功能。应用 RFID 技术可以显著提高物料的识别准确率，减少人为误差，简化用户的管理过程，极大提高管理人员的工作效率。进一步研究的内容包括：读写射频卡信息的安全性，无线通信网络的安全性，RFID 系统与云计算、移动互联网之间的集成，制造企业与上游供应商及下游销售商之间的射频信息的兼容性等。

本章小结

本章主要介绍了智能制造系统的背景、定义、特征、支撑技术和研究热点，智能制造系统的组成以及各组成部分的功能、架构、关键技术。

① 智能制造系统体系架构、特征和优点，包括生命周期、系统层级和智能特征 3 个维度，分别描述生命周期的各个阶段、系统层级的层级划分、智能特征的 5 层智能化要求。

② 智能制造系统调度控制，包括约翰逊算法、流水排序调度算法以及非流水排序调度算法的详细算法。

③ 智能制造系统供应链管理，包括供应链管理的概念、特征、总体架构，以及多智能体在供应链管理中的应用。

④ 智能制造服务系统，包括智能服务系统的概念、智能管理系统的概念，详细介绍了智能仓储物料管理系统中智能管理系统的实现过程。

 思考题

（1）什么是智能制造系统？

（2）请简述智能制造系统体系总体架构的 3 个维度，并分析 PLC 以及工业机器人分别属于哪个维度。

（3）什么是流水排序调度算法？计算的步骤是什么？

（4）智能制造系统供应链管理主要包括的内容有哪些？分别举例说明。

（5）请举例描述供应链合作伙伴之间的通信顺序。

（6）智能制造服务系统总体架构的 5 个部分分别是什么？

第 7 章

智能制造装备

本章思维导图

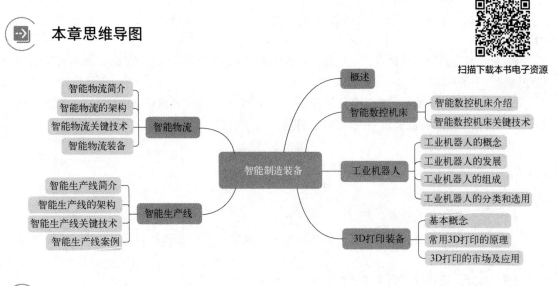

本章学习目标

（1）掌握智能数控机床的关键技术，了解智能数控机床的基本组成。

（2）了解工业机器人的概念和发展，掌握机器人的组成、分类和选用。

（3）熟悉各项 3D 打印装备的基本原理。

（4）了解智能生产线的关键技术和架构。

（5）掌握智能物流的关键技术和架构。

面向传统产业改造提升和战略性新兴产业发展的需求，工业机器人是智能制造各领域内必不可少的智能装备之一，它是自动执行工作的机器装置，是靠自身动力和控制能力来实现各种功能的一种机器，它可以接受人类指挥，也可以按照预先编排的程序运行。那么，除了工业机器人，还有哪些装备是智能制造装备呢？它们都需要哪些关键技术？

7.1 概述

智能制造是一种由智能机器和人类专家共同组成的人机一体化智能系统，它在制造过程中能进行智能活动，诸如分析、推理、判断、构思和决策等。通过人与智能机器的合作共事，去扩大、延伸和部分地取代人类专家在制造过程中的脑力劳动。它把制造自动化的概念更新，扩展到柔性化、智能化和高度集成化。

制造系统是制造过程及其所涉及的硬件、软件和人员所组成的一个将制造资源转变为产品或半成品的输入/输出系统，它涉及产品生命周期（包括市场分析、产品设计、工艺规划、加工过程、装配、运输、产品销售、售后服务及回收处理等）的全过程或部分环节。其中，硬件包括厂房、生产设备、工具、刀具、计算机及网络等；软件包括制造理论、制造技术（制造工艺和制造方法等）、管理方法、制造信息及其有关的软件系统等。制造资源包括狭义制造资源和广义制造资源。其中，狭义制造资源主要指物能资源，包括原材料、坯件、半成品、能源等；广义制造资源还包括硬件、软件、人员等。

实现智能制造的利器就是数字化、网络化的工具软件和制造装备，包括以下类型：

① 计算机辅助工具，如 CAD（计算机辅助设计）、CAE（计算机辅助工程）、CAPP（计算机辅助工艺设计）、CAM（计算机辅助制造）、CAT（计算机辅助测试，如 ICT 信息测试、FCT 功能测试）等。

② 计算机仿真工具，如物流仿真、工程物理仿真（包括结构分析、声学分析、流体分析、热力学分析、运动分析、复合材料分析等多物理场仿真）、工艺仿真等。

③ 工厂/车间业务与生产管理系统，如 ERP（企业资源计划）、MES（制造执行系统）、PLM（产品全生命周期管理）、PDM（产品数据管理）等。

④ 智能装备，如高档数控机床与机器人、增材制造装备（3D 打印机）、智能传感与控制装备、智能检测与装配装备、智能物流与仓储装备等。

⑤ 新一代信息技术，如物联网、云计算、大数据等。

本章主要介绍智能数控机床、工业机器人、3D 打印装备、智能生产线及智能物流装备。

7.2　智能数控机床

数控机床是数字控制机床（Computer Numerical Control Machine Tools）的简称，是一种装有程序控制系统的自动化机床。该控制系统能够逻辑地处理具有控制编码或其他符号指令规定的程序，并将其译码，用代码化的数字表示，通过信息载体输入数控装置。经运算处理由数控装置发出各种控制信号，控制机床的动作，按要求的形状和尺寸，自动地将零件加工出来。

数控机床较好地解决了复杂、精密、小批量、多品种的零件加工问题，是一种柔性的、高效能的自动化机床，代表了现代机床控制技术的发展方向，是一种典型的机电一体化产品。

相比于传统的机床，数控机床已经向智能化机床方向发展。近年来，大数据、云计算和新一代人工智能技术取得了群体性、革命性的突破，新一代人工智能技术与先进制造技术深度融合所形成的新一代智能制造技术，成为新一轮工业革命的核心驱动力。新一代人工智能技术与数控机床的融合，形成了新一代智能机床，将为数控机床产业带来新的变革。

智能机床指的是以人为核心，充分发挥相关机器的辅助作用，在一定程度上科学合理地应用智能决策、智能执行以及自动感知等方式。将各项智能功能加以组合，最终确保相应的制造系统具有更强的高效性，满足低碳以及优质等目标的同时，为加工机械的优化运行提供可靠性保障。从狭义的角度上来讲，相关机械在整个加工的过程中，智能机床能对其自身的职能监测、调节、自动感知及最终决策加以科学合理的辅助，确保整个加工制造过程趋向于高效运行，最终实现低耗及优质等目标。智能机床借助温度、加速度和位移等传感器监测机床工作状态和环境的变化，实时进行调节和控制，优化切削用量，抑制或消除振动，补偿热变形，能充分发挥机床的潜力，是基于模型的闭环加工系统（图 7-1）。

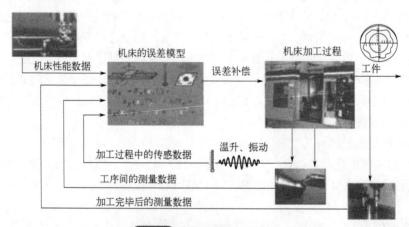

图 7-1　智能机床闭环加工系统

智能机床的另一特征是网络通信，它是工厂网络的一个节点，可实现机床之间和车间管理系统的相互通信，提高生产系统效率和效益。它是从加工设备进化到工厂网络的终端，生产数据能够自动采集，实现机床与机床、机床与各级管理系统的实时通信，使生产透明化，机床融入企业的组织和管理。机床智能化和网络化为制造资源社会共享，构建异地的、虚拟的云工厂创造了条件，从而迈向共享经济新时代，创造更多的价值。将来，数字孪生将成为高端机床不可分割的组成部分，虚实形影不离。利用传感器对机床的运行状态实时监控，再通过仿真及智能算法进行加工过程优化，尽可能预测性能变化，实现按需维修。

7.2.1　智能数控机床关键技术

（1）智能数控技术

智能数控机床最关键的部分就是智能数控技术，尤其是以传统数控技术为关键点，在一定程度上对机床智能化水平造成直接影响，主要包含数据采集以及开放式数控系统架构等技术。较为常见的开放式数控系统架构往往是遵循开放性原则，科学合理地对相关数控系统加以开发，在机床中将其合理应用，其自身具有扩展性、互换性及操作性等显著优势。该架构主要包含两部分：系统平台及应用软件。其往往应用相关硬件及软件平台，确保相关部分实现系统化功能，如较为常见的电源系统或者微处理器系统。配合相应的操作系统，充分发挥系统性能至关重要的作用，科学合理地控制系统硬件资源，从而让相应的应用软件研制效率得以提高。目前，在开发相关应用软件的过程中，主要是以模型为主，让各系统能科学合理地联系在一起，从而根据编制差异，将其合理应用在各项系统。

目前，较为常见的数控机床智能化技术系统如图 7-2 所示。

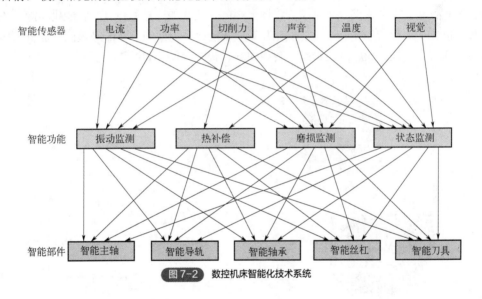

图 7-2　数控机床智能化技术系统

（2）大数据采集及分析技术

随着我国社会经济的迅速发展，我国数控机床性能呈上升发展趋势，相应地，机床呈现出各式各样的种类。为满足不同数据间的采集需求，目前在数控机床中被广泛应用的是传感器，其能适用于各式各样的机床数据采集类型，通常有力矩、电流、温度、振动等。通过数据采集，不仅能确保整个制造过程得以有效管理，还能不断优化整个制造过程。从目前智能数控机床技术的实际发展情况来看，要想不断优化大数据分析过程，首先要确保相关数据实现可视化，在一定程度上确保数据分析科学合理，最终为相应的决策提供可靠性依据。目前，很多数控系统往往是将数据采集接口装置加以合理应用，为相关数据信息的真实性及有效性提供可靠保障。另外，科学合理地使用大数据采集及分析技术能确保相关数据实现智能化管理，在获取相应的制造数据后，让整个加工过程及相关数据形成科学合理的联系，最大化降低人为因素的影响。

7.2.2　智能数控机床介绍

7.2.2.1　i5数控系统智能机床

i5 数控系统是由沈阳机床股份有限公司自主研发的，是全球首创 i5 数控系统的全智能机床。搭载 i5 数控系统的机床产品操作更便捷，编程更轻松，维护更方便，管理更简单，操控此机床，可以像玩智能手机一样，指尖轻点，就能完成复杂零部件的加工。它是一台非常精密、专业的数控机床，同时沈阳机床构建的集"云制造"和"智能制造"概念于一体的信息集成平台——i5平台，已经实现"在线工厂"和"机床档案"两大应用功能。基于 i5 平台，用户在全国各地可实时查询其工厂的产量信息，各生产线的订单生产执行情况、耗材资源库存等信息，为企业决策提供可靠、及时的数据信息，为客户带来更多方便。

i5 是指 industry、information、internet、integrate、intelligent，即工业化、信息化、网络化、集成化、智能化。i5 智能数控系统不仅是机床运动控制器，还是工厂网络的智能终端。i5 智能数控系统不仅包含工艺支持、特征编程、图形诊断、在线加工过程仿真等智能化功能，还实现了操作智能化、编程智能化、维护智能化和管理智能化，与此同时，i5 系统的智能机床作为智能终端，实现了智能补偿、智能诊断、智能控制、智能管理，如图 7-3 所示。

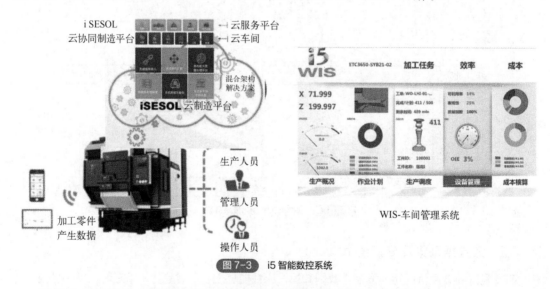

图 7-3　i5 智能数控系统

基于 i5 数控系统，沈阳机床厂研发了多款数控机床，如图 7-4 所示。

i5 数控系统智能机床具有以下特点：

① 基于 PC 的全软件式结构。利用计算机系统的软硬件开发可以分开的特点，把数控控制核心部分全部写在 CPU 上，用软件实现。

② 操作系统。i5 选用的是 Linux 操作系统，不同于其他基于 PC 系统使用的 Windows 系统，Linux 操作系统是互联网共享开发的产物，其优点是源代码开放且免费，与互联网天然契合，开发者可以根据自己的需要对操作系统进行裁剪和修订，实现操作系统的定制。

③ 数字总线的选择。i5 采用开放式的 EtherCAT（ECAT）总线，开放程度可以达到芯片级。与封闭式总线相比，EtherCAT 总线的优点在于它能够支撑数控系统未来的扩展应用，并且具有

很丰富的开放资源和第三方设备支持。使机床"智能化"是 i5 数控系统的中心原则。

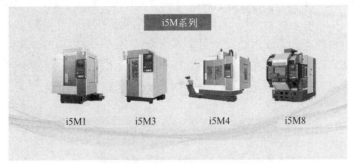

图 7-4　i5 数控系统智能机床型号

④ 让编程更简单。循环引导编程：引导编程包括标准化循环和定制化循环支持。标准化循环支持标准车削、铣削、钻孔、攻丝、镗孔循环；可以通过图形化引导编程页面实现快速编程和修改。定制化循环可根据特定的工艺要求定制开发，实现高效便捷生成，如车床的毛坯切削、切槽等。

⑤ 让操作更安全。三维仿真：虚拟预加工，用户可以在控制屏幕上直接看到加工程序的三维仿真结果，即不用开动机床就可以看到模拟加工结果。

⑥ 方便机床维修和诊断。机床体检：机床体检可以不拆装钣金即可快速了解机床机械部件的装配状态和定位故障原因，大大降低了设备维护的难度和工作量，也可以为装备制造商提供良品出厂检测方法，提高机械装配一致性。

⑦ 高速高精功能。热误差补偿：机床热误差是引起零件加工误差的主要因素之一，严重影响加工精度。i5 热误差补偿可实现主轴 Z 向热伸长的自动采集和基于工况的热误差模型建立及预测，将补偿值平均分配到每个插补周期中，在冷机、停机恢复状态下无须热机，保持较高的尺寸一致性和加工精度。

⑧ 远程控制功能。借助 i5 智能机床的远程控制功能，管理者可利用手机、iPad 等移动终端实时查看工厂里每台设备的运行情况，通过车间智能管理系统实现设备层与企业层的无缝对接，并通过 iSESOL 云平台实现机器与人、机器与机器、机器与工厂的实时在线互联互通。

⑨ 具备刀具测量引导功能，帮助用户手工测量刀具数据，自动生成补偿数据，防止人工计算错误。

⑩ 具备工件测量引导功能，帮助用户手工测量零偏数据，自动生成零偏，防止人工计算错误。

⑪ 支持刀具寿命管理，寿命到达后系统会报警提示更换刀具。

i5 数控系统的智能化表现有以下几方面：

① 操作智能化。机床加工状态的数据，能实时同步到手机或平板电脑，可通过触摸屏来操作整个系统，一机在手即可对设备进行操作、管理、监控，实时传递和交换机床的加工信息。

② 在线工艺仿真。在线工艺仿真系统能够实时模拟机床的加工状态，实现工艺经验的数据积累，可以进一步快速响应用户的工艺支持请求，获得来自互联网上的"工艺大师"的经验支持。

③ 智能补偿。集成有基于数学模型的螺距误差补偿技术，能使 i5 智能机床达到定位精度 $5\mu m$，重复定位精度 $3\mu m$。

④ 智能诊断。i5 数控系统能够替代人去查找代码，帮助操作者判断问题所在，可对电动机

电流进行监控，给维护人员提供数据进行故障分析。

⑤ 智能车间管理。i5 数控系统与车间管理系统（WIS）高度集成，记录机床运行的信息，包括使用时间、加工进度、能源消耗等，给车间管理人员提供订单和计划完成情况的分析，还可以把机床的物料消耗、人力成本通过财务体系融合进来，及时归集整个车间的运营成本。

在互联网条件下，i5 数控系统不仅能够实现机床与机床的互联，还是一个能够生成车间管理数据，并与有关部门进行数据交换的网络终端，通过制造过程的数据透明，实现制造过程和生产管理的无缝连接。

基于 iSESOL 平台的智能机床互联网应用如图 7-5 所示。

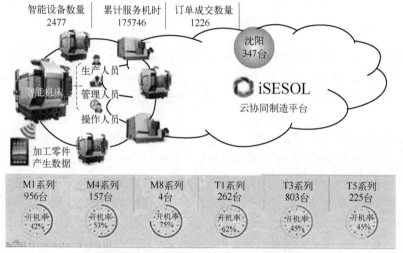

图 7-5　基于 iSESOL 平台的智能机床互联网应用

从图 7-5 中可见，分布在全国各地的各种型号的 i5 智能机床都可通过 iport 协议接入 iSESOL 网络。加入云平台的设备总数为 2477 台，累计服务机时为 175746h，订单交易数为 1226，其中沈阳有 347 台。该网络同时可统计出生产人员、管理人员和操作人员的相关数据，每台机床加工零件所产生的数据都可为相关生产人员、管理人员和操作人员共享。因此，未来数控系统的趋势将会是云与端相互结合的新架构，并且需要通过对行业应用的深入分析和了解，设计符合未来发展趋势的互联网应用及商业模式，通过智能终端将人与人、人与设备、人与知识相互连接，使得人才（知识）资源、制造资源、金融资源等获得分享和价值最大化，而数控系统需要承担起人与制造资源连接桥梁的重要角色。

7.2.2.2　智能高速五轴数控机床

武汉华中数控股份有限公司（以下简称"华中数控"），与华中科技大学产、学、研紧密合作，是从事数控系统及装备开发、生产的高科技创新型企业。

（1）数控技术基础

① 自主感知。通过独创的"指令域"大数据汇聚方法，按毫秒级采样周期汇集数控系统内部电控数据、插补数据，以及温度、振动、视觉等外部传感器数据，形成数控加工指令域"心电图"和"色谱图"。伺服驱动系统既是"执行器"又是"感知器"，实现了数控加工过程的状

态信息和工况信息的自主感知，建立了数控机床的全生命周期"数字孪生"和"人-信息-物理系统"。

② 自主学习。在大数据、云计算和新一代人工智能技术的基础上，建立了大数据智能（可视化、大数据分析和深度学习）的开放式技术平台，形成智能机床共创、共享、共用的研发模式和商业模式的生态圈。从大数据隐含的"关联关系"中，应用大数据智能技术，进行自主学习，获得数控加工智能化控制知识，通过开放的技术平台，实现智能控制策略、知识的积累和共享。

③ 自主决策。根据数控加工的实时工况和状态信息，利用自主学习所获得的智能控制策略和知识，形成多目标优化加工的智能控制"i-代码"。

④ 自主执行。通过独创的"双码联控"控制技术，实现了传统数控加工的"G-代码"（第一代码）和多目标优化加工的智能控制"i-代码"（第二代码）的同步运行，达到数控加工的优质、高效、可靠、安全和低耗的目的。

基于以上技术，华中数控具有自主知识产权的数控装置已经形成高、中、低三个档次的系列产品，通过整合国家重大专项三个课题的研发任务，瞄准国外高档数控系统的最高水平，研制一系列高档数控系统新产品。其研制的 60 多种专用数控系统，应用于纺织机械、木工机械、玻璃机械、注塑机械。

（2）"华中8型"数控系统

2010 年，国家启动"高档数控机床与基础制造装备"科技重大专项，华中数控接到国家课题任务后，瞄准国际领先的高档数控系统，集中优势研发力量，以产品化为目标，科学组织实施产品攻关工程，成功研制出具有自主知识产权的"华中 8 型"高性能数控装置、伺服驱动和伺服电机成套产品。围绕"华中 8 型"的研制，华中数控攻克了多轴联动、高速高精、现场总线、开放式平台、基于指令域大数据的智能化等关键核心技术，全面缩小与国外的差距，实现了我国数控系统从"模拟式、脉冲式"向"总线式、全数字"的高档数控系统的跨越式发展。

"华中 8 型"高性能数控系统具有以下特点：

① 攻克了高速、高精度运动控制技术，实现了纳米级插补和高速、高刚度、伺服驱动控制。

② 突破了现场总线、五轴联动和多轴协同控制技术，研制了硬件可置换、软件跨平台的全数字数控系统软硬件平台，构建了数控系统云服务平台，实现了全数字化的系统内部通信和外部互联。

③ 提出了指令域大数据分析方法，实现了工艺参数优化、机床健康评估、热误差补偿等智能化功能的工程应用。

（3）智能化控制

面向数控机床用户、数控机床/系统厂商，打造以数控系统为中心的智能化、网络化数字服务平台。华中数控 iNC-Cloud 汇集数控系统内部指令域电控实时数据为大数据和传感器数据，建立数控机床的全生命周期"数字孪生"，通过大数据的统计分析与可视化，实现数控设备的状态监控、生产管理、设备运维等智能化应用。华中数控在"华中 8 型"高性能数控系统的基础上，基于云计算、大数据、CPS 等单元技术，开发了原创性智能化软件，如图 7-6 所示。

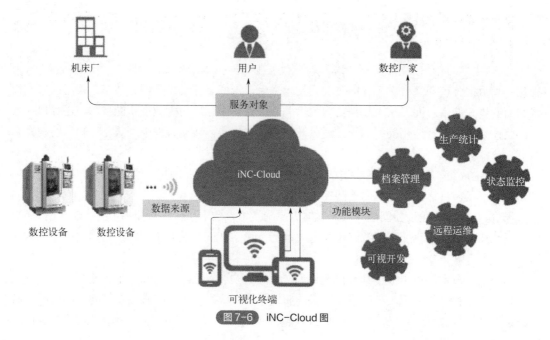

图 7-6　iNC-Cloud 图

高精、高效是数控的核心竞争力，智能是数控技术的发展方向，智能化技术的应用将进一步提升数控机床的精度和效率。华中数控瞄准"管用、耐用、好用"的产品方向，隆重推出了全新的华中 8 型数控系统 V2.4 产品，帮助用户实现数控加工的"更精、更快、更智能"。

华中 Di 系列产品包含三个型号——HNC-808Di、HNC-818Di、HNC-848Di（图 7-7），Di 系列产品搭载高性能 IPC、高稳定性伺服驱动、开放性 PLC、高分辨率伺服电机、安全可靠的 UPS、iNC-Cloud 数控云管家，具有高可靠、高响应、高加工性能、高易用性、高调试便捷性以及互联网+智能化的特点。

图 7-7　华中 Di 系列产品

7.3　工业机器人

工业机器人是广泛用于工业领域的多关节机械手或多自由度的机器装置，具有一定的自动性，可依靠自身的动力能源和控制能力实现各种工业加工制造功能。工业机器人作为机电一体化的自动化装备，不仅解放了人工劳动力，提高了工作效率，还能更加准确地完成规定工作，使得其在电子、物流、化工等各个工业领域被广泛应用。随着工业机器人智能化逐渐提高，在各行业领域的应用也越来越普遍，其中我国零部件加工、汽车及电子行业应用工业机器人数量最多。此外，经济发展使得居民生活质量得到提高，对于生活的要求也在不断提高，未来工业机器人与居民生活会有更多关联，在食品生产、医疗服务等领域应用会更加普遍，工业机器人不仅保证了生产的质量和工作效率，还很大程度上降低了劳动工作者的工作量，既省去了企业劳动资金的投入，又降低了劳动工作者的工作压力，为企业增加了市场份额，并大幅度改善了居民的生活水平。

工业机器人既是智能制造的关键支撑装备，又是改善人类生活方式的重要切入点，其研发和产业化应用是衡量一个国家科技创新、高端制造发展水平的主要标志。大力发展工业机器人产业，对于打造我国制造新优势，推动工业转型升级，加快制造强国建设，改善人们生活水平具有重要意义。近年来，随着国家对工业机器人的扶持力度不断加大，本土企业不断推动技术创新，特别是伴随关键性零部件方面的技术积累，国内机器人企业正积极抢占市场。

我国工业机器人市场发展较快，约占全球市场份额的 1/3，是全球第一大工业机器人应用市场。2017 年，我国工业机器人保持高速增长，工业机器人市场规模约为 42.2 亿美元，同比增长 24%。2018 年上半年，我国工业机器人市场规模达到 52.2 亿美元。当前，我国生产制造智能化改造升级的需求日益凸显，工业机器人的市场需求依然旺盛。

7.3.1　工业机器人的概念

工业机器人在世界各国的定义不完全相同，但是其含义基本一致。ISO 对工业机器人定义为：工业机器人是一种具有自动控制的操作和移动功能，能够完成各种作业的可编程操作机。ISO 8373 有更具体的解释：工业机器人有自动控制与再编程、多用途功能，机器人操作机有三个或三个以上的可编程轴，在工业机器人自动化应用中，机器人的底座可固定也可移动。美国机器人工艺协会对工业机器人的定义为：工业机器人是用来进行搬运材料、零件、工具等可再编程的多功能机械手，或通过不同程度的调用来完成各种工作任务的特种装置。日本工业标准、德国标准及英国机器人协会也有类似的定义。总的来说，工业机器人是集机械、电子、控制、计算机、传感器、人工智能等多学科的先进技术于一体的现代制造业自动化重要装备。一般来说，工业机器人的显著特点有以下 4 个方面：

① 仿人功能。工业机器人在机械结构上具有类似的行走、腰部转动、大小臂、手腕和爪子，并由计算机进行全面控制。此外，智能工业机器人还拥有许多与人类相似的"生物传感器"，如力传感器、载荷传感器、视觉传感器等，大大提高了工业机器人对周围环境的适应能力。

② 可编程。工业机器人可以根据其工作环境的变化和需要进行重新编程，作为柔性制造系统的重要组成部分，可编程能力是其对适应工作环境改变能力的一种体现。因此，它们可以在小批量、多品种、均衡高效的柔性制造过程中发挥巨大的作用，是未来柔性制造的重要组成部分。

③ 通用型。工业机器人一般分为通用与专用两类。通用工业机器人只要更换不同的末端执行器就能完成不同的工业生产任务。

④ 良好的环境交互性。工业机器人在无人为干预的条件下，对工作环境有自适应控制能力和自我规划能力。

随着机器人技术的不断发展，工业机器人的应用范围也越来越广。当前，工业机器人的应用领域主要有焊接、装配、搬运、涂装、检测、码垛、研磨抛光、激光加工等。

7.3.2 工业机器人的发展

20 世纪 50 年代末，工业机器人最早开始投入使用。约瑟夫·恩格尔贝格（Joseph F. Englberger）利用伺服系统的相关灵感，与乔治·德沃尔（George Devol）共同开发了一台工业机器人——"尤尼梅特"（Unimate），率先于 1961 年在通用汽车的生产车间里使用。最初的工业机器人构造相对简单，所完成的功能也是捡拾汽车零件并放置到传送带上，对其他作业环境并没有交互能力，就是按照预定的基本程序精确地完成同一重复动作。此时工业机器人虽然是简单地重复操作，但展示了工业机械化的美好前景，也为工业机器人的蓬勃发展拉开了序幕。

20 世纪 60 年代，工业机器人发展迎来黎明期，机器人的简单功能得到进一步发展。机器人传感器的应用提高了机器人的可操作性，包括恩斯特采用的触觉传感器；托莫维奇和博尼在世界上最早的"灵巧手"上用到了压力传感器；麦卡锡对机器人进行改进，加入视觉传感系统，并帮助麻省理工学院推出了世界上第一个带有视觉传感器并能识别和定位积木的机器人系统。此外，利用声呐系统、光电管等技术，工业机器人可以通过环境识别来校正自己的准确位置。

自 20 世纪 60 年代中期开始，美国麻省理工学院、斯坦福大学、英国爱丁堡大学等陆续成立了机器人实验室。美国兴起研究第二代带传感器的、"有感觉"的机器人，并向人工智能进发。

20 世纪 70 年代，随着计算机和人工智能技术的发展，机器人进入实用化时代。像日立公司推出的具有触觉、压力传感器，七轴交流电动机驱动的机器人；美国 Milacron 公司推出的世界第一台小型计算机控制的机器人，由电液伺服驱动，可跟踪移动物体，用于装配和多功能作业；适用于装配作业的机器人还有像日本山梨大学发明的 SCARA 平面关节型机器人等。

20 世纪 70 年代末，由美国 Unimation 公司推出的 PUMA 系列机器人，为多关节、多 CPU 二级计算机控制，全电动，有专用 VAL 语言和视觉、力觉传感器，这标志着工业机器人技术已经完全成熟。PUMA 至今仍然工作在工厂第一线。

20 世纪 80 年代，机器人进入普及期，随着制造业的发展，工业机器人在发达国家走向普及，并向高速、高精度、轻量化、成套系列化和智能化发展，以满足多品种、小批量的需要。

20 世纪 90 年代，随着计算机技术、智能技术的进步和发展，第二代具有一定感觉功能的机器人已经实用化并开始推广，具有视觉、触觉、高灵巧手指、能行走的第三代智能机器人相继出现并开始走向应用。

2020 年，中国机器人产业营业收入首次突破 1000 亿元。"十三五"期间，工业机器人产量从 7.2 万套增长到 21.2 万套，年均增长 31%。从技术和产品上看，精密减速器、高性能伺服驱动系统、智能控制器、智能一体化关节等关键技术和部件加快突破、创新成果不断涌现，整机性能大幅提升、功能愈加丰富，产品质量日益优化。行业应用也在深入拓展，工业机器人已广泛应用在汽车、电子、冶金、轻工、石化、医药等 52 个行业大类、143 个行业中。

2022 年，嘉腾机器人推出国内首台差速 20t AGV 驱动单元，该驱动单元采用差速重载动力模组以及控制策略，增强了产品实用性和耐用性。重载 AGV 可用于航天、高压容器、大型基建工程、模块化建筑工程等行业。

7.3.3 工业机器人的组成

工业机器人是面向工业领域的多关节机械手或多自由度机器人。工业机器人代替人类完成生产是未来制造业重要的发展趋势，是实现智能制造的基础，也是未来实现工业自动化、数字化、智能化的保障。一般来说，工业机器人由主体、驱动系统、控制系统、感知系统、末端执行器5部分组成。

（1）主体

主体即机座和执行机构，包括臂部、腕部和手部，有的机器人还有行走机构。大多数工业机器人有3~6个运动自由度，其中，腕部通常有1~3个运动自由度，如图7-8所示。

（2）驱动系统

驱动系统是向机械结构系统提供动力的装置，直接或间接地驱动机器人本体，以获得机器人的各种运动。根据动力源不同，驱动系统的传动方式分为液压式、气压式、电动式三种，特点如下：

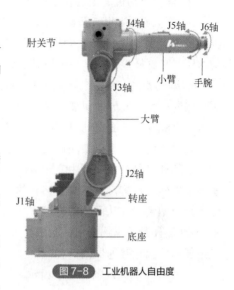
图7-8　工业机器人自由度

① 液压式。早期的工业机器人采用液压驱动，液压系统存在泄漏、噪声和低速不稳定等问题，并且功率单元笨重和昂贵，目前只有大型重载机器人、并联加工机器人和一些特殊应用场合使用液压驱动的工业机器人。

② 气压式。气压驱动具有速度快、系统结构简单、维修方便、价格低等优点。但是气压装置的工作压强低，不易精确定位，一般仅用于工业机器人末端执行器的驱动。气动手抓、旋转气缸和气动吸盘作为末端执行器，可用于中、小负荷的工件抓取和装配。

③ 电动式。电力驱动是目前使用最多的一种驱动方式，其特点是电源取用方便，响应快，驱动力大，信号检测、传递、处理方便，并可以采用多种灵活的控制方式。驱动电机一般采用步进电动机或伺服电动机，目前也有采用直接驱动电机，但是造价较高，控制也较为复杂，和电机相配的减速器一般采用谐波减速器、摆线针轮减速器或者行星齿轮减速器。

依据需求也可将这三种范例组合为复合式驱动系统，或者通过同步带、轮系、齿轮等机械传动机构来间接驱动。驱动系统有动力装置和传动机构，使机构发生相应的动作。这三类驱动系统各有特点，现在主流的是电动驱动系统。采用低惯量，大转矩交、直流的伺服电动机及其配套的伺服驱动器（图7-9），使用方便，控制灵敏。除了可以进行速度与转矩控制外，伺服系统还可以进行精确、快速、稳定的位置控制。

图7-9　伺服电动机及伺服驱动器

① 工业机器人对伺服电动机的要求。

a. 快速响应性。电伺服系统的灵敏性越高，快速响应性能越好。

b. 启动转矩惯量比大。在驱动负载的情况下，要求机器人的伺服电动机的启动转矩大，转动惯量小。

c. 控制特性的连续性和直线性。随着控制信号的变化，电动机的转速能连续变化，有时还需转速与控制信号成正比或近似成正比，调速范围宽，能用于1：10000~1：1000的调速范围。

d. 体积小、质量小、轴向尺寸短，以配合工业机器人的体形。

e. 能经受苛刻的运行条件，可进行十分频繁的正反向和加减速运行，并能在短时间内承受数倍过载。交流伺服驱动器因其具有转矩转动惯量比高、无电刷及换向火花等优点，在工业机器人中得到广泛应用。

② 伺服电动机的核心技术。

a. 信号接插件的可靠性。国产伺服电动机需要继续改进，而且接插件的小型化、高密度化也是趋势，与伺服电动机本体的集成设计是个很好的研发方向。目前日系伺服电动机的接插件与本体就是这样设计的，方便安装、调试、更换。

b. 编码器的高精度。工业机器人上用的多圈绝对值编码器，目前严重依赖进口，是制约我国高档伺服系统发展的重要瓶颈之一。编码器的小型化也是伺服电动机小型化绕不过去的核心技术。纵观日系伺服电动机产品的更迭，都是伴随着电动机磁路和编码器协同发展升级。

大多数电动机需安装减速器，精密减速器是工业机器人最重要的零部件。工业机器人运动的核心部件"关节"就是由它构成的，每个关节都要用到不同的减速器。精密减速器是一种精密的动力传动机构，它是利用齿轮的速度转换器，可将电动机的转速降到所要的转速，并得到较大转矩的装置，从而降低转速，增加转矩。根据原理不同，精密减速器可分为齿轮减速器、RV 减速器和行星减速器。工业机器人一般使用 RV 减速器和谐波齿轮减速器，其中，谐波齿轮减速器属于齿轮减速器的一种。

a. 谐波齿轮减速器。谐波齿轮减速器是利用行星齿轮传动原理发展起来的一种新型减速器，由波发生器、柔轮和刚轮组成（图 7-10），依靠波发生器使柔轮产生可控弹性变形，并靠柔轮与刚轮啮合来传递运动和动力。谐波传动具有运动精度高、传动比大、质量小、体积小、转动惯量小等优点，最重要的是能在密闭空间传递运动，这一点是其他任何机械传动无法实现的。其缺点为，在谐波齿轮传动中，柔轮每转发生两次椭圆变形，极易引起材料的疲劳损坏，损耗功率大。同时，其引起的扭转变形角达到 $20'\sim30'$，甚至更大。受轴承间隙等影响可能引起 $3'\sim6'$ 的回程误差，不具有自锁功能。

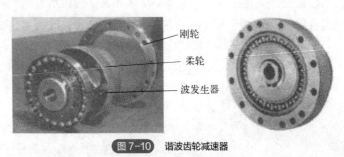

刚轮
柔轮
波发生器

图 7-10　谐波齿轮减速器

b. RV 减速器。RV 减速器（图 7-11）由一个行星齿轮减速器的前级和一个摆线针轮减速器的后级组成。RV 传动是新兴的一种传动，它是在传统针摆行星传动的基础上发展出来的，不但克服了一般针摆传动的缺点，而且具有体积小、质量小、传动比范围大、寿命长、精度保持稳定、效率高、传动平稳等一系列优点。

RV 减速器有较优越的性能：

● 摆线针轮行星减速装置中的传动零件刚度高，接触应力小，零件加工和安装精度易于实现高精度，这就使得摆线针轮传动的效率很高。

● 行星传动结构与紧凑的 W 输出机构组合，使整个摆线针轮减速装置结构十分紧凑，因此其结构体积小、质量小。
- 采用一齿差或少齿差传动，摆线针轮传动的传动比大小取决于摆线针轮的齿数，齿数越多，传动比越大。
- 摆线针轮传动同时啮合的齿数要比渐开线外齿传动同时啮合的齿数多，因此承载能力较大。
- 摆线轮和针轮的轮齿均淬硬、精磨，比渐开线少齿差传动中内齿轮的加工性能更好，齿面硬度更高，使用寿命更长。

图 7-11　RV 减速器

RV 减速器是工业机器人的核心部件，具有高精度、高刚性、体积小、速比大、承载能力大、耐冲击、转动惯量小、传动效率高、回差小等优点，广泛应用于工业机器人、伺服控制、精密雷达驱动、数控机床等高性能精密传动的场合，也适用于要求体积小、质量小的工程机械、移动车辆等装备的普通动力传动中。

工业机器人核心零部件主要是伺服驱动系统、控制器和减速器。三大核心零部件占机器人成本的比例超过70%，其中，减速器成本占比为三大核心零部件最高者，约为36%。

（3）控制系统

机器人控制系统是机器人的大脑，是决定机器人功用和功能的主要因素。控制系统的任务是按照输入的程序对驱动系统和执行机构发出指令信号，控制工业机器人按照要求动作，如控制工业机器人在工作空间中的活动范围、姿势和轨迹、动作的时间等。控制系统分为以下两种：

① 若机器人不具备信息反馈特征，则该控制系统称为开环控制系统。

② 若机器人具备信息反馈特征，则该控制系统称为闭环控制系统。

控制系统主要由计算机硬件和软件组成。软件主要由人机交互系统和控制算法等组成。工业机器人控制器是机器人控制系统的核心大脑，主要任务是对机器人的正向运动学、逆向运动学进行求解，以实现机器人操作空间坐标和关节空间坐标的相互转换，完成机器人的轨迹规划任务，实现高速伺服插补运算、伺服运动控制。一般每台多轴机器人由一套控制系统控制，也意味着机器人轴数越多，对控制器性能要求也越高，如图7-12所示。

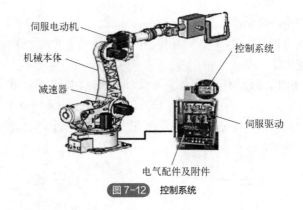

图 7-12　控制系统

（4）感知系统

机器人传感器信息融合如图 7-13 所示，它是由内部传感器模块和外部传感器模块构成的，可获取内部和外部环境状态中有意义的信息。内部传感器是用来检测机器人本身状态（如手臂间的角度）的传感器，多为检测位置和角度的传感器，具体有位移传感器、位置传感器、角度传感器等。外部传感器是用来检测机器人所处环境（如检测物体的距离）及状况（如检测抓取的物体是否滑落）的传感器，具体有距离传感器、视觉传感器、力觉传感器等。智能传感系统的使用提高了机器人的机动性、实用性和智能化标准，人类的感知系统对外部世界信息的感知是极其灵巧的，然而对于一些特定的信息，传感器比人的感知系统更加有效。

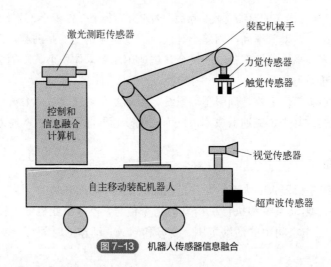

图 7-13　机器人传感器信息融合

（5）末端执行器

末端执行器是连接在机械手最后一个关节上的部件，它一般用来抓取物体，与其他机构连接并执行需要的任务。机器人制造商一般不设计或出售末端执行器，多数情况下，只提供一个简单的抓持器。通常末端执行器安装在机器人的法兰盘上以完成给定环境中的任务，如焊接、涂装、涂胶及零件装卸等，如图 7-14 所示。

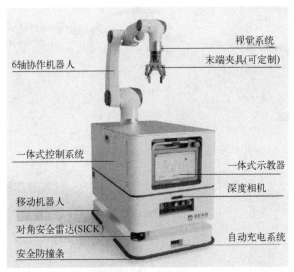

视觉系统

6轴协作机器人

末端夹具(可定制)

一体式控制系统

一体式示教器

深度相机

移动机器人

对角安全雷达(SICK)

自动充电系统

安全防撞条

图 7-14 可定制的末端夹具

7.3.4 工业机器人的分类和选用

（1）工业机器人的分类方式

① 按照机械本体部分进行分类，从基本结构来看，主要有直角坐标式机器人、圆柱坐标式机器人、球坐标式机器人、关节坐标式机器人、平面关节式机器人、柔软臂式机器人、冗余自由度机器人、模块式机器人等。

② 从动力源来看，分为气动机器人、液压机器人、电动机器人三种。

③ 根据感知部分进行分类，分为视觉传感器、听觉传感器、触觉传感器、接近传感器等类型。

④ 根据控制部分进行分类，分为人工操纵机器人、固定程序机器人、可变程序机器人、重演式示教机器人、CNC 机器人、智能机器人。

（2）工业机器人的应用场合

根据应用场合以及制造流程来选择合适的机器人。若应用过程需要机器人在人工旁边协同完成，如人机混合的半自动线，特别是需要经常变换工位或移位移线的情况，以及配合新型力矩感应器的场合，协作机器人应该是一个很好的选择［图 7-15（a）］。如果是寻找一个紧凑型的取放料机器人，可选择水平多关节机器人［图 7-15（b）］。如果是寻找针对小型物件，快速取放的场合，并联机器人［图 7-15（c）］最适合这样的需求。垂直多关节机器人［图 7-15（d）］可以适应一个非常大范围的应用，从上下料到码垛，以及涂装、去毛刺、焊接等。桁架机器人［图 7-15（e）］在机床上下料中，空间利用合理、成本低、速度快、精度高、负载大、冲击小、运行平稳。

工业机器人制造商和系统集成商针对每一种应用场合都有相应的机器人方案，客户只需要明确机器人的工作，再从不同的种类中选择最适合的型号即可。

（3）有效负载

机器人负载包括额定负载、附加负载和有效负载三个重要参数。

(a) 协作机器人

(b) 水平多关节机器人

(c) 并联机器人

(d) 垂直多关节机器人

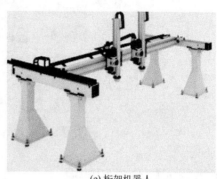
(e) 桁架机器人

图 7-15　工业机器人选用

　　额定负载又称为工具负载，是指各个位姿下所有装在机器人法兰上的最大载荷，为夹具质量与可抓取最大物体的质量之和。额定负载受质心、总质量、电机和减速机功率、臂长、速度、加速度等多因素影响。

　　附加负载也称手臂负载，是指附加在各个机械臂上的负载质量，如供能系统、阀门、上料系统、材料储备等，受轨迹、加速度、节拍时间、磨损、各轴电机和减速机功率等因素影响。

　　有效负载也称承载能力，指机器人工作时所能处理的最大负载质量，不仅要考虑机器人末端执行器的载荷能力，还要考虑附加负载，超过这一负载，机器人将会停运或出现精度偏差等情况。目前工业机器人的最大有效负载约为 4t。

　　如果希望机器人将目标工件从一个工位搬运到另一个工位，需要注意将工件的质量以及机器人手爪的质量加总到其工作负荷。另外，特别需要注意的是机器人的负载曲线，在空间范围的不同距离位置，实际负载能力会有差异。

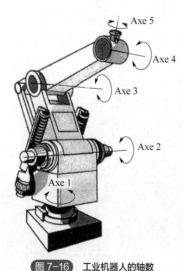

图 7-16　工业机器人的轴数

（4）轴数（自由度）

　　所谓工业机器人的轴，可以用专业的名词自由度来解释，如图 7-16 所示。如果工业机器人具有 3 个自由度，那么它可以沿 x、y、z 轴自由地运动，但是不能倾斜或者转动。当工业机器人的轴数增加时，对工业机器人而言，就意味着更高的灵活性。

　　① 三轴工业机器人也称为直角坐标或者笛卡儿工业机器人，它的 3 个轴可以允许工业机器人沿 3 个轴的方向进行运动，这种工业机器人一般被用于简单的搬运工作之中。

　　② 四轴工业机器人可以沿着 x、y、z 轴进行转动，与三轴

工业机器人不同的是，它具有一个独立运动的第四轴。一般来说，SCARA 工业机器人就可以被认为是四轴工业机器人。

③ 五轴是许多工业机器人的配置，这些工业机器人可以通过 x、y、z 轴进行转动，同时可以依靠基座上的轴实现转身的动作，以及手部可以灵活转动的轴，增加了其灵活性。

④ 六轴工业机器人可以穿过 x、y、z 轴，同时每个轴可以独立转动，与五轴工业机器人最大的区别是，多了一个可以自由转动的轴。六轴工业机器人的代表是优傲工业机器人，通过工业机器人身上的蓝色盖子，可以很清楚地计算出工业机器人的轴数。

⑤ 七轴工业机器人又称为冗余工业机器人，相比六轴工业机器人，额外的轴允许工业机器人躲避某些特定的目标，便于末端执行器到达特定的位置，可以更加灵活地适应某些特殊工作环境。

（5）最大动作范围

当评估目标应用场合时，应该了解机器人需要到达的最大距离。选择一个机器人不仅凭它的有效载荷，还需要综合考量它能到达的确切距离。每个公司都会给出相应机器人的运动范围图，由此可以判断，该机器人是否适合于特定的应用。图 7-17 所示为机器人的水平运动范围，注意机器人在近身及后方存在一片非工作区域。

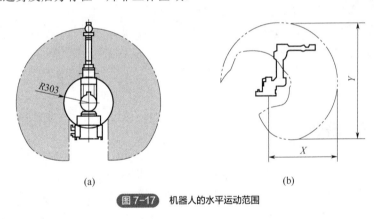

(a)　　　　　　　　　　(b)

图 7-17　机器人的水平运动范围

机器人的最大垂直高度的测量是从机器人能到达的最低点（常在机器人底座以下）到手腕可以达到的最大高度的距离 Y，最大水平作动距离是从机器人底座中心到手腕可以水平达到的最远点的距离 X。

（6）重复精度

重复精度可以被描述为机器人重复完成例行的工作任务每一次到达同一位置的能力，一般为 0.02～0.05mm，甚至更精密。例如，如果需要机器人组装一个电路板，可能需要一个重复精度很高的机器人。如果应用工序比较粗糙（如打包、码垛等），工业机器人精度要求不高。

另一方面，组装工程的机器人精度的选型要求，也关联组装工程各环节尺寸和公差的传递和计算。例如，来料的定位精度，工件本身在生产设备中的重复定位精度等。事实上，由于机器人的运动重复点不是线性的而是在空间运动，该参数的实际情况可以是在公差半径内的球形空间任何位置。机器视觉技术的运动补偿可降低机器人对来料精度的要求和依赖，提升整体的组装精度。

（7）速度

速度取决于该作业需要完成的循环时间。通常机器人规格表列明了该型号机器人的最大速度，但考量从一个点到另一个点的加减速，实际运行的速度将在 0 和最大速度之间。有的机器人制造商也会标注机器人的最大加速度。

（8）本体重量

本体重量是设计机器人单元时的一个重要因素。如果工业机器人必须安装在一个定制的机台，甚至在导轨上，那么需要知道它的重量来设计相应的支撑。

（9）制动和转动惯量

基本上每个机器人制造商都会提供机器人制动系统的信息。有些机器人对所有的轴配备制动，有些机器人型号则不是所有的轴都配置制动。要在工作区中确保精确和可重复的位置，需要有足够数量的制动。另外一种特别情况是，意外断电发生时，不带制动的负重机器人轴不会锁死，有造成意外的风险。同时，某些机器人制造商也提供机器人的转动惯量。

（10）防护等级

根据机器人的使用环境，选择达到一定防护等级的标准。一些制造商提供相同的机械手，针对不同的场合、不同的防护等级的产品系列。如果机器人在参与生产食品、医药或医疗器具，或易燃易爆的环境中工作时，防护等级会有所不同。

7.4 3D 打印装备

3D 打印机又称三维打印机，是一种累积制造技术，即快速成型技术的一种机器，它是一种以数字模型文件为基础，运用特殊蜡材、粉末状金属或塑料等可黏合材料，通过打印一层层的黏合材料来制造三维的物体。

7.4.1 基本概念

3D 打印也称增材制造技术或激光快速原型，其基本原理都是叠层制造。基于这种技术的 3D 打印机在内部装有液体或粉末等"打印材料"，通过计算机控制把"打印材料"一层层叠加起来，最终把计算机上的三维蓝图变成实物。现有 3D 打印技术分类见表 7-1。

3D 打印是一种以数字模型为基础，运用塑料或粉末状金属等可黏合材料，通过逐层打印的方式来构造物体的技术，目前该技术广泛应用于模具制造、工业设计、鞋类、珠宝设计、工艺品设计、建筑、工程施工、汽车、航空航天、医疗、教育、土木工程等领域。其打印的材料分为工程塑料和金属两大类：工程塑料有树脂类、尼龙类、ABS、PLA 等；金属有不锈钢、模具钢、铜、铝、钛等合金。3D 打印的成型工艺有熔融沉积成型（Fused Deposition Modeling，FDM）、激光固化成型（Stereo Lithography Apparatus，SLA）、选择性激光烧结成型（Selected Laser Sintering，SLS）、选择性激光熔融（Selected Laser Melting，SLM）等。

表 7-1　3D 打印技术分类

名称	市场技术名称	过程描述	优势	典型材料
激光固化技术	SLA 光固化快速成型设备、DLP 数字光处理、CLIP 连续液界面生产	液态光敏树脂通过（激光头或者投影以及化学方式）发生固化反应，凝固成产品的形状	高精度和高复杂性，光滑的产品表面	光敏树脂
粉末床熔融	SLS 选择性激光烧结、DMLS、SLM 选择性激光融化、EBM 电子束激光融化	通过选择性地熔化金属粉末床每一层的金属粉末来制造零件	高复杂性	塑料、金属粉末、陶瓷粉末、砂子
黏结剂喷射	3DP	黏结剂喷射 3D 打印技术是把约束溶剂挤压到粉末床，3D 打印的名称也由此诞生	全彩打印，高通量，材料广泛	塑料、金属粉末、陶瓷粉末、玻璃、砂子
材料喷射		将材料以微滴的形式选择性喷射沉积	高精度，全彩，允许一个产品中含有多种材料	光敏树脂、树脂、蜡
层压	LOM 层压技术，SDL 选择性沉积层压，UAM 超声增材制造	片状材料借助黏胶、超声焊接、钎焊被压合在一起，多余部分被层层切除	高通量，相对成本低（非金属类），可以在打印过程中植入组件	纸张、塑料、金属箔
材料挤出	FFF 电熔制丝，FDM 熔融挤出	丝状的材料通过加热的挤头以液态的形状被挤出	价格便宜，多色，可用于办公环境，打印出来的零件结构性能高	塑料长丝、液体塑料、泥浆（用于建筑类）
定向能量沉积	LMD 激光金属沉积，LENS 激光净型制造，DMD 直接金属沉积	金属粉末或者金属丝在产品的表面上熔融固化，能量源可以是激光或者是电子束	适合修复零件，可以在同一个零件上使用多种材料，高通量	金属丝、金属粉、陶瓷
混合增材制造	AMBIT（该名称由 Hybrid Mfg Tech 公司提出）	与当前的 CNC 数控机床配套的增材制造包	高通量，自由造型，可在自动化的过程中将制成材料去除，可精加工和方便检测	金属粉、金属丝、陶瓷

7.4.2　常用 3D 打印的原理

（1）激光固化成型

激光固化成型（SLA）又称立体印刷、立体光刻、激光立体制模法、液态光敏树脂选择性固化等，其原理如图 7-18 所示。它是用特定波长与强度的激光聚焦到光固化材料表面，激光根据模型分层的截面数据在计算机的控制下对光敏树脂表面进行扫描，每次产生零件的一层。在扫描的过程中只有激光的曝光量超过树脂固化所需的阈值能量的地方液态树脂才会发生聚合反应形成固态，使之由点到线，由线到面顺序进行凝固。完成一个层面的绘图作业，然后升降台在垂直方向移动一个层片的高度，再固化另一个层面，这样层层叠加构成一个三维实体。扫描固化成的第一层黏附在工作平台上，此时工作平台的位置比树脂表面稍微低一点，每一层固化完毕后，工作平台向下移动一个层厚的高度，然后将树脂涂在前一层上，如此反复，每形成新的一层均黏附到前一层上，直到制作完零件的最后一层（零件的最顶层），完成整个制作过程。

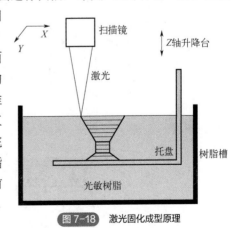

图 7-18　激光固化成型原理

激光固化成型的优点：成型过程自动化程度高、制作原型表面质量好、尺寸精度高以及能够实现比较精细的尺寸成型等。

激光固化成型的缺点：由于使用单一材料，后期模型上面的支撑复杂结构很难去除，光敏树脂相对耐温性都不高，高温状态下很难保持形态，相对比较脆，容易摔断。

激光固化成型的成品如图 7-19 所示。

图 7-19　激光固化成型成品

（2）选择性激光烧结成型（粉末材料如塑料、金属粉、蜡粉等）

如图 7-20 所示，激光束开始扫描前，水平铺粉刮刀先把金属粉末平铺到成型缸的基板上，然后激光束将按当前层的轮廓信息选择性地熔化基板上的粉末，加工出当前层的轮廓，接着使升降系统下降一个图层厚度的距离，铺粉刮刀再在已加工好的当前层上铺金属粉末，设备调入下一图层进行加工，如此层层加工，直到整个零件加工完毕。整个加工过程在抽真空或通有气体保护的加工室中进行，以避免金属在高温下与其他气体发生反应。选择性激光烧结成型（SLS）适用于不锈钢、模具钢、铝合金及钛合金等多种金属。

SLS 的优点：SLS 过程的一个明显优势是它允许在称为嵌套的过程中在其他部分内构建零件——具有高度复杂的几何形状，而这些几何形状根本无法以任何其他方式构造；零件具有高强度和刚度，良好的耐化学性，各种精加工可能性（如金属化、炉搪瓷、振动研磨、浴缸着色、黏合、粉末、涂层、植绒）；可以构建具有内部部件、通道的复杂部件，而不会将材料捕获在内部

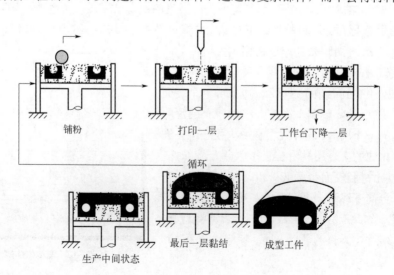

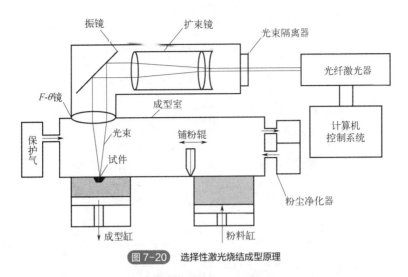

振镜　扩束镜　光束隔离器　光纤激光器　F-θ镜　成型室　计算机控制系统　保护气　光束　铺粉辊　试件　粉尘净化器　成型缸　粉料缸

图 7-20　选择性激光烧结成型原理

并且改变表面以免移除支撑件；最快的增材制造工艺，用于印刷功能性、耐用性，原型或最终用户部件；各种材料和强度，耐用性和功能特性，SLS 根据应用提供尼龙基材料作为解决方案。

SLS 的缺点：SLS 印刷部件具有多孔表面，这可以通过涂覆诸如氰基丙烯酸酯的涂层来密封。

选择性激光烧结成型成品如图 7-21 所示。

图 7-21　选择性激光烧结成型成品

（3）熔融沉积成型

熔融沉积成型（FDM）又称熔丝沉积，是一种将各种热熔性的丝状材料（蜡、ABS 和尼龙等）加热熔化成型的方法，是 3D 打印技术的一种。它又可被称为熔丝成型 （Fused Filament Modeling，FFM）或熔丝制造（Fused Filament Fabrication，FFF），其后两个不同名词主要是为了避开前者 FDM 专利问题，然而核心技术原理与应用其实均是相同的。热熔性材料的温度始终稍高于固化温度，而成型的部分温度稍低于固化温度。热熔性材料挤喷出喷嘴后，随即与前一个层面熔结在一起。一个层面沉积完成后，工作台按预定的增量下降一个层的厚度，再继续熔喷沉积，直至完成整个实体零件。原理如图 7-22 所示。

熔融沉积成型的优点：成型材料广泛，熔融沉积成型技术所应用的材料种类很多；成本相对较低，因为熔融沉积成型技术不使用激光，与其他使用激光器的快速成型技术相比，它的制作成本很低；除此之外，其原材料利用率很高且几乎不产生任何污染，而且在成型过程中没有化学变化的发生，在很大程度上降低了成型成本；后处理过程比较简单，熔融沉积成型技术所采用的支撑结构很容易去除，尤其是模型的变形微小，原型制件的支撑结构只需要经过简单的剥离就能直接使用，出现的水溶性支撑材料使支撑结构更易剥离。

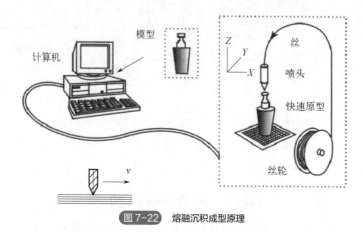

图 7-22　熔融沉积成型原理

熔融沉积成型的缺点：只适用于中小型模型件的制作；成型零件的表面条纹比较明显；厚度方向的结构强度比较薄弱，因为挤出的丝材是在熔融状态下进行层层堆积，而相邻截面轮廓层之间的黏结力是有限的，所以成型制件在厚度方向上的结构强度较弱；成型速度慢，成型效率低。

熔融沉积成型成品如图 7-23 所示。

（4）叠层法（LOM）

如图 7-24 所示，在基板上铺一层箔材（如箔纸），计算机控制 CO_2 激光器按分层信息切出轮廓，并将多余部分切成碎片去除；然后再铺一层箔材，用热相碾压，黏结在前一层上；接着用激光器切割该层形状；如此反复，直至加工完毕。

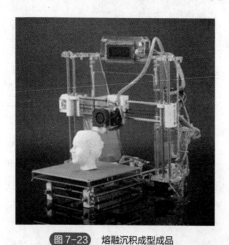

图 7-23　熔融沉积成型成品

图 7-24　叠层法成型原理图

几种典型快速成型工艺的比较见表 7-2。

表 7-2　几种典型快速成型工艺的比较

成型工艺	复杂度	工件大小	材料价格	材料利用率	常用材料	制造成本	设备费用
SLA	中等	中小件	较贵	>99%	光敏树脂	较高	较贵

续表

成型工艺	复杂度	工件大小	材料价格	材料利用率	常用材料	制造成本	设备费用
LOM	简单或中等	中小件	便宜		低、金属箔、塑料	低	便宜
SLS	复杂	中小件		>99%	石蜡、塑料、金属		较贵
FDM	中等	中小件	较贵	>99%	石蜡、塑料	较低	便宜

7.4.3　3D 打印的市场及应用

（1）市场情况

2017 年，3D 打印市场共计约 82 亿元人民币，同比出现下跌状况，主要是因为中国 3D 打印市场的销售情况过于依赖设备销售，设备的销售并不是一个持续增量的市场，当科研目的的设备采购达到一定的阶段性饱和度时，3D 打印市场在中国出现回调成为不以意志为转移的必然，但这并不会影响 3D 打印长期向上的趋势。中国市场上光固化的设备占主流，调查的企业中有39.8%拥有光固化设备，其次是选择性激光熔融及材料挤出设备。中国市场对于光敏树脂、尼龙、PLA、钛合金、不锈钢的需求占 3D 打印材料的主导地位。

在麦肯锡关于 3D 打印的应用市场预测中，到 2025 年，3D 打印在消费端的市场将达到 4000亿美金。3D 打印应用在复杂、小批量的产品（包括植入物、模具等）将达到 3000 亿美金的市场容量，而航空、航天、汽车、摩托车、自行车等领域的市场潜力将达到 4700 亿美金。3D 打印应用在模具制造领域具有达到 3600 亿的全球市场潜力，其中 30%～50%将是注塑模具。

（2）3D 打印应用

增材制造的好处可以从两个方面来理解，一个是生产效益，另一个是产品生命周期效益。生产效益专注于制造过程，包括减少材料消耗，缩短交货时间，最小的模具成本，降低装配成本和自动化的影响。产品生命周期效益是指在使用通过增材制造出来的产品过程中，来自如减轻重量带来的燃油效益，更高的性能和可靠性，更长的寿命，新产品推出和市场响应速度更快，减少库存以及更具吸引力的产品附加值等。

① 实现轻量化。在宏观层面上可以通过采用轻质材料（如钛合金、铝合金、镁合金、陶瓷、塑料、玻璃纤维或碳纤维复合材料等）来达到目的。微观层面上可以通过采用高强度结构钢这样的材料使零件设计得更紧凑和小型化。3D 打印带来了通过结构设计达到轻量化的可行性。具体来说，3D 打印通过结构设计层面实现轻量化的主要途径有 4 种：中空夹层/薄壁加筋结构、镂空点阵结构、一体化结构、异形拓扑优化结构，如图 7-25 所示。

② 重新定义产品。图 7-26 所示的零件是采用粉末床金属熔融 3D 打印技术制作的热交换器组件，具有液体热逆流交换的两个独立通道，整个组件可以放在不同的环境中，既可以用来吸收热量，又可以用来提供热量。

图 7-27 所示的某航空零件是通过增材制造

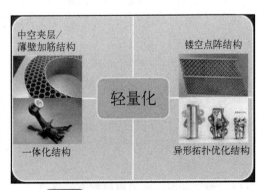

图 7-25　3D 打印实现轻量化的 4 种途径

的方式生产的，其结构为仿生力学结构，该结构可以完全满足减材制造生产出来的零部件的性能要求，然而其重量仅仅相当于减材制造零部件重量的 1/4。

图 7-26　3D 高效打印的热交换器

图 7-27　某航空零件

③ 3D 打印在工业领域的产业化案例。

案例一　航空工业

2011 年，通用电气公司（GE）在其纽约的全球研发总部开始了一项新的研究，致力于将增材制造变成可满足商业需要的功能性零件的制造手段。事实证明，增材制造系统能够制造复杂形状的物体，其使用的材料包括钛、铝等金属。三年后，通用电气航空公司宣布，将花费一亿美元在美国印第安纳州建立一个装配工厂，用来装配第一架使用 3D 打印燃料喷嘴的飞机。欧洲航空防务公司（EADS）使用 DMLS 技术打印发动机铰链，该零件具有复杂的外形，同时在保持原有强度不变的情况下，重量减轻了 1/2。这些 3D 打印制备的铰链通过相应的测试，性能完全符合要求。与传统加工技术相比，增材制造能够减少 75% 的材料损耗。根据 EADS 的数据，一架飞机质量每减轻 1kg，每年可以节省燃料费用 3000 美元。

世界最大的通用航空仪表制造商是 Kelly 制造公司，它拥有目前使用较多的 RC. Allen 飞行器仪表加工线。使用 FDM 方法，一个通宵就能生产出 500 个螺旋形管，而传统的聚氨酯型方法则需要 4 周的时间，节省了时间和成本。

Aurora Flight Science 公司是先进无人操作系统和航空飞行器制造商。该公司使用增材制造技术成功制造并试飞了翼展 62in 的航空器。增材制造技术解决了传统制造方法难以解决的设计困难。

3D 打印技术的另一个应用是"智能零件"制造，智能零件是指将 3D 打印结构和电子器件相结合的零部件。Stratasys 公司和 Optomec 公司帮助 Aurora 公司将 FDM 和气溶胶喷射电子结合起来，"打印"出包含电子元器件的机翼。总的来说，该项技术是设计和制造业的新变革，能够使用最少的材料和加工工序制造出产品并尽快投入市场。

案例二　汽车制造业

在汽车工业里，增材制造技术已经变成生产发展的重要部分，德国的汽车制造商 BMW 已经把 FDM 应用扩展到其他领域里，包括直接数字化制造。Stratasys 公司的生产线已经生产了符合工效学设计的手持工具，该手持工具比传统的工具性能更好。这些工具在重复性流程中用起来更加方便，提高了产品的产量。例如，一个手提式设备用 3D 打印技术制作，质量减少了 72%，减轻了 1.3kg。有数据显示，FDM 工艺相对传统工艺成本大大降低。成本降低主要体现在工程文件、仓库储备、生产制造上。BMW 使用增材制造技术已经节省 58% 的花费，节约了 92% 的时间。设计师可以利用增材制造的优势设计零件，这既帮助了公司发展生产，又提供了制造小批量零部件替代的方法。

案例三　医疗行业

3D 打印技术可以用来设计制造假体与种植体。假体或种植体的制造数据来自影像系统，如激光扫描和 CT。假若制造耳朵假体，通常会用一个好的耳朵进行三维扫描，在计算机上创建三维模型，通过数据传输用增材制造技术制作人工耳朵。将三维模型进一步处理，然后制造出实体的假肢或种植体，该假肢或种植体可以直接应用在患者身上。符合患者的假肢或种植体的制作是非常重要的，标准大小的假肢或种植体通常不符合患者需求。因此，假体或种植体需要私人订制，尤其是人工关节和承受重量的假肢，相差一点都可能导致一些问题并且破坏周围的组织结构。

案例四　制造和模具领域中的应用

快速模具制造的核心是使用功能性材料在较短的时间内生产多个模具。材料的功能性除了力学性质，还包括材料的颜色、透明性、弹性等类似的性质。还有模具校对和工艺设计两个要处理的问题。模具校对是确保当加工过程出现问题时，模具不需要改变。工艺设计是不用考虑加工阴模的工艺顺序，只需要对原型件进行后处理。

快速模具分为软质模具和硬质模具，直接制造模具和间接制造模具。软质模具是以硅橡胶、环氧树脂、低熔点合金和模具砂为原料，通常只生产单个的模具或者小批量生产。硬质模具是由工具钢制成的，适用于大批量生产。

直接制造模具是指模具直接由增材制造获得。以喷射铸模法为例，型腔和型芯、动轮、闸和喷射系统都可以由增材制造直接加工。在间接工具法中，只有阴模由增材制造加工获得。由硅橡胶、环氧树脂、低熔点金属或陶瓷构成的模具，通过阴模浇注而成。

塑料件制造工艺过程如图 7-28 所示。

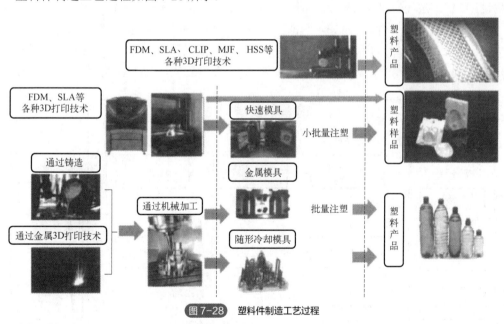

图 7-28　塑料件制造工艺过程

7.5　智能生产线

7.5.1　智能生产线简介

生产线是按对象原则组织起来，完成产品工艺过程的一种生产组织形式。随着产品制造精度、质量稳定性和生产柔性化的要求不断提高，制造生产线正在向着自动化、数字化和智能化的方向发展。生产线的自动化是通过机器代替人参与劳动过程来实现的；生产线的数字化主要解决制造数据的精确表达和数字量传递，实现生产过程的精确控制和流程的可追溯；智能化解决机器代替或辅助人类进行生产决策，实现生产过程的预测、自主控制和优化。智能生产线将先进工艺技术、先进管理理念集成融合到生产过程，实现基于知识的工艺和生产过程全面优化、基于模型的产品全过程数字化制造以及基于信息流、物流集成的智能化生产管控，以提高车间/生产线运行效率，提升产品质量稳定性。

产品制造过程涉及物料、能源、软硬件设备、人员以及相关设计方法、加工工艺、生产调度、系统维护、管理规范等。生产线配备的工艺装备与生产的工艺要求相关，通常有加工设备、测量设备、仓储和物料运送设备，以及各种辅助设备和工具。自动化生产线需配备机床上下料装置、传送装置、储料装置以及相关控制系统。在人工智能技术的支持下，通过提升信息系统与物理制造过程的交互程度，形成智能化生产线系统，实现工艺和生产过程持续优化、信息实时采集和全面监控的柔性化可配置，是制造业未来的发展趋势。

7.5.2 智能生产线的架构

与传统生产线相比，智能生产线的特点主要体现在感知、互联和智能三个方面。感知指对生产过程中涉及的产品、工具、设备、人员互联互通，实现数据的整合与交换；智能指在大数据和人工智能的支持下，实现制造全流程的状态预知和优化。建设智能生产线需实现工艺的智能化设计、生产过程的智能化管理、物料的智能化储运、加工设备的智能化监控等。图 7-29 所示为智能生产线方案架构的示意图。智能生产线由三层架构组成：制造数据准备层实现基于仿真优化和制造反馈的工艺设计和持续优化，主要针对制造过程的工艺、工装和检验等环节进行规划并形成制造执行指令；优化与执行层实现生产线生产管控，包括排产优化、生产过程的集

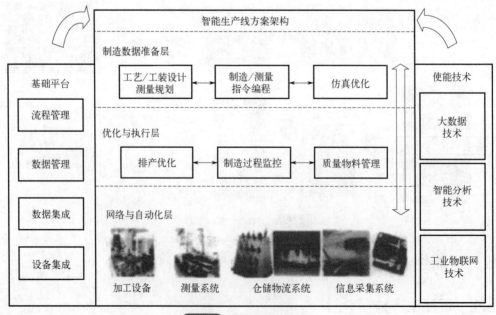

图 7-29　智能生产线方案架构

成控制、在线测量与质量管理以及物料的储运管理；网络与自动化层实现生产线自动化和智能化设备的运行控制、互联互通以及制造信息的感知和采集；基础平台的核心是提供基础数据的一致性管理，各层级系统间数据集成及设备自动化集成；使能技术指支撑智能生产线建设和智能化运行的使能基础技术；工业物联网技术是构建智能生产线网络化运行环境的关键，基于该技术构建的工业物联网实现产品、设备、工具的互联互通，并提供网络化的信息感知和实时运行监控各种不同类型数据的感知和采集，并进行实时的监控；大数据技术用于对制造过程产生的海量制造数据进行提取、归纳、分析，形成一套知识发现机制，指导制造工艺和生产过程的持续优化；智能分析技术基于工艺知识、管控规则分析，监控来自工艺、生产和设备层级的问题，进行预测、诊断和优化决策。

7.5.3　智能生产线关键技术

智能制造的核心是信息物理系统（CPS）技术，其中的"信息"指算法、3D模型、仿真模型、工艺指令等能够通过网络访问和收集到的数据和信息，"物理"指在生产系统中的人、自动化模块、物料等物理工具和设施。智能制造的目的就是要为制造系统构建完整的生产与信息回路，使得制造系统具有自我学习、自我诊断、自主决策等智能化的行为和能力。实施智能生产线，需要解决生产线规划、工艺优化、生产线智能管控、装备智能化和生产线的智能维护保障等关键技术。

（1）生产线建模仿真技术

生产线作为一种特殊的产品，也有自己的生命周期，包括设计规划、建设、运行维护和报废。其中生产线的设计规划直接关系到后续生产线的运行能效。在生产线规划时，应结合产品对象的工艺要求进行相关设备、物流及各种辅助设施的规划建模与模拟运行，对产品生产流程、每台设备的利用率、生产瓶颈等进行分析评估。生产线建模的细化程度、每道工序的时间估算、装夹等人力时间的计算以及物料工具的配送方式等都影响仿真评估的结果。

（2）基于仿真计算和制造反馈的工艺设计技术

以航空产品为例，其加工和成形工艺复杂，工艺技术的改进及工艺参数的优化对于产品的制造精度和质量稳定性有决定性作用。在产品试制阶段进行工艺、工装、检验的规划设计时，大量工艺参数和变形补偿基于经验数据和工艺试验来确定，造成研制周期长、成本高昂、质量稳定性差等问题。究其原因，一方面，产品制造工艺过程的几何仿真及物理仿真技术还不能满足工程应用；另一方面，没有对制造过程的历史经验数据进行系统分析和提炼，工艺经验数据库和决策规则不成体系、碎片化，不足以支持工艺的智能化设计过程。基于经验知识、仿真计算和制造反馈的工艺设计技术，可提高工艺设计的精细化程度，降低人为因素的影响，实现工艺设计过程的规范程度和设计效率，并形成持续改进的工艺优化机制。

（3）生产线的智能化管控技术

智能化生产线的运行具有柔性化、自适应、自决策等特点，生产线的智能化管控包括智能排产、物料工具的自动配送、制造指令的即时推送、制造过程数据的实时采集处理等。支持智能化生产的决策规则的定义、决策依据的准确实时采集是智能化生产线正常运行的基础；基于生产线资源占用情况、生产计划的执行反馈情况以及生产计划调整而进行的动态化生产调度排产是保证生产线正常运行的前提。对于自动化程度较高的生产线，生产过程中人机的协同，如物料的配送、装夹、工序检验等这些可能的人工环节与设备自动化生产环节的协同与集成是保证准时生产的关键，而生产环节的防错及质量保证措施，在线检测的智能化、检测数据的实时准确采集处理等措施可以有效提升生产效率和质量。生产线智能管控系统除了要实现生产线物料、人员、设备、工具的集成运行与信息流、物流的融合，还要实现与车间级信息系统、企业级信息系统的信息交互与集成。

（4）工艺装备的智能化技术

智能装备的特点是将专家的知识和经验融合到生产制造过程中。工艺装备不仅本身需要具备感知决策和精准执行能力，同时工艺装备的智能化集成应用水平也有着举足轻重的作用。深度感知是装备智能化的首要条件，基于感知信息的分析决策是体现装备智能化的关键，而支持分析决策过程的计算、推理、判断和人工智能技术、专家系统等密不可分；基于感知、决策、执行的闭环控制单元技术是信息物理系统的精髓。例如，面向航空产品特定需求开发研制智能化工艺装备，需要在厘清应用环境、产品对象、工艺特点等的基础上，有针对性地研究传感器部署方案、感知数据的采集方案、分析决策机制的构架方法、反馈执行的精准和即时性等。

（5）生产线的维护保障技术

先进的生产线维护保障技术是降低制造成本、增加效益最直接、最有效的途径。对于集成度和产能要求更高的智能生产线，单点的故障和意外停机有可能导致生产线的整体瘫痪，所以智能化维护技术是未来发展制造服务业的重要方向。生产线的维护保障既包括针对单台设备的在线监测、故障诊断与预警，也包括针对生产线整体运行情况的统计、分析和优化等。与传统维护维修方法相比，智能维护是一种主动的按需监测维护模式，需要重点解决信息分析及性能衰减的智能预测及维护优化问题。因此，按需的远程监测维护机制和决策支持知识库是生产线维护保障的基础技术。开展生产线维护保障技术的研究，除了降低运行故障率，同时也可以对生产线上每台设备的使用效率、生产线的瓶颈进行分析，达到提升生产线综合运行效率的目的。

7.5.4 智能生产线案例

案例 7-1 西门子未来汽车生产线

西门子公司在 2014 年汉诺威工业博览会现场展示了一条实际应用的轿车生产线（图 7-30），该生产线所有的控制系统均为西门子公司产品，配备了三台库卡和西门子合作生产的机器人。该生产线的最大亮点就是这三台机器人之间可以互相联络，如果第三台机器人感觉节奏太快，它就会告诉前两台机器人："你们慢点，我快跟不上了。"

案例 7-2 海尔冰箱智能配送线

沈阳冰箱工厂是海尔第一个智能互联工厂。该工厂最典型的信息互联案例就是 U 壳智能配送线（图 7-31）。该配送线颠覆传统的工装车运输方式，在行业内首次实现了在无人配送的情况下，点对点精准匹配生产和全自动即时配送。在这里，传统的 100 多米长的生产线被 4 条 18m

长的智能化生产线所替代，几百个零部件被优化成十几个主要模块，这些模块可根据用户的不同需求进行快速任意组装。目前，沈阳海尔冰箱互联工厂可支持 9 个平台 500 个型号的柔性大规模定制，人员配置减少 57%，单线产能提升 80%，单位面积产出提升 100%，订单交付周期降低 47%，平均每 10s 就能诞生一台冰箱，创下了全球冰箱行业的吉尼斯纪录，成为全球生产节拍最快的冰箱工厂。

图 7-30　西门子未来汽车生产线

图 7-31　海尔冰箱智能配送线

7.6　智能物流

7.6.1　智能物流简介

智能物流是利用集成智能化技术，使物流系统能模仿人的智能，具有思维、感知、学习、推理判断和自行解决物流中某些问题的能力。

智能物流的未来发展将会体现出 4 个特点：智能化，一体化和层次化，柔性化，社会化。在物流作业过程中大量运筹与决策的智能化；以物流管理为核心，实现物流过程中运输、存储、包装、装卸等环节的一体化和智能物流系统的层次化；智能物流的发展会更加突出"以顾客为中心"的理念，根据消费者需求变化来灵活调节生产工艺；智能物流的发展将会促进区域经济的发展和世界资源优化配置，实现社会化。智能物流系统的 4 个智能机理，即信息的智能获取技术、智能传递技术、智能处理技术、智能运用技术。

7.6.2　智能物流的架构

　　智能物流就是利用条形码、射频识别技术、传感器、全球定位系统等先进的物联网技术，通过信息处理和网络通信技术平台广泛应用于物流业运输、仓储、配送、包装、装卸等基本活动环节，实现货物运输过程的自动化运作和高效率优化管理，提高物流行业的服务水平，降低成本，减少自然资源和社会资源消耗。物联网为物流业将传统物流技术与智能化系统运作管理相结合提供了一个很好的平台，进而能够更好更快地实现智能物流的信息化、智能化、自动化、透明化和系统的运作模式。智能物流在实施的过程中强调的是物流过程数据智慧化、网络协同化和决策智慧化。智能物流在功能上要实现 6 个"正确"，即正确的货物、正确的数量、正确的地点、正确的质量、正确的时间、正确的价格，在技术上要实现物品识别、地点跟踪、物品溯源、物品监控和实时响应。

7.6.3　智能物流关键技术

（1）自动识别技术

　　自动识别技术是以计算机、光、机、电、通信等技术的发展为基础的一种高度自动化的数据采集技术。它通过应用一定的识别装置，自动地获取被识别物体的相关信息，并提供给后台的处理系统来完成相关后续处理。它能够帮助人们快速而准确地进行海量数据的自动采集和输入，在运输、仓储、配送等方面已得到广泛的应用。目前已有虹膜识别技术、视网膜识别技术、面部识别技术、签名识别技术、声音识别技术、指纹识别技术 6 种生物识别技术。

（2）数据挖掘技术

　　数据仓库出现在 20 世纪 80 年代中期，它是一个面向主题的、集成的、非易失的、时变的数据集合，数据仓库的目标是把来源不同的、结构相异的数据经加工后在数据仓库中存储、提取和维护，它支持全面的、大量的复杂数据的分析处理和高层次的决策支持。数据仓库使用户拥有任意提取数据的自由，而不干扰业务数据库的正常运行。数据挖掘是从大量的、不完全的、有噪声的、模糊的及随机的实际应用数据中，挖掘出隐含的、未知的、对决策有潜在价值的知识和规则的过程，一般分为描述型数据挖掘和预测型数据挖掘两种。

（3）人工智能技术

　　人工智能就是探索研究用各种机器模拟人类智能的途径，使人类的智能得以物化与延伸的一门学科。它借鉴仿生学思想，用数学语言抽象描述知识，用以模仿生物体系和人类的智能机制，主要的方法有神经网络、进化计算和粒度计算等。

（4）GIS 技术

　　GIS 是打造智能物流的关键技术与工具，使用 GIS 可以构建物流一张图，将订单信息、网点信息、送货信息、车辆信息、客户信息等数据都在一张图中进行管理，实现快速智能分单、网点合理布局、送货路线合理规划、包裹监控与管理。

7.6.4 智能物流装备

智能物流装备主要有堆垛起重机（简称堆垛机）、AGV（自动引导运输车）、码垛机器人、物流自动输送与自动作业设备、物流控制与管理系统。应用领域涵盖自动化立体仓库、仓储中心、配送中心、应用 AVG 各种输送线、检测线和汽车总装生产线。产品广泛应用于电力、机械、能源、交通、电子、航天、烟草、食品、医药、纺织、印刷、图书出版等行业。

（1）堆垛起重机

堆垛起重机是指采用货叉或串杆作为取物装置，在仓库、车间等处攫取、搬运和堆垛或从高层货架上取放单元货物的专用起重机，是一种仓储设备。主要作用是在立体仓库的通道内来回运行，将位于巷道口的货物存入货架的货格，或者取出货格内的货物运送到巷道口，如图 7-32 所示。

图 7-32 堆垛起重机

① 堆垛起重机的特点。

a. 作业效率高。堆垛起重机是立体库的专用设备，具有较高的搬运速度和货物存取速度，可在短时间内完成出入库作业，堆垛起重机的最高运行速度可以达到500m/min。

b. 仓库利用率高。堆垛起重机自身尺寸小，可在宽度较小的巷道内运行，同时适合高层货架作业，可提高仓库的利用率。

c. 自动化程度高。堆垛起重机可实现远程控制，作业过程无须人工干预，自动化程度高，便于管理。

d. 稳定性好。堆垛起重机具有很高的可靠性，工作时具有良好的稳定性。

② 堆垛起重机的分类方式。

a. 按照有无导轨进行分类：可分为有轨堆垛起重机和无轨堆垛起重机。其中，有轨堆垛起重机是指堆垛起重机沿着巷道内的轨道运行，无轨堆垛起重机又称高架叉车。在立体仓库中运用的主要作业设备有：有轨巷道堆垛起重机、无轨巷道堆垛起重机和普通叉车。

b. 按照高度不同进行分类：可分为低层型、中层型和高层型。其中，低层型堆垛起重机是指起升高度在 5m 以下，主要用于分体式高层货架仓库中及简易立体仓库中；中层型堆垛起重机是指起升高度在 5～15m，高层型堆垛起重机是指起升高度在 15m 以上，主要用于一体式的高层货架仓库中。

c. 按照驱动方式不同进行分类：可分为上部驱动式、下部驱动式和上下部相结合的驱动方式。

d. 按照自动化程度不同进行分类：可分为手动、半自动和自动堆垛起重机。手动和半自动堆垛起重机上带有司机室，自动堆垛起重机不带司机室，采用自动控制装置进行控制，可以进行自动寻址、自动装卸货物。

e. 堆垛起重机按照用途不同进行分类：可分为桥式堆垛起重机和巷道堆垛起重机。桥式堆垛起重机是指堆垛货又有悬挂立柱导向的堆垛起重机；巷道堆垛起重机是指金属结构有上、下支撑支持，起重机沿着仓库巷道运行，装取成件物品的堆垛起重机。

（2）AGV

AGV 是 Automated Guided Vehicle 的缩写，意即"自动导引运输车"。AGV 是指装备有电磁或光学等自动导引装置，能够沿规定的导引路径行驶，具有安全保护以及各种移载功能的运输车，工业应用中无须驾驶员的搬运车，以可充电的蓄电池为其动力来源。一般可通过计算机来控制其行进路线以及行为，或利用电磁轨道（Electromagnetic Path-following System）来设立其行进路线，电磁轨道粘贴于地板上，无人搬运车则依循电磁轨道所带来的信息进行移动与动作。

① AGV 优点。

a. 自动化程度高，由计算机、电控设备、激光反射板等控制。当车间某一环节需要辅料时，由工作人员向计算机终端输入相关信息，计算机终端再将信息发送到中央控制室，由专业的技术人员向计算机发出指令，在电控设备的合作下，这一指令最终被 AGV 接受并执行——将辅料送至相应地点。

b. 充电自动化。当 AGV 小车的电量即将耗尽时，它会向系统发出请求指令，请求充电（一般技术人员会事先设置好一个值），在系统允许后自动到充电的地方"排队"充电。另外，AGV 小车的电池寿命和采用电池的类型与技术有关。使用锂电池，其充放电次数到达 500 次时仍然可以保持 80%的电能存储。

c. 美观，提高观赏度，从而提高企业的形象。

d. 方便，减少占地面积。生产车间的 AGV 小车可以在各个车间穿梭往复。

② 折叠导航导引方式。

AGV 之所以能够实现无人驾驶，导航和导引对其起到了至关重要的作用，随着技术的发展，能够用于 AGV 的导航/导引技术主要有以下几种：

a. 直接坐标导引（Cartesian Guidance）。用定位块将 AGV 的行驶区域分成若干坐标小区域，通过对小区域的计数实现导引，一般有光电式（将坐标小区域以两种颜色划分，通过光电器件计数）和电磁式（将坐标小区域以金属块或磁块划分，通过电磁感应器件计数）两种形式，其优点是可以实现路径的修改，导引的可靠性好，对环境无特别要求；缺点是地面测量安装复杂，工作量大，导引精度和定位精度较低，且无法满足复杂路径的要求。

b. 电磁导引（Wire Guidance）。电磁导引是较为传统的导引方式之一，仍被许多系统采用，它是在 AGV 的行驶路径上埋设金属线，并在金属线加载导引频率，通过对导引频率的识别来实现 AGV 的导引。其主要优点是引线隐蔽，不易污染和破损，导引原理简单而可靠，便于控制和通信，对声光无干扰，制造成本较低；缺点是路径难以更改扩展，对复杂路径的局限性大。

c. 磁带导引（Magnetic Tape Guidance）。与电磁导引相近，用在路面上贴磁带替代在地面下埋设金属线，通过磁感应信号实现导引，其灵活性比较好，改变或扩充路径较容易，磁带铺设简单易行，但此导引方式易受环路周围金属物质的干扰，磁带易受机械损伤，因此导引的可靠性受外界影响较大。

d. 光学导引（Optical Guidance）。在 AGV 的行驶路径上涂漆或粘贴色带，通过对相机采集的色带图像信号进行简单处理而实现导引，其灵活性比较好，地面路线设置简单易行，但对色带的污染和机械磨损十分敏感，对环境要求过高，导引可靠性较差，精度较低。

e. 激光导航（Laser Navigation）。激光导航是在 AGV 行驶路径的周围安装位置精确的激光反射板，AGV 通过激光扫描器发射激光束，同时采集由反射板反射的激光束，来确定其当前的位置和航向，并通过连续的三角几何运算来实现 AGV 的导引。

此项技术最大的优点是：AGV 定位精确；地面无须其他定位设施；行驶路径可灵活多变，能够适合多种现场环境，它是国外许多 AGV 生产厂家优先采用的先进导引方式。缺点是：制造成本高，对环境要求较相对苛刻（外界光线，地面要求，能见度要求等），不适合室外（尤其是易受雨、雪、雾的影响）。

f. 惯性导航（Inertial Navigation）。惯性导航是在 AGV 上安装陀螺仪，在行驶区域的地面上安装定位块，AGV 可通过对陀螺仪偏差信号（角速率）的计算及地面定位块信号的采集来确定自身的位置和航向，从而实现导引。

g. 视觉导航（Visual Navigation）。

h. 全球定位系统（Global Position System，GPS）导航。通过卫星对非固定路面系统中的控制对象进行跟踪和制导，此项技术还在发展和完善，通常用于室外远距离的跟踪和制导，其精度取决于卫星在空中的固定精度和数量，以及控制对象周围环境等因素。

③ AGV 的分类。

AGV 主要分为货叉式 AGV（图 7-33）、牵引式 AGV（图 7-34）、背驮移载式 AGV（图 7-35）、举升式 AGV（图 7-36）、潜入式 AGV（图 7-37）、重载式 AGV、有轨 AGV（图 7-38）。

图 7-33　货叉式 AGV

图 7-34　牵引式 AGV

图 7-35　背驮移载式 AGV

图 7-36　举升式 AGV

图 7-37　潜入式 AGV　　　　图 7-38　有轨 AGV

a. 货叉式 AGV：货叉式 AGV 用于托盘类物料的搬运，可以实现机台到机台、机台到地面、地面到地面，以及叠放托盘等多种模式，可以解决不同高度、不同区域多站点间的物料输送。

b. 背驮移载式 AGV：采用多轮结构，可以进行更灵活的运行，适合机台间各种形式物料的搬运。

c. 潜入式 AGV：潜入式 AGV 车体小巧，可以钻入物料车底部搬运物料。

d. 重载式 AGV：AGV 领域里的巨无霸，它采用多轮系的驱动方式，高精度、大载荷，是技术难度最高的 AGV 产品之一，系列产品已应用于工程机械、钢铁冶金等领域。

④ 导向技术。

在 AGV 的导向方法中，所采用的导向技术主要有电磁感应技术、激光检测技术、光学检测技术、超声检测技术、惯性导航技术、图像识别技术和坐标识别技术等。

a. 电磁感应技术。在 AGV 运行路径上，开设 1 条宽 5mm、深约 15mm 的敷线槽，并将导线通以 5～30kHz 的交变电流形成沿导线扩展的交变磁场。车上对称设置两个电磁传感器，利用电磁感应原理，通过检测电磁信号的强度，引导车辆沿埋设的路线行驶。

b. 激光检测技术。AGV 实时接收固定设置的三点定位激光信号，通过计算测定其瞬时位置和运行方向，与设定的路径进行比较，以引导车辆运行。激光检测技术的导向与定位精度较高，且提供了任意路径规划的可能性。但成本高，传感器和发射或反射装置的安装复杂，位置计算也复杂。

c. 光学检测技术。采用光学检测技术引导 AGV 的运行方向，一般是在运行路径上铺设一条具有稳定反光率的色带。车上设有光源发射和接收反射光的光电传感器，通过对检测到的信号进行比较，调整车辆的运行方向。

d. 超声检测技术。超声检测技术是利用墙面或类似物体对超声波的反射信号进行定位导向，因而在特定的环境下可以提高路径的柔性。同时，由于不需要设置反射镜面，也降低了导向成本。但是，当运行环境的反射情况比较复杂时，应用还十分困难。

e. 惯性导航技术。采用陀螺仪检测 AGV 的方位角并根据从某一参考点出发所测定的行驶距离来确定当前位置，通过与已知的地图路线进行比较来控制 AGV 的运动方向和距离，从而实现自动导向。

f. 图像识别技术。采用图像识别技术有两种方法，其一就是利用电荷耦合器件（CCD）系统动态摄取运行路径周围环境图像信息，并与拟定的运行路径周围环境图像数据库中的信息进行比较，从而确定当前位置及对继续运行路线做出决策。这种方法不要求设置任何物理路径，因此在理论上是最佳的柔性导向。

g, 坐标识别技术。利用微型电子坐标传感器，通过对电磁场的测量可以确定传感器相对于起始点的两个转角，即横摆角和俯仰角。由于一个传感器只能测量出相对于起始点的方位角，不能给出车辆运行距离，即不能确定当前位置，因此，需要采用双坐标传感器进行定位。

本章小结

本章主要介绍了智能制造装备，包括智能数控机床、工业机器人、3D 打印设备、智能生产线和智能物流，分别介绍了各设备的概念、原理、分类、作用以及关键技术。

① 智能数控机床，介绍了数控机床的概念、应用的关键技术，以及沈阳机床的 i5 智能机床和华中数控智能高速五轴数控机床的特点。

② 工业机器人，包括概念，机器人的结构和分类，工业机器人的选用以及工业机器人的发展。

③ 3D 打印设备，包括基本概念、常用 3D 打印成型工艺的原理，有激光固化成型、选择性激光烧结成型、熔融沉积成型、叠层法。

④ 智能生产线，介绍了生产线的概念、生产线的构架、关键技术以及国内外发展现状。

⑤ 智能物流，包括智能物流的概念、生产线的构架、关键技术，详细介绍了堆垛起重机、AGV 两种智能物流装备，包括设备的概念、分类、导航方式以及关键技术。

 思考题

（1）什么是智能制造装备？

（2）请简述工业机器人由哪几部分组成。

（3）按照机械本体部分进行分类，工业机器人分为哪些种类？

（4）简述激光固化成型的原理。

（5）智能物流设备都有哪些？

（6）请说出 AGV 的导航方式都有哪些。

第8章

智能工厂

本章思维导图

扫描下载本书电子资源

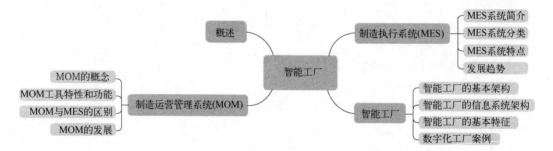

本章学习目标

（1）了解制造执行系统（MES）的基本概念和分类。

（2）掌握 MES 的特点。

（3）掌握制造运营管理系统（MOM）的概念。

（4）了解 MOM 与 MES 的区别。

（5）了解智能工厂的基本架构。

（6）掌握智能工厂的基本特征。

（7）了解数字化工厂案例。

智能工厂是利用各种现代化的技术，实现工厂的办公、管理及生产自动化，达到加强及规范企业管理、减少工作失误、堵塞各种漏洞、提高工作效率、进行安全生产、提供决策参考、加强外界联系、拓宽国际市场的目的。那么能够计划生产什么？设备状态如何？物料如何能够及时配送？产品是否能够及时发运？这些在智能车间内存在的一系列工作需要什么样的执行系统呢？这样的执行系统又能够完成什么样的具体功能呢？

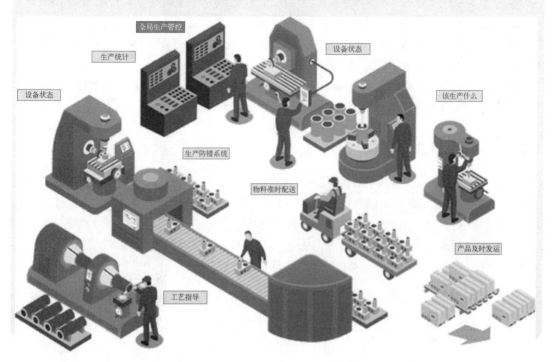

8.1 概述

　　智能工厂的基本特征是将柔性自动化技术、物联网技术、人工智能和大数据技术等全面应用于产品设计、工艺设计、生产制造、工厂运营等各个阶段。发展智能工厂有助于满足客户的个性化需求、优化生产过程、提升制造智能、促进工厂管理模式的改变。智能工厂根据行业的不同可分为离散型智能工厂和流程型智能工厂，追求的目标都是生产过程的优化，大幅度提升生产系统的性能、功能、质量和效益。智能工厂是面向工厂层级的智能制造系统。通过物联网对工厂内部参与产品制造的设备、材料、环境等全要素的有机互联与泛在感知，结合大数据、云计算、虚拟制造等数字化和智能化技术，实现对生产过程的深度感知、智慧决策、精准控制等功能，达到对制造过程的高效、高质量管控一体化运营的目的。智能工厂是信息物理深度融合的生产系统，通过信息与物理一体化的设计与实现，制造系统构成可定义、可组合，制造流程可配置、可验证，在个性化生产任务和场景驱动下，自主重构生产过程，大幅降低生产系统的组织难度，提高制造效率及产品质量。智能工厂作为实现柔性化、自主化、个性化定制生产任务的核心技术，将显著提升企业制造水平和竞争力。

　　在"中国制造2025"及"工业4.0"的支持下，离散制造业需要实现生产设备网络化、生产数据可视化、生产文档无纸化、生产过程透明化、生产现场无人化等先进技术应用，做到纵向、横向和端到端的集成，以实现优质、高效、低耗、清洁、灵活的生产，从而建立基于工业大数据和互联网的智能工厂。

8.2 制造执行系统（MES）

制造执行系统（MES）是美国 AMR 公司在 20 世纪 90 年代初提出的，旨在加强 MRP 计划的执行功能，把 MRP 计划同车间作业现场控制，通过执行系统联系起来。这里的现场控制包括 PLC 程控器、数据采集器、条形码、各种计量及检测仪器、机械手等。MES 系统设置了必要的接口，与提供生产现场控制设施的厂商建立合作关系。

制造执行系统能够帮助企业实现生产计划管理、生产过程控制、产品质量管理、车间库存管理、项目看板管理等，提高企业制造执行能力。

8.2.1 MES 简介

MES 即制造企业生产过程执行系统，是一套面向制造企业车间执行层的生产信息化管理系统，如图 8-1 所示。MES 可以为企业提供包括制造数据管理、计划排产管理、生产调度管理、库存管理、质量管理、人力资源管理、工作中心/设备管理、工具工装管理、采购管理、成本管理、项目看板管理、生产过程控制、底层数据集成分析、上层数据集成分解等管理模块，为企业打造一个扎实、可靠、全面、可行的制造协同管理平台。

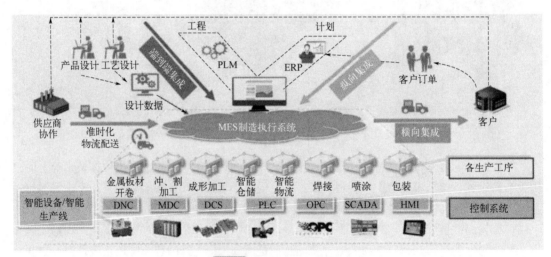

图 8-1 MES 制造执行系统

8.2.2 MES 分类

① 专用的 MES 系统（Point MES）。它主要是针对某个特定的领域问题而开发的系统，如车间维护、生产监控、有限能力调度或是 SCADA 等。

② 集成的 MES 系统（Integrated MES）。该类系统起初是针对一个特定的、规范化的环境而设计的，目前已拓展到许多领域，如航空、装配、半导体、食品和卫生等行业，在功能上它已实现与上层事务处理和下层实时控制系统的集成。

虽然专用的 MES 能够为某一特定环境提供最好的性能，却常常难以与其他应用集成。集成的 MES 比专用的 MES 迈进了一大步，具有一些优点，如单一的逻辑数据库、系统内部具有良好的集成性、统一的数据模型等，但其整个系统重构性能弱，很难随业务过程的变化而进行功能配置和动态改变。

8.2.3 MES 特点与功能

① 采用强大的数据采集引擎、整合数据采集渠道（RFID、条码设备、PLC、Sensor、IPC、PC 等）覆盖整个工厂制造现场，保证海量现场数据的实时、准确、全面的采集。

② 打造工厂生产管理系统数据采集基础平台，具备良好的扩展性。

③ 采用先进的 RFID、条形码与移动计算技术，打造从原材料供应、生产、销售物流闭环的条码系统。

④ 全面完整的产品追踪追溯功能。

⑤ 生产 WIP 状况监视。

⑥ Just-In-Time 库存管理与看板管理。

⑦ 实时、全面、准确的性能与品质分析 SPC。

⑧ 基于 Microsoft .NET 平台开发，支持 Oracle/SQL Sever 等主流数据库。系统是 C/S 结构和 B/S 结构结合，安装简便，升级容易。

⑨ 个性化的工厂信息门户（Portal），通过 Web 浏览器，随时随地都能掌握生产现场实时信息。

⑩ 强大的 MES 技术队伍，保证快速实施、降低项目风险。

8.2.4 发展趋势

近年来，随着 JIT（Just In Time）、BTO（面向订单生产）等新型生产模式的提出，以及客户、市场对产品质量提出更高要求，MES 才被重新发现并得到重视。同时，在网络经济泡沫破碎后，企业开始认识到要从最基础的生产管理上提升竞争力，即只有将数据信息从产品级（基础自动化级）取出，穿过操作控制级，送达管理级，通过连续信息流来实现企业信息集成才能使企业在日益激烈的竞争中立于不败之地。MES 在国外被迅速而广泛地应用。

制造执行系统（MES）旨在提升企业执行能力，具有不可替代的功能，竞争环境下的流程行业企业应分清不同制造管理系统的目标和作用，明确 MES 在集成系统中的定位，重视信息的准确及时、规范流程、利用工具、管理创新，根据 MES 成熟度模型对自身的执行能力进行分析，按照信息集成、事务处理、制造智能三阶段循序渐进地实施 MES 系统，才能充分发挥企业信息化的作用，提高企业竞争力，为企业带来预期效益。

8.3 制造运营管理系统（MOM）

8.3.1 MOM 简介

MOM 是 Manufacturing Operation Management 的缩写，中文名为制造运营管理，IEC/ISO

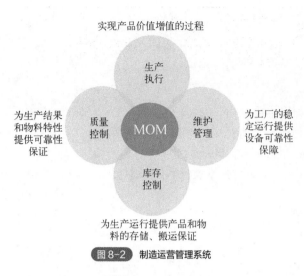

图 8-2 制造运营管理系统

62264 标准对 MOM 的定义是：通过协调管理企业的人员、设备、物料和能源等资源，把原材料或零件转化为产品的活动。它包含管理那些由物理设备、人和信息系统来执行的行为，并涵盖了管理有关调度、产能、产品定义、历史信息、生产装置信息，以及与相关的资源状况信息的活动，如图 8-2 所示。

MOM 是一个整体解决方案，是制造执行系统（MES）的演变，MES 的工作是 MOM 的一部分。随着 MES 的演进，MOM 系统可整合所有生产流程，从而改善质量管理、高级规划和调度、制造执行系统、研发管理等。MES 是一种连接、监控和控制工厂车间复杂制造系统和数据流的信息系统，主要关注制造车间发生的事情。MOM 包括制造执行系统和分析制造过程的努力，MOM 系统作为传统 MES 的进一步拓展，包含了生产运行管理、维护运行管理、质量运行管理、库存运行管理 4 个方面，共同服务于企业制造运作全过程，而不是片面地强调生产执行。MOM 能够满足所有采用工业 4.0 原则的公司的复杂需求。

MOM 关注订单的计划、管理和执行、生产批次的可追溯性、与 ERP 系统的连接、质量管理和制造智能等。有多种不同类型的 MOM 软件，但它们都具有某些共同的特征和特性，如它们能够提供实时信息、用于情境或历史分析的指标或协助合规性。

8.3.2　MOM 工具特性和功能

生产监控：通过直接从机器捕获数据，帮助消除手动数据收集，然后可以以易于理解的可视方式呈现捕获的数据。

质量管理：借助实时数据，MOM 工具使公司能够及时响应生产条件并推动持续改进，以消除浪费、增加正常运行时间并降低成本。

警报和通知：更快的响应和解决，对于最大限度地减少停机时间至关重要。MOM 工具可以通过短信、扬声器、电子邮件或闪光灯发送警报。

高级分析：手动数据分析不仅耗时，而且结果不佳。高级分析能够将数据变为现实，并帮助所有利益相关者做出更好的决策。

维护管理：成功的航空航天和国防公司很久以前就知道维护必须是主动的，而不是被动的。MOM 工具可实现预防性维护计划，从而提高设备可靠性并延长使用寿命。

制造运营管理平台如图 8-3 所示。

8.3.3　MOM 与 MES 的区别

① MES 是为了解决企业车间现场的生产管控与管理方面的缺陷，在企业中属于计划层与工业控制层之间的桥梁，是工厂与管理之间的枢纽，但大多数企业实施 MES 和对 MES 的定义

都只限定于生产管控这块，并且各软件供应商对 MES 的定义各不相同，没有统一的定义，这种定义的模糊性给 MES 造成非常多样化的形态。

图8-3　制造运营管理平台

②　制造行业竞争越来越激烈，为了应对在高个性化市场需求的情况下实现低周期、高交付的生产，很多企业都想通过智能制造的建设来实现企业的转型升级，此时 MES 的功能不足以满足与时俱进的建设思想。

③　通过 MOM，企业可以将内部各业务系统进行集成，在同一平台上运营，MOM 将生产、质量、仓库、维护 4 块业务区域以制造运营为主线连接了企业，连接了各业务之间的信息流，并详细定义了各类运营管理的功能及各功能模块之间的相互关系，在下游行业的实际应用中，以整体解决方案的方式，对客户的具体需求具有更强的针对性和有效性。

MOM 并不是 MES 的替代，而是属于一种包含式的关系，MOM 是包含 MES 的业务功能的，它涉及的业务范围更广，思想更先进，MES 则是 MOM 的一个有效的使能工具，基于 MOM 确立的框架系统。MOM 与 MES 的区别如图 8-4 所示。

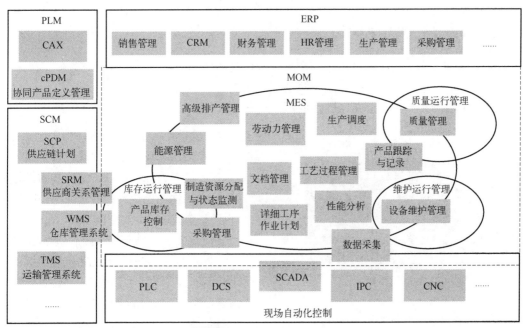

图8-4　MOM 与 MES 的区别

8.3.4　MOM 的发展

　　MOM 的理念和体系已被更多的企业认可，越来越多的企业都开始倡导和实践，在实施层面上未来会有很大的提升空间和新的解决方案。MOM 在美国 NIST 智能制造系统中的应用如图 8-5 所示。

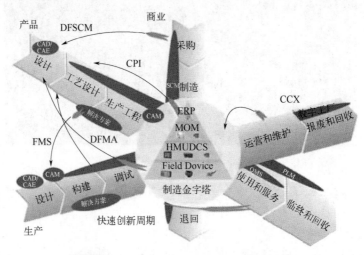

图 8-5　MOM 在美国 NIST 智能制造系统中的应用

　　美国国家标准与技术研究院在发布的《智能制造系统现行标准体系》报告中定义了智能制造系统模型，其中也用 MOM 取代了 MES，意味着美国对于制造运营管控认知的全面升级。

8.4　智能工厂

8.4.1　智能工厂的基本架构

　　智能工厂的基本架构可通过图 8-6 所示三个维度进行描述。

（1）功能维：产品从虚拟设计到物理实现

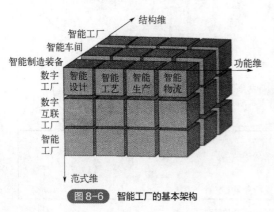

图 8-6　智能工厂的基本架构

　　① 智能设计。通过大数据智能分析手段精确获取产品需求与设计定位，通过智能创成方法进行产品概念设计，通过智能仿真和优化策略实现产品高性能设计，并通过并行协同策略实现设计制造信息的有效反馈。智能设计保证了设计出精良的产品，快速完成产品的开发上市。

　　② 智能工艺。智能工艺包括工厂虚拟仿真与优化、基于规则的工艺创成、工艺仿真分析与优化、基于信息物理系统的工艺感知、预测与控制等。智能工艺保证了产品质量的一致性，降低

了制造成本。

③ 智能生产。针对生产过程,通过智能技术手段,实现生产资源最优化配置、生产任务和物流实时优化调度、生产过程精细化管理和智慧科学管理决策。智能制造保证了设备的优化利用,从而提升了对市场的响应能力,摊薄了在每件产品上的设备折旧。智能生产保证了敏捷生产,做到"just in case",保证了生产线的充分柔性,使企业能快速响应市场的变化,以在竞争中取胜。

④ 智能物流。通过物联网技术,实现物料的主动识别和物流全程可视化跟踪;通过智能仓储物流设施,实现物料自动配送与配套防错;通过智能协同优化技术,实现生产物流与计划的精准同步。另外,工具流等其他辅助流有时比物料流更为复杂,如金属加工工厂中,一个物料就可能需要上百种刀具。智能物流保证生产制造的"just in time",从而降低在制品的资金消耗。

(2)范式维

数字化、网络化、智能化技术是实现制造业创新发展、转型升级的三项关键技术。对应到制造工厂层面,体现为从数字工厂、数字互联工厂到智能工厂的演变。数字化是实现自动化制造和互联,实现智能制造的基础。网络化是使原来的数字化孤岛连为一体,并提供制造系统在工厂范围内,乃至全社会范围内实施智能化和全局优化的支撑环境。智能化则充分利用这一环境,用人工智能取代了人对生产制造的干预,加快了响应速度,提高了准确性和科学性,使制造系统高效、稳定、安全地运行。

① 数字工厂。数字工厂是工业化与信息化融合的应用体现。它借助于信息化和数字化技术,通过集成、仿真、分析、控制等手段,为制造工厂的生产全过程提供全面管控的整体解决方案。它不限于虚拟工厂,更重要的是实际工厂的集成,如图8-7所示。其内涵包括产品工程、工厂设计与优化、车间装备建设及生产运作控制等。

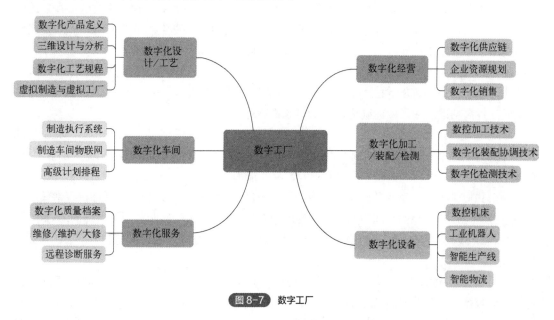

图8-7 数字工厂

② 数字互联工厂。数字互联工厂是指将物联网技术全面应用于工厂运作的各个环节,实现工厂内部人、机、料、法、环、测的泛在感知和万物互联,互联的范围甚至可以延伸到供应链

和客户环节。通过工厂互联化，一方面可以缩短时空距离，为制造过程中"人-人""人-机""机-机"之间的信息共享和协同工作奠定基础；另一方面还可以获得制造过程更为全面的状态数据，使得数据驱动的决策支持与优化成为可能。

工业物联网是通过各种信息传感设备，实时采集任何需要监控、连接、互动的物体或过程等各种信息，其目的是实现物与物、物与人、所有的物品与网络的连接，方便识别、管理和控制。传统的工业生产采用 M2M（Machine to Machine）的通信模式，实现了设备与设备间的通信，而物联网通过 Things to Things 的通信方式实现人、设备和系统三者之间的智能化、交互式无缝连接。

在离散制造企业车间，将所有的设备及工位统一联网管理，使设备与设备之间、设备与计算机之间能够联网通信，设备与工位人员紧密关联。例如，数控编程人员可以在自己的计算机上进行编程，将加工程序上传至 DNC 服务器，设备操作人员可以在生产现场通过设备控制器下载所需要的程序，待加工任务完成后，再通过 DNC 网络将数控程序回传至服务器中，由程序管理员或工艺人员进行比较或归档，整个生产过程实现网络化、追溯化管理。

在离散制造企业车间，每隔几秒就收集一次数据，利用这些数据可以实现很多形式的分析，包括设备开机率、主轴运转率、主轴负载率、运行率、故障率、生产率、设备综合利用率（OEE）、零部件合格率等。在生产工艺改进方面，在生产过程中使用这些大数据，就能分析整个生产流程，了解每个环节是如何执行的。一旦有某个流程偏离了标准工艺，就会产生一个报警信号，能更快速地发现错误或者瓶颈所在，也就能更容易解决问题。

③ 智能工厂。制造工厂层面的两化深度融合，是数字工厂、互联工厂和自动化工厂的延伸和发展，通过将人工智能技术应用于产品设计、工艺、生产等过程，使得制造工厂在其关键环节或过程中能够体现出一定的智能化特征，即自主性的感知、学习、分析、预测、决策、通信与协调控制能力，能动态地适应制造环境的变化，从而实现提质增效、节能降本的目标。

通过建设智能工厂，促进制造工艺的仿真优化、数字化控制、状态信息实时监测和自适应控制，进而实现整个过程的智能管控。在机械、汽车、电子信息等离散制造行业，企业发展智能制造的核心目的是拓展产品价值空间，侧重从单台设备自动化和产品智能化入手，基于生产效率和产品效能的提升实现价值增长。因此，其智能工厂建设模式为推进生产设备（生产线）智能化，通过引进各类符合生产所需的智能装备，建立基于制造执行系统 MES 的车间级智能生产单元，提高精准制造、敏捷制造、透明制造的能力。

MES 在实现生产过程的自动化、智能化、数字化等方面发挥着巨大作用。首先，MES 借助信息传递对从订单下达到产品完成的整个生产过程进行优化管理，减少企业内部无附加值活动，有效地指导工厂生产运作过程，提高企业及时交货能力。其次，MES 在企业和供应链间以双向交互的形式提供生产活动的基础信息，使计划、生产、资源三者密切配合，从而确保决策者和各级管理者可以在最短的时间内掌握生产现场的变化，做出准确的判断并制定快速的应对措施，保证生产计划得到合理而快速的修正，生产流程畅通，资源充分有效地得到利用，进而最大限度地发挥生产效率。

利用大数据技术，还可以对产品的生产过程建立虚拟模型，仿真并优化生产流程，当所有流程和绩效数据都能在系统中重建时，这种透明度将有助于制造企业改进其生产流程。再如，在能耗分析方面，在设备生产过程中利用传感器集中监控所有的生产流程，能够发现能耗的异常或峰值情形，由此便可在生产过程中优化能源的消耗，对所有流程进行分析将会大大降低能耗。

（3）结构维

从智能制造装备、智能车间到智能工厂的进阶智能可在不同层次上得以体现，可以是单个制造设备层面的智能、生产线的智能、单元等车间层面的智能，也可以是工厂层面的智能。

① 智能制造装备。制造制造装备作为最小的制造单元，能对自身和制造过程进行自感知，对与装备、加工状态、工件材料和环境有关的信息进行自分析，根据产品的设计要求与实时动态信息进行自决策，依据决策指令进行自执行，通过"感知—分析—决策—执行与反馈"大闭环过程，不断提升性能及其适应能力，实现高效、高品质及安全可靠的加工。

② 智能车间（生产线）。智能车间（生产线）由多台（条）智能装备（产线）构成，除了基本的加工/装配活动外，还涉及计划调度、物流配送、质量控制、生产跟踪、设备维护等业务活动。智能生产管控能力体现为通过"优化计划—智能感知—动态调度—协调控制"闭环流程来提升生产运作适应性，以及对异常变化的快速响应能力。

③ 智能工厂。智能工厂除了生产活动外，还包括产品设计与工艺、工厂运营等业务活动，如图 8-8 所示。智能工厂是以打通企业生产经营全部流程为着眼点，实现从产品设计到销售，从设备控制到企业资源管理所有环节的信息快速交换、传递、存储、处理和无缝智能化集成。

图8-8 智能工厂全景图

8.4.2 智能工厂的信息系统架构

参照 IEC/ISO 62264 国际标准，智能工厂的信息系统架构如图 8-9 所示，从下到上依次为制造设施层、信息采集与控制层、制造运营层、工厂运营层、决策分析层。决策分析层依靠互联网及工业互联网决策生产模式、制造任务的厂内外分配，制造设施层和信息采集与控制层之间通过工业网络总线建立连接，其余各层之间则通过局域网连接。按照所执行功能的不同，企业综合网络划分为不同的层次，自下而上包括现场层、控制层、执行层和计划层。图 8-10 给出了符合该层次模型的一个智能工厂/数字化车

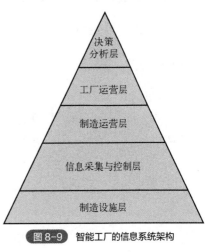

图8-9 智能工厂的信息系统架构

间互联网络的典型结构。

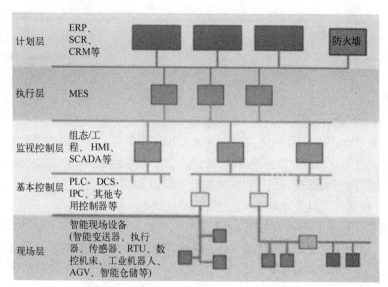

图 8-10　智能工厂/数字化车间互联网络的典型结构

计划层：实现面向企业的经营管理，接收订单，建立基本生产计划（如原料使用、交货、运输），确定库存等级，保证原料及时到达正确的生产地点，以及远程运维管理等。企业资源规划（ERP）、客户关系管理（CRM）、供应链关系管理（SCM）等管理软件都在该层运行。

执行层：实现面向工厂/车间的生产管理，如维护记录、详细排产、可靠性保障等。制造执行系统（MES）在该层运行。

监视控制层：实现面向生产制造过程的监视和控制，包括组态/工程、HMI、SCADA等。

基本控制层：包括 PLC、DCS、IPC、其他专用控制器等。

现场层：实现面向生产制造过程的传感和执行，包括各种传感器、智能变送器、执行器、RTU（远程终端设备）、条形码、射频识别，以及数控机床、工业机器人、工艺装备、AGV、智能仓储等制造装备，这些设备统称为现场设备。

8.4.3　智能工厂的基本特征

智能工厂的特征如图 8-11 所示。

（1）智能

① 智能决策。

② 智能研发、管理、物流等。

③ 智能工厂的智能设备、智能产线等。

④ 智能工厂的智能服务。

⑤ 智能工厂的云计算、VR/AR/增材制造、信息安全、自动控制等。

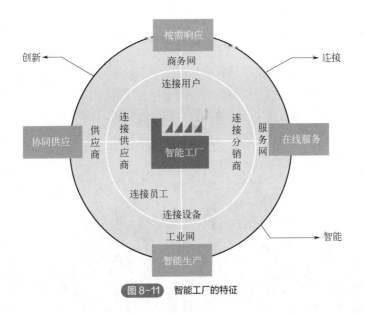

图8-11 智能工厂的特征

（2）连接

① 智能工厂的互联互通是通过 CPS 系统把人、物、机器和系统展开连接，以物联网为基础，透过传感器、RFID、二维码与无线局域网等构建信息的采集，通过 PLC 与本地以及远程服务器构建人机界面的交互，在本地服务器与云存储服务器中构建数据读写，于 ERP、PLM、MES 与 SCADA 等平台构建高效贯通，进而达到信息的通畅，人机的智能。

② 互联互通技术构建智能工厂外部自订单、订购、制造和设计等的信息实时处理和畅通，同时相关设计供应商、采购供应商、服务商与客户等和智能工厂构建互联互通，保证生产信息、服务信息等的同步，采购供应商实时可提炼制造订单信息，客户实时可递交自己的个性化订单且可检索自己订单的生产进展，服务商实时维持和客户等的沟通和相关事务处理。

（3）创新

① 智能工厂的生产效率创新高。传统的工厂生产的关键是人，生产效率更多地取决于人的能力和生产积极性。而智能工厂用大量机器人代替了部分人工作业，机器人更擅长完成重复性的大批量生产，因此，智能工厂的出现显著地提高了生产效率，大大降低了劳动强度。

② 智能工厂更节约能源，同时更节省成本。数字化的智能工厂使企业车间之间、设备之间的信息交互都更容易，从而大量节省设备所消耗的能源。智能制造的广泛应用可以使企业优化工艺流程，降低生产制造过程的成本，同时智能工厂可以节省大量的人力成本。

③ 智能工厂的安全性、可靠性大大提高。在智能工厂中，在相对危险和污染的生产环境中，机器人的大量使用代替了人力，避免了意外事故的发生和对人体健康的危害。

④ 智能工厂的管理模式更加先进。智能工厂充分体现了工业工程和精益生产的理念，能够实现按订单驱动生产。在传统的工厂中，都是按照订单大量生产标准化产品，而客户则希望根据自己的需求生产，智能工厂的模式正好可以解决该问题。

8.4.4　数字化工厂案例

数字化工厂技术是由数字仿真技术和虚拟现实技术发展而来，是智能制造发展的重要实践模式，它通过对真实工业生产的虚拟规划、仿真优化，实现对工厂产品研发、制造生产和销售服务的优化和提升，是现代工业化与信息化融合的应用体现。数字化工厂技术的蓬勃发展，给现有制造业带来了机遇与挑战。数字化工厂使用案例如图 8-12 所示。

图 8-12　数字化工厂使用案例

传统制造业生产在排产、报工、监控、统计等都存在缺漏，数字化工厂仿真软件的出现让制造业开始向智造突进。在企业转型升级过程中无论是建新厂还是改造老厂，首先要面对的问题就是数字化工厂的规划，而每一家企业所处的阶段不尽相同，这就需要梳理企业现状，量身剪裁出合身的数字化工厂规划蓝图。

在企业转型升级中所面临的人力负荷重、信息孤岛、工艺品种多等问题都将交由数字化工厂解决。通过加入智能装备和建设自动化产线来替代人工作业，提升制造企业生产效率，将企业车间设备联网、各车间和工厂联网，消除制造过程中各类信息孤岛，通过对企业生产工艺流程的梳理，运用精准管理工具和手段优化企业制造流程，为智能制造升级改造做准备。下面分享两个工业数字化革命的典型案例。

案例 8-1　三一重工集团 18 号工厂的工业数字化革命

①"奔跑的大象"背后：一场工业的数字化革命。

一条条生产线整齐排列，AGV 自动运输车来回穿梭，身形庞大的工业机器人举重若轻，一台台搭载视觉传感的机械臂灵活舞动，组装着精密的工件，活脱脱像极了一只只奔跑的大象，这就是三一重工北京桩机工厂内的生产场景。

"重工行业是典型的离散制造，具有多品种、小批量、工艺复杂等特点"，三一重工智能制造研究院院长曾在媒体采访时感叹，这为生产制造带来了很大的挑战。例如，面对动辄几十米长、几十吨重的工件，同样是工业机器人，抓取又大又重的工件，难度就更大；同样是视觉识别，对大型复杂工件，识别起来就更难，这就需要全新定制算法、工具，需要在特殊环境里开发、配置、反复测试。三一重工从 2018 年起，桩机工厂就开始了工业互联网的基础准备工作。三一重工数字化工厂如图 8-13 所示。

图 8-13　三一重工数字化工厂

② "大象转身"的智造力量。

三一重工桩机 18 号工厂，最先进入视野的是装配柔性岛上有条不紊进行装配的机器人，他们通过摄像头传输作业面情况，机器人可以实时得到场景深度信息和三维模型，作业时指导机械手自动修复偏差。4 万平方米的车间除了机器人在作业，很少见到工作人员的身影。

三一重工在"四万亿"政策刺激下，基建投资加速，带动了工程机械行业的高速发展。三一重工通过信息化平台的搭建，为其实现业务流程化打下基础，走出了信息化和数字化的第一步，具体实施如下：

- 三一重工在 2004 年通过 OA 系统实现办公信息化，开发远程数据开机与监控平台（M2M）、全球客户门户系统（GCP）、企业控制中心（ECC），推进实现数据统一采集与处理、服务信息在线管理和设备联网。
- 2018 年后，三一重工将信息化扩展到制造方面，投建数字化起重机生产线，并在起重机事业部进行数字化工厂试点。
- 2012 年 18 日，工厂全面投产，配备智能加工、仓储、过程控制系统，以实现产品全流程智能控制为目标。
- 2012 年，机械工程行业步入衰退期。2012—2016 年处于利润亏损状态，但是三一重工仍潜心布局流程信息化并加大产品研发投入。
- 在业务流程变革方面，2013 年集团层面成立历程信息化总部，建立信息化管理机制，制定"互联网+工业"的战略规划。
- 2015 年，三一重工搭建了互联网营销平台、O2O 平台，并推动客户管理系统 CRM 实施，走向全产业链业务变革。
- 2016 年，市场开始转暖，在信息化基础上，三一重工正式走上数字化转型之路。公司全面推进数字化管理，实施工业互联网战略，组件从内部流程信息化走向产业链大数据治理，把制造、运营、销售的所有环节数字化，通过底层技术对信息进行运算、存储、共享。2016 年，行业营收 4795 亿元，同比增长 4.93%。

从三一重工的数字化转型开始阶段来看，18 号工厂是三一重工实现生产车间数字化转型最具代表性的车间，其打通了企业信息化与各生产要素之间的联络路径，实现了"数字化研发—数字化装备—数字运营"的闭环控制。

首先，18号工厂搭建了全三维环境下的建模平台、工业设计软件以及产品全生命周期管理信息系统，实现了数字研发系统；其次，18号工厂通过智能化生产控制中心、智能化生产执行过程监管、智能化仓储运输与物流、数智加工中心与生产线实现了智能化生产管理；最后，通过搭建工业互联网实现数据采集、分析，促进各业务部门间的系统与深度集成。这是三一重工全面数字化的第一步，更是基础。18号工厂数字孪生展示平台如图8-14所示。

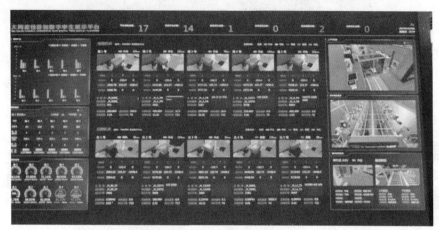

图8-14　18号工厂数字孪生展示平台

③ 构建生态，让"大象"跑起来。

单一环节的数字化无法打破数据孤岛，机器之间无法协同是数字化转型过程中的第二道坎。

2018年，三一重工体外投资的树根互联设立智能制造业务，收集生产设备监控、产品运行状态等"大数据"，改变了以往物联网服务的单一模式，向产业链智能集群生态升级。

- 首先是运营环节，三一重工通过APS高级排程、MES制造执行系统、能源管理等，实现制造管理过程的数字化。

- 其次是供应链管理环节，三一重工采用了GPS数字化平台对全球3000多家供应商进行管理，增强了对供应商的管控效率。

- 在企业控制中心ECC的基础上形成物联网软件"云端+终端"智能服务体系，完成设备数据共享、工况查询、设备导航、授权管理，达到降低维修费用与成本精确管控的目的。

由此可见，三一重工的每一台设备都有庞大的网络连接，记录每一步行动的数据，通过对庞大的数据资源进行分析挖掘，以精益制造为中心，向上为产品研发提供指导，向下改进营销和客户服务，而客户提供的数据又可进一步反馈到前面各个环节，有针对性地对产品进行改造，提供各个阶段的决策支持。

据英国《国际建设》杂志公布的全球工程机械制造商50强的排行榜，2020年，三一重工排名上升到全球第5，营业收入109.56亿元，在全球市场份额也从3.4%扩大到5.4%。

可见，在5G技术与工业互联网深度融合背景下，三一重工已经开始成为"奔跑的大象"。

案例8-2　沈阳新松将智能工厂搬进世界机器人大会

2021世界机器人大会在北京开幕。会上，机器人生产企业纷纷拿出看家本领，秀出自己的"才艺"。在沈阳新松机器人自动化股份有限公司展位上，企业用生动的案例将数字化的智能工厂搬进了展会，吸引了不少观众驻足停留。如图8-15所示，新松公司本次展出的高端服务器数字化智能工厂，全面应用了机器人柔性制造技术，从软件、硬件到系统均为新松自主研发打造的"中国芯"。

图 8-15　新松数字化智能工厂模型

本章小结

本章主要介绍了制造执行系统（MES）、制造运营管理系统（MOM）和智能工厂。

① 智能制造系统（MES），包括 MES 简介、MES 分类、MES 系统特点以及发展趋势。

② 制造运营管理系统（MOM），包括 MOM 的概念、MOM 工具特性和功能、MOM 和 MES 的区别。MOM 的特性和功能包括：生产监控、质量管理、警报和通知、高级分析和维护管理。

③ 智能工厂，从结构维、功能维和范式维三个维度描述智能工厂的基本架构；从制造设施层、信息采集与控制层、制造运营层、工厂运营层、决策分析层 5 个层次介绍智能工厂的信息系统架构；总结智能工厂的基本特征，并列举工业数字化革命的典型案例。

 思考题

（1）什么是制造执行系统？

（2）简述制造执行系统在智能工厂中所起的作用。

（3）简述制造运行管理系统的功能和特性。

（4）智能工厂的信息系统架构分为哪几个层次？

（5）简述智能工厂三个维度的具体内容。

参考文献

[1] 郑维明. 智能制造数字孪生机电一体化工程与虚拟调试[M]. 北京：机械工业出版社，2023.

[2] 刘丽兰，高增桂，蔡红霞. 智能决策技术及应用[M]. 北京：机械工业出版社，2023.

[3] 教育部高等学校机械类专业教学指导委员会. 智能制造工程教程[M]. 北京：高等教育出版社，2022.

[4] 李晓雪，刘怀兰，惠恩明. 智能制造导论[M]. 北京：机械工业出版社，2022.

[5] 邓朝晖，万林林，邓辉，等. 智能制造技术基础[M]. 武汉：华中科技大学出版社，2021.

[6] 李培根，高亮. 智能制造概论[M]. 北京：清华大学出版社，2021.

[7] 任庆国. 智能制造技术概论[M]. 大连：大连理工大学出版社，2020.

[8] 范君艳，樊江玲. 智能制造技术概论[M]. 武汉：华中科技大学出版社，2019.

[9] 葛英飞. 智能制造技术基础[M]. 北京：机械工业出版社，2019.

[10] 杨云天. 数控加工工艺[M]. 北京：清华大学工业出版社，2019.

[11] 王芳，赵中宁. 智能制造基础与应用[M]. 北京：机械工业出版社，2018.

[12] 蔡志楷，梁家辉. 3D 打印和增材制造的原理及应用[M]. 陈继民，陈晓佳，译. 4 版. 北京：国防工业出版社，2017.

[13] 谭建荣，刘振宇. 智能制造关键技术与企业应用[M]. 北京：机械工业出版社，2017.

[14] 蒋明炜. 机械制造业智能工厂规划设计[M]. 北京：机械工业出版社，2017.

[15] 国家制造强国建设战略咨询委员会，中国工程院战略咨询中心. 智能制造[M]. 北京：电子工业出版社，2016.

[16] 戴定一. 智慧物流案例评析[M]. 北京：电子工业出版社，2015.

[17] 蒋刚，龚迪琛，蔡勇，等. 工业机器人[M]. 成都：西南交通大学出版社，2011.

[18] 卢秉恒，邵新宇，张俊，等. 离散型制造智能工厂发展战略[J]. 中国工程科学，2018 (4)：44-50.

[19] 陆建林，周永亮. 中国智能制造装备行业深度分析[J]. 智慧中国，2018 (8)：40-45.

[20] 韩昊铮. 数控机床关键技术与发展趋势[J]. 中国战略新兴产业，2017 (4)：118-124.

[21] 张曙. 智能制造与 i5 智能机床[J]. 机械制造与自动化，2017 (1)：1-8.

[22] 王勃，杜宝瑞，王碧玲. 智能数控机床及其技术体系框架[J]. 航空制造技术，2016，59 (9)：55-61.

[23] 张曙. 智能制造及其实现途径[J]. 金属加工(冷加工)，2016 (17)：1-3.

[24] 欧阳劲松. 对智能制造的一些认识[J]. 智慧中国，2016 (11)：56-60.

[25] 戴宏民，戴佩华. 工业 4.0 与智能机械厂[J]. 包装工程，2016，37 (19)：206-211.

[26] 邱胜海，许燕，江伟盛，等. RFID 技术在物料管理信息系统中的应用研究[J]. 机械设计与制造，2015 (5)：256-259.

[27] 邓朝晖，唐浩，刘伟，等. 凸轮轴数控磨削工艺智能应用系统研究与开发[J]. 计算机集成制造系统，2012(08)：1845-1853.

[28] 张定华，罗明，吴宝海，等. 智能加工技术的发展与应用[J]. 航空制造技术，2010 (21)：40-43.

[29] 李强，王太勇，王正英，等. 基于 EMD 和支持向量数据描述的故障智能诊断[J]. 中国机械工程，2008(22)：2718-2721.